青海湖流域生态水文过程与水分收支研究

李小雁　马育军　黄永梅
胡　霞　崔步礼　王学全　著

科学出版社
北　京

内 容 简 介

本书在简要介绍青海湖流域自然地理特征、社会经济状况和生态环境问题的基础上，论述不同生态系统的生态水文过程，研究典型陆地生态系统优势种的水分利用特征和流域水量转换，探讨青海湖湖体水热交换过程与蒸发规律，模拟不同尺度的水分平衡关系，评价流域水资源承载力，并提出水资源优化配置方案。本书力图将实验观测、过程分析和模型模拟相结合，诠释青海湖流域不同尺度生态过程与水文过程的相互作用及其对水资源的影响，并发展高寒半干旱区生态水文学。

本书适合地理学、生态学等专业的研究生和本科生阅读，也可供相关学科的研究人员参考。

图书在版编目（CIP）数据

青海湖流域生态水文过程与水分收支研究/李小雁等著. —北京：科学出版社，2018.3
ISBN 978-7-03-056944-8

Ⅰ.①青… Ⅱ.①李… Ⅲ.①青海湖–区域水文学–研究 Ⅳ.①P344.244

中国版本图书馆 CIP 数据核字(2018)第 049300 号

责任编辑：杨帅英　白　丹 / 责任校对：韩　杨
责任印制：张　伟 / 封面设计：图阅社

科学出版社 出版
北京东黄城根北街 16 号
邮政编码：100717
http://www.sciencep.com

北京凌奇印刷有限责任公司 印刷
科学出版社发行　各地新华书店经销
*

2018 年 3 月第 一 版　　开本：787×1092 1/16
2020 年 2 月第三次印刷　印张：16 插页：4
字数：380 000
定价：98.00 元
(如有印装质量问题，我社负责调换)

前　言

青海湖是维系青藏高原东北部生态安全的重要水体，其整个流域是生物多样性保护和生态环境建设的重点地区。作为青海省生态旅游业、草地畜牧业等社会经济发展的集中区域，近几十年来在气候变化和人类活动的共同影响下，青海湖流域草地退化、湿地萎缩、沙化土地扩张等生态环境问题突出，引起各级政府、国际社会和科学家们的广泛关注。水文循环过程的改变是干旱区生态退化的直接驱动力，水文过程与生态过程的相互作用机理是干旱区生态环境保护和恢复重建中必须面对的基础科学问题。在国家自然科学基金重点项目"青海湖流域生态水文过程与水分收支研究"（41130640）支持下，并吸纳国家自然科学基金重点项目"青海湖流域关键带碳水过程及其生态功能变化"（41730854）的部分研究结果，北京师范大学主持开展了青海湖流域典型生态系统生态与水文过程相互作用机理及水分收支特征、流域水文空间格局及其对水循环和水量转化的影响、流域多尺度水分平衡模型模拟、流域水资源承载力评价与优化配置等研究。项目经过5年研究，建成青海湖流域多尺度生态水文过程与通量观测系统，量化不同生态系统水循环过程与水分收支数量关系，揭示高寒植被水热通量变化规律及其影响因素；测算青海湖湖面蒸发量，阐明高海拔地区湖泊-大气相互作用规律，探究青海湖水位变化的原因；构建流域多尺度生态水文耦合模型，评价青海湖流域水资源承载力，进行流域水资源优化配置。

本书以青海湖流域水循环过程为核心内容，首先通过实验观测分析不同生态系统的生态水文过程，然后借助于稳定同位素技术研究典型陆地生态系统优势种的水分利用特征和流域水量转换，进一步利用模型模拟不同尺度的水分平衡关系，最后评价流域水资源承载力，并提出水资源优化配置方案。本书共分为8章。第1章简要介绍青海湖流域的自然地理特征、社会经济状况和面临的主要生态环境问题。第2章对比青海湖流域典型陆地生态系统的土壤微结构特征，在此基础上论述了典型陆地生态系统（嵩草草甸、金露梅灌丛、芨芨草草原、具鳞水柏枝灌丛、农田、沙地）的主要水文过程（降雨、冠层降雨再分配、土壤水、径流、蒸散发）。第3章论述青海湖流域典型陆地生态系统优势种的水分利用特征。第4章论述青海湖水体的水热交换过程。第5章论述青海湖流域不同水体（降水、河水、地下水、湖水）的氢氧稳定同位素和水化学特征，在此基础上探究了不同水体之间的水量转换关系和青海湖水位变化原因。第6章论述青海湖流域不同陆地生态系统和整个流域的水分收支数量关系。第7章模拟青海湖流域不同尺度（叶片尺度、生态系统尺度、流域尺度）的水分平衡关系。第8章评价青海湖流域的水资源承载力，在此基础上提出了水资源优化配置方案。

本书由李小雁、马育军完成全书的章节编制与统稿工作。各章执笔人分别为：第1章，马育军、李小雁；第2章，张思毅、李小雁、胡霞、蒋志云、肖雄、马育军；第3

章，吴华武、李小雁、赵国琴；第4章，马育军、李小雁；第5章，崔步礼、李小雁；第6章，李小雁、刘磊、马育军、崔步礼；第7章，黄永梅、陈慧颖、杨吉林、周一飞；第8章，王学全、马育军、伊万娟。

除上述人员以外，先后参加项目野外考察、实验观测和材料撰写等相关工作的还有李广泳、魏俊奇、吴艺楠、刘文玲、李宗超、刘勇、孙贞婷、李少华等。项目在北京师范大学青海湖流域地表过程综合观测研究站进行，特别感谢青海省三角城种羊场在项目实施过程中的密切合作和大力支持，感谢青海湖国家级自然保护区管理局、青海省铁卜加草原改良试验站等单位提供的诸多帮助。

生态水文过程涉及许多学科与研究领域，本书通过实验观测、样品分析和模型模拟，建立了不同生态系统和流域尺度的水分收支数量关系，但对不同尺度生态过程和水文过程相互作用的内在机理还不是很清楚，对于全球变化背景下生态水文过程的响应规律及其对生物地球化学循环的影响也需要深入研究。另外，由于作者水平有限，书中不足之处在所难免，敬请广大读者批评指正。

编 者

2017年12月17日

目　　录

前言
第1章　绪论 ··· 1
 1.1　自然地理特征 ··· 1
  1.1.1　地貌特征 ·· 2
  1.1.2　气候特征 ·· 2
  1.1.3　水文状况 ·· 3
  1.1.4　土壤类型 ·· 3
  1.1.5　植被类型 ·· 4
 1.2　社会经济状况 ··· 5
  1.2.1　行政区划 ·· 5
  1.2.2　人口状况 ·· 6
  1.2.3　经济发展 ·· 6
 1.3　生态环境问题 ··· 7
  1.3.1　天然草场退化 ··· 7
  1.3.2　湿地面积缩小 ··· 8
  1.3.3　土地沙漠化 ·· 8
  1.3.4　环湖带污染与人为破坏 ·· 9
 参考文献 ·· 9
第2章　典型陆地生态系统生态水文过程 ··· 10
 2.1　研究方法 ·· 10
  2.1.1　植被样方调查 ··· 11
  2.1.2　土壤物理性质测定 ·· 12
  2.1.3　土壤微结构观测 ··· 12
  2.1.4　土壤水分和温度监测 ··· 13
  2.1.5　壤中流观测 ·· 13
  2.1.6　微气象观测 ·· 15
  2.1.7　冠层截留测定 ··· 15
  2.1.8　用波文比能量平衡方法计算潜热和显热 ··· 17
  2.1.9　用 Penman-Monteith 方法计算参考蒸散发 ···································· 21
 2.2　典型陆地生态系统土壤微结构特征 ·· 21
  2.2.1　土壤大孔隙三维结构 ··· 21
  2.2.2　土壤大孔隙数量特征 ··· 21

2.2.3　土壤大孔隙度特征 22
　　2.2.4　土壤大孔隙直径 23
 2.3　嵩草草甸生态水文过程 24
　　2.3.1　嵩草草甸样地降雨特征 24
　　2.3.2　嵩草草甸冠层降雨再分配特征 24
　　2.3.3　嵩草草甸土壤水分特征 25
　　2.3.4　嵩草草甸壤中流特征 27
　　2.3.5　嵩草草甸蒸散发特征 43
 2.4　金露梅灌丛生态水文过程 45
　　2.4.1　金露梅灌丛样地降雨特征 45
　　2.4.2　金露梅灌丛冠层降雨再分配特征 46
　　2.4.3　金露梅灌丛土壤水分特征 47
　　2.4.4　金露梅灌丛蒸散发特征 50
 2.5　芨芨草草原生态水文过程 51
　　2.5.1　芨芨草草原样地降雨特征 51
　　2.5.2　芨芨草草原冠层降雨再分配特征 53
　　2.5.3　芨芨草草原土壤水分特征 59
　　2.5.4　芨芨草草原地表径流特征 61
　　2.5.5　芨芨草草原蒸散发特征 65
 2.6　具鳞水柏枝灌丛生态水文过程 67
　　2.6.1　具鳞水柏枝灌丛样地降雨特征 67
　　2.6.2　具鳞水柏枝灌丛冠层降雨再分配特征 67
　　2.6.3　具鳞水柏枝灌丛土壤水分特征 71
　　2.6.4　具鳞水柏枝灌丛蒸散发特征 72
 2.7　农田生态水文过程 74
　　2.7.1　农田样地降雨特征 74
　　2.7.2　农田土壤水分特征 74
　　2.7.3　农田地表径流特征 76
　　2.7.4　农田蒸散发特征 76
 2.8　沙地生态水文过程 77
　　2.8.1　沙地土壤水分特征 77
　　2.8.2　沙地地表径流特征 78
　　2.8.3　沙地蒸散发特征 79
 2.9　小结 80
 参考文献 81
第3章　典型陆地生态系统水分利用特征 83
 3.1　研究方法 83
　　3.1.1　样地选择与样品采集 83

  3.1.2 样品测试 ·· 84
  3.1.3 数据处理 ·· 84
 3.2 金露梅灌丛水分利用特征 ·· 85
  3.2.1 金露梅灌丛植物水和潜在水源同位素特征 ·· 85
  3.2.2 金露梅灌丛植物水分利用来源 ·· 86
 3.3 芨芨草草原水分利用特征 ·· 87
  3.3.1 芨芨草草原植物水和潜在水源同位素特征 ·· 87
  3.3.2 芨芨草草原植物水分利用来源 ·· 88
 3.4 具鳞水柏枝灌丛水分利用特征 ·· 89
  3.4.1 具鳞水柏枝灌丛植物水和潜在水源同位素特征 ·· 89
  3.4.2 具鳞水柏枝灌丛植物水分利用来源 ··· 92
 3.5 农田水分利用特征 ·· 95
  3.5.1 农田植物水和潜在水源同位素特征 ··· 95
  3.5.2 农田植物水分利用来源 ··· 95
 3.6 沙地水分利用特征 ·· 98
  3.6.1 沙地植物水和潜在水源同位素特征 ··· 98
  3.6.2 沙地植物水分利用来源 ··· 99
 3.7 小结 ··· 101
 参考文献 ··· 101

第4章 青海湖水体水热交换与蒸发量 ·· 103
 4.1 研究方法 ·· 103
  4.1.1 观测点与观测系统 ·· 103
  4.1.2 涡动相关技术基本原理 ··· 104
  4.1.3 观测数据处理 ··· 104
 4.2 湖面微气象特征 ·· 105
 4.3 湖面能量分配特征 ··· 106
 4.4 湖面能量分配影响因素 ··· 110
 4.5 小结 ··· 113
 参考文献 ··· 114

第5章 流域水文循环特征和水量转换 ··· 115
 5.1 研究方法 ·· 115
  5.1.1 样品采集及测试 ··· 115
  5.1.2 分析计算 ·· 116
 5.2 流域水文空间格局 ··· 119
 5.3 大气降水同位素特征及水汽来源 ·· 119
  5.3.1 大气降水同位素特征 ·· 120
  5.3.2 大气降水同位素地理效应 ··· 121
  5.3.3 青海湖流域大气降水来源 ··· 123

5.3.4 青海湖水面蒸发对流域降水的贡献 ········· 124
5.4 河水同位素特征及径流过程 ········· 126
　　5.4.1 青海湖流域河水同位素特征 ········· 126
　　5.4.2 青海湖流域河水水化学特征 ········· 129
　　5.4.3 青海湖流域河川径流过程 ········· 130
　　5.4.4 青海湖流域地表产流特征 ········· 133
5.5 环湖地下水同位素特征及补给来源 ········· 134
　　5.5.1 环湖地下水同位素特征 ········· 134
　　5.5.2 环湖地下水水化学特征 ········· 134
　　5.5.3 环湖地下水补给来源 ········· 137
5.6 湖水同位素特征及演化过程 ········· 138
　　5.6.1 青海湖及周边小湖泊湖水同位素特征 ········· 138
　　5.6.2 青海湖及周边小湖泊湖水水化学特征 ········· 140
　　5.6.3 青海湖湖水演化过程 ········· 142
5.7 湖水位变化原因初探 ········· 144
5.8 小结 ········· 148
参考文献 ········· 149

第 6 章　陆地生态系统和流域水分收支 ········· 151
6.1 研究方法 ········· 151
　　6.1.1 陆地生态系统水量平衡分析 ········· 151
　　6.1.2 基于同位素方法的青海湖水量平衡分析 ········· 151
　　6.1.3 土壤水分和蒸散发反演 ········· 152
6.2 陆地生态系统水分收支 ········· 154
　　6.2.1 不同生态系统水分收支对比 ········· 154
　　6.2.2 不同生态系统水分收支年内变化 ········· 158
　　6.2.3 不同生态系统水分收支年际变化 ········· 162
　　6.2.4 不同海拔水分收支对比 ········· 165
6.3 流域水分收支 ········· 167
　　6.3.1 水分收支数量关系 ········· 167
　　6.3.2 水分收支空间格局 ········· 168
6.4 小结 ········· 169
参考文献 ········· 170

第 7 章　多尺度水分平衡模型模拟与分析 ········· 171
7.1 模型介绍 ········· 171
　　7.1.1 气孔导度模型 ········· 171
　　7.1.2 生态系统水分平衡模型 ········· 172
　　7.1.3 SWIM 模型 ········· 181
7.2 建群种叶片气孔导度模拟 ········· 184

7.2.1　模型输入数据 ··· 184
　　7.2.2　模型参数率定及验证 ··· 185
　　7.2.3　叶片气孔导度模拟结果分析 ·· 186
　7.3　生态系统水分平衡模拟 ··· 187
　　7.3.1　模型输入数据 ··· 187
　　7.3.2　模型验证 ··· 190
　　7.3.3　典型生态系统水分平衡模拟结果分析 ····································· 197
　7.4　流域生态水文过程模拟 ··· 206
　　7.4.1　模型输入数据 ··· 206
　　7.4.2　模型水文响应单元划分 ·· 209
　　7.4.3　模型参数率定与验证 ··· 210
　　7.4.4　流域生态水文特征分析 ·· 211
　　7.4.5　气候变化对流域生态水文过程的影响评估 ······························· 216
　7.5　小结 ·· 221
　参考文献 ·· 221

第8章　流域水资源承载力评价与优化配置 ······································ 225
　8.1　研究方法 ··· 225
　8.2　流域水资源利用现状分析 ·· 225
　　8.2.1　水资源系统构成 ··· 225
　　8.2.2　水资源开发利用现状分析 ··· 227
　　8.2.3　青海湖流域需水预测 ··· 229
　　8.2.4　青海湖水量平衡分析 ··· 232
　　8.2.5　水资源利用存在的主要问题 ·· 233
　8.3　流域水资源承载力评价 ··· 233
　　8.3.1　评判因素的选取、分级和评分 ·· 234
　　8.3.2　模糊关系矩阵和综合评价模型 ··· 234
　　8.3.3　评价因素隶属度刻化 ··· 235
　　8.3.4　流域水资源承载力综合评价 ·· 236
　8.4　流域水资源系统动力学模型构建与模拟 ··· 238
　　8.4.1　系统动力学模型介绍 ··· 238
　　8.4.2　水资源系统动力学模型构建 ·· 239
　8.5　流域水资源优化配置 ·· 243
　　8.5.1　水资源配置理论与目标 ·· 243
　　8.5.2　水资源配置方案 ··· 243
　　8.5.3　水资源优化配置对策 ··· 244
　8.6　小结 ·· 246
　参考文献 ·· 246

附图

第 1 章 绪 论

青海湖流域地处青藏高原东北部,位于 36°15′~38°20′N 和 97°50′~101°20′E,流域面积为 29 661 km²。流域内部地势最低处发育了巨大的水体——青海湖,其水面面积达 4425 km²(2016 年),是我国最大的内陆咸水湖。湖盆四周群山环绕,北依大通山,南临青海南山,东界日月山,西靠阿木尼尼库山(图 1.1)。

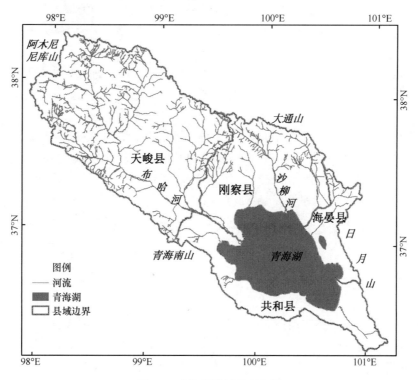

图 1.1 青海湖流域地理位置

青海湖流域地处我国东部季风区、西北部干旱区和西南部高寒区的交汇地带,既是维系青藏高原东北部生态安全的重要屏障,也是生物多样性保护和生态环境建设的重点区域,对全球气候变化的响应十分敏感。而作为青海省生态旅游业、草地畜牧业等社会经济发展的集中区域,近年来在气候变化和人类活动的共同影响下,环湖草地退化、沙化土地扩张、湿地面积缩小,整个流域正面临着严重的生态破坏和环境退化危机。

1.1 自然地理特征

青海湖流域是一个由山地草原与湖泊湿地组合而成的生态系统,具有独特的高寒半干旱特点。而作为一个相对独立的封闭盆地，整个流域以青海湖为集水中心，河流发源于四周群山，蜿蜒向青海湖辐聚。流域内自然地理环境的空间分异特征明显，由湖盆向四周，地貌、气候、水文、土壤和植被等自然地理要素大致呈环带状分布。

1.1.1 地貌特征

青海湖流域是封闭式山间内陆盆地，整个流域近似织梭形，呈北西西—南东东走向，四周被海拔为4000～5000 m的山体所包围。盆地北部的大通山是本流域与大通河流域的分水岭；南部的青海南山是本流域与共和盆地的分水岭；东部的日月山是本流域与湟水谷地的分水岭，也是我国季风区与非季风区、内流区与外流区、农业区与牧业区的分界；而西部的高原丘陵地带构成了本流域与柴达木盆地的分界。流域内部地势从西北向东南倾斜，最高海拔为5291 m，位于北面大通山西段的岗格尔肖合力峰；最低处为流域东南部的青海湖，水面海拔为3194.78 m（2016年）。

从湖面到四周山岭之间，呈环带状分布着宽窄不一的风积地貌、冲积地貌和构造剥蚀地貌，地貌类型由湖滨平原、冲积平原、低山丘陵、中山和高山、冰原台地和现代冰川等组成。流域内山地面积较大，约占整个流域陆地面积的68.6%；河谷和平原面积较小，约占整个流域陆地面积的31.4%，主要分布于河流下游和青海湖周围。湖滨地带的情况为：湖的西岸和北岸以河流冲积形成的三角洲、河漫滩、阶地等河积-湖积地貌为主；在湖的南岸，山麓地带地形破碎，山麓与平原交接带多坡积裙、洪积和冲积扇，其下为向湖倾斜的洪积-湖积平原；湖东岸地形相对低缓，倒淌河入湖处地势低洼，形成大片沼泽湿地；湖东北岸有大面积沙地分布，耳海和沙岛一带多见连岛沙坝、沙嘴、沙堤，向上发育有固定和半固定沙丘、沙垄等。

1.1.2 气候特征

青海湖流域属于青藏高原温带大陆性半干旱气候，表现为冬季寒冷漫长、夏季温凉短促、气温日较差大、降水较少且集中于夏季、蒸发量大、太阳辐射强烈、日照充足、风力强劲等气候特征。流域年平均气温在–1.1～4.0℃，最高月平均气温为11.0℃，最低月平均气温为–13.5℃。气温自东南向西北递减，受湖泊水体影响，湖区气温较高，边远山地较低。流域年平均降水量在291～579 mm，受地形影响，降水分布不均，湖北岸从北向南递减，大通山一带一般为500 mm，至湖滨地带约为320 mm；湖南岸相反，由南向北递减；湖西岸在布哈河下游河谷地带自东向西递减；湖东岸由东向西至湖滨递减；湖滨四周向湖中心递减。青海湖流域属于半干旱地区，蒸发量大，多年平均蒸发皿蒸发量介于1300～2000 mm，蒸发量空间分布特征与降水量相反，即湖滨平原和地势较低的河谷地区蒸发量较大，山区随地势升高蒸发量减小。由于受高空西风带和东南季风带共同影响，境内常年多风，夏秋两季以东南风为主，冬春两季则盛行偏西风且风力强劲。

1.1.3 水文状况

青海湖流域内水系分布不均,西部和北部水系发达,东部和南部相反。河流大多发源于四周高山,并向中心辐聚,最终汇于青海湖,较大的河流有布哈河、沙柳河、哈尔盖河、泉吉河、黑马河等。流域西部的布哈河最大,其次是湖北岸的沙柳河和哈尔盖河,这 3 条河流的径流量占入湖总径流量的 75%以上。

受地理位置和地形、气候等自然条件的影响,青海湖流域河川径流的补给主要来自于大气降水。河川径流年内分配不均,6~9 月径流量占全年的 80%。径流分布与降水分布基本一致,湖北岸为高值区,布哈河南岸和湖东地区为低值区。流域地下水具有半干旱区内陆盆地典型的环带状分布特征,即周边山区为补给区、山前洪积-冲积平原为渗流区、环湖湖滨平原为排泄区,受山体宽度影响,北部地下水比南部丰富。

除青海湖外,流域内面积大于 0.03 km² 的湖泊有 70 多个,其中,面积大于 1 km² 的湖泊有 12 个,主要分布于流域西部的布哈河河源区(淡水湖)和东南部的湖滨地带(咸水湖)。

1.1.4 土壤类型

青海湖流域主要土壤类型包括草毡寒冻雏形土、暗沃寒冻雏形土、钙积简育寒冻雏形土、有机正常潜育土、黏化钙积干润均腐土、寒性干润均腐土等(附图 1 和图 1.2,全国土壤普查办公室,1995)。

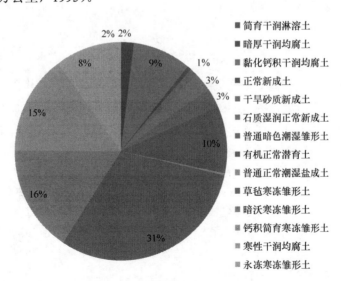

图 1.2 青海湖流域土壤类型统计

不同土壤类型及其空间分布是母质、地形、气候、水文、生物等因素共同作用的结果。青海湖流域地势较低的冲积和洪积平原、河谷和湖滨地区,成土母质主要是冲、洪积物及湖积物;而地势较高的山坡成土母质主要是各种岩石风化的残积物和坡积物,

4000 m 以上的高山成土母质还有冰碛物。下面分别介绍青海湖流域主要的土壤类型。

草毡寒冻雏形土（草毡土）：占流域陆地面积的 31%，主要分布于布哈河中上游、青海南山山脊地带、沙柳河上游、哈尔盖河上游等地，是密集生长高山草甸的湿润土体，表层有 3~10 cm 厚的草皮，根系交织似毛毡状，轻韧而有弹性。

暗沃寒冻雏形土（黑毡土）：占流域陆地面积的 16%，主要分布于布哈河中游，在青海南山山麓地带呈条带状分布，在沙柳河中游和哈尔盖河上游也有零星分布。草皮较薄而松软，腐殖质层较厚，有机质含量高。

钙积简育寒冻雏形土（寒钙土）：占流域陆地面积的 15%，集中分布于布哈河上游，青海南山山脊处也有零星分布。腐殖质层发育，多呈棕色或灰棕色；钙积层碳酸钙淀积形态呈斑点状、苗丝状，少数呈霜粉状或斑块状；母质层多为各种基岩的残积或坡积物。

有机正常潜育土（沼泽土）：占流域陆地面积的 10%，大量分布于沙柳河上游、布哈河流域北部，另有部分沿沙柳河河谷和倒淌河河谷呈条带状分布，在湖西岸鸟岛附近也有少量分布。表层积聚大量分解程度低的有机质或泥炭，土壤呈微酸性至酸性，底层有低价铁、锰存在。

黏化钙积干润均腐土（栗钙土）：占流域陆地面积的 9%，呈条带状集中分布于环湖地区和布哈河中游。淋溶层呈暗棕色至灰黄棕色，多为砂壤至砂质黏壤，具有粒状或团块状结构；淀积层呈灰棕至浅灰色，多为沙质黏壤至壤黏土，具有块状结构；母质类型多样，洪积、坡积母质多砾石，残积母质呈杂色斑纹并有石灰淀积物。

寒性干润均腐土（冷钙土）：占流域陆地面积的 8%，主要分布于二郎剑和倒淌河附近的青海南山山脊。上部有腐殖质积累，颜色为灰棕色或棕色，表层可见簇状草根层；剖面中下部常有明显的钙积层。

1.1.5 植被类型

青海湖流域地处青藏高原东北边缘，区内温性植被与高寒植被共存，且具有水平和垂直分布的规律性。草原是流域的基带植被，受盆地地形和湖泊效应的影响，温性草原在湖盆周围呈环带状分布，四周山地则以高寒植被占优。主要植被类型分布如下（附图 2 和图 1.3，中国科学院中国植被图编辑委员会，2007）。

高寒草甸：占流域陆地面积的 68%，主要包括高寒草甸、沼泽草甸和盐生草甸，是重要的天然草场。①高寒草甸以嵩草属为优势种，广泛分布于海拔 3200~4100 m 的山地阴坡、宽谷和滩地，面积较大，是本区主要的植被类型；②沼泽草甸，以华扁穗草和西藏嵩草为优势种，分布于 3200~4000 m 的湖滨洼地、河谷滩地和河源地，与高寒草甸镶嵌分布；③盐生草甸，以马蔺、禾草为优势种，分布于海拔 3200~3250 m 的河口和湖滨滩地，如倒淌河及黑马河河口、鸟岛周围等。

草原：占流域陆地面积的 15%，包括温性草原和高寒草原，受水分条件限制，群落盖度和单位面积产草量均不如草甸类草场。①温性草原，以芨芨草、长芒草和短花针茅为优势种，呈环带状分布于湖盆四周 3200~3400 m 的冲积、洪积平原；②高寒草原，以紫花针茅和高山苔草为优势种，集中分布于大通山海拔 3300~3800 m 的山地阳坡，并沿布哈河河谷延伸。

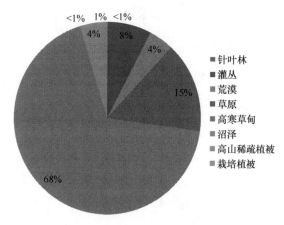

图 1.3　青海湖流域植被类型统计

灌丛：占流域陆地面积的 8%，包括河谷灌丛、高寒灌丛和沙地灌丛，物种多样、群落结构相对复杂，是流域内比较优质的生态系统。①河谷灌丛，在河谷滩地呈斑块状分布，如布哈河、沙柳河、哈尔盖河中下游河谷（3200～3300 m）的具鳞水柏枝；②高寒灌丛，包括金露梅和毛枝山居柳等，主要分布于青海南山、日月山和热水等地海拔 3300～3800 m 的山地阴坡和沟谷地带；③沙地灌丛，以沙地柏为主，分布于青海湖东北海拔 3200～3350 m 的沙丘边缘或丘间洼地。

高山稀疏植被：占流域陆地面积的 4%，分布于海拔 4100 m 以上的高寒流石坡，高山岩体常年遭受寒冻风化形成流石滩，呈舌状延伸到高寒草甸带内，植被植株矮小，群落结构单一，常见有风毛菊等菊科高山植物和垫状植物。

荒漠：占流域陆地面积的 4%，包括沙地和高寒荒漠，植被稀疏，群落结构简单。①沙地，集中分布于青海湖东北岸的海晏湾和东岸的克土地区，海拔介于 3200～3250 m，以沙蒿为优势种。②高寒荒漠，集中分布于布哈河源头地区，以唐古特红景天等为优势种。

栽培植被：占流域陆地面积的 1%，集中分布于青海省三角城种羊场、青海湖农场、哈尔盖乡和青海湖南岸一带海拔 3200～3350 m 的冲积平原上，以油菜为主，其次为燕麦和青稞。

1.2　社会经济状况

1.2.1　行　政　区　划

青海湖流域包括青海省海北藏族自治州（简称海北州）刚察县和海晏县、海西蒙古族藏族自治州（简称海西州）天峻县、海南藏族自治州（简称海南州）共和县的部分行政区，范围涉及 3 州 4 县 25 个乡（镇），以及 5 个农牧场：青海省农牧厅管辖的青海省三角城种羊场、海北州管辖的青海湖农场、刚察县管辖的黄玉农场、三江集团公司管理的湖东种羊场和铁卜加草原改良试验站（表 1.1）。

表 1.1　青海湖流域行政区划

县名	流域内乡镇数/个	行政区划		行政村数目/个		
		流域内乡（镇）名称	省、州、县属农牧场	流域内	跨流域	合计
刚察县	5	沙柳河、哈尔盖、泉吉、伊克乌兰、吉尔孟	青海湖农场、青海省三角城种羊场、黄玉农场	5	26	31
海晏县	5	青海湖、托勒、甘子河、金滩、三角城		2	13	15
天峻县	10	新源、龙门、舟群、江河、织合玛、快尔玛、生格、阳康、木里、苏里		43	14	57
共和县	5	倒淌河、江西沟、黑马河、石乃亥、英德尔	湖东种羊场、铁卜加草原改良试验站	10	17	27
合计	25			60	70	130

资料来源：陈桂琛等，2008。

1.2.2　人口状况

青海湖流域人口稀少，传统上以农牧业人口为主，近年外来人口不断增加，且主要从事采矿业和服务业。截至 2010 年年底，流域总人口为 11.11 万人，其中，农牧业人口为 7.71 万人。从不同行政区看（仅为青海湖流域范围内），天峻县为 2.59 万人，其中城镇人口为 1.04 万人；刚察县为 5.04 万人，其中城镇人口为 1.83 万人；共和县为 2.78 万人，其中城镇人口为 0.51 万人；海晏县为 0.70 万人，其中城镇人口为 0.01 万人（赵麦换等，2014）。伴随旅游业和服务业的发展，外来流动人口逐渐增多。

青海湖流域人口密度平均每平方千米不足 5 人，但人口分布很不均匀。在环湖的狭长地带，特别是河流沿岸或道路沿线，由于地形平坦、水源充足、交通便利，成为人口主要集聚区。例如，以刚察县为中心的青海湖北岸湖滨三角地带，人口密度较大；而四周的山地主要是牧民的夏季草场，基本未建定居点。

1.2.3　经济发展

青海湖流域 2010 年国内生产总值为 11.36 亿元，其中第一产业、第二产业、第三产业所占比例分别为 39.8%、12.8%和 47.4%（赵麦换等，2014）。第一产业是青海湖流域的传统产业，畜牧业生产历史悠久，丰富的草地资源为畜牧业生产提供了良好的基础条件，2010 年流域内共有各类大小牲畜 284.8 万头（只）；农业方面，2000 年青海湖流域开始实施退耕还林还草工程，截至 2010 年流域内保有耕地面积为 1.61 万 hm^2，其中有效灌溉面积为 0.52 万 hm^2，主要作物包括油菜、青稞等。青海湖流域第二产业中的建筑业所占比重很大，而工业基础相对薄弱，迄今为止还没有大型工业设施和现代工业企业，主要工业行业包括煤炭开采、铅锌矿采选、食品生产、畜产品加工、建材制造等，规模小、产量低。第三产业自 20 世纪 80 年代以来取得了较大发展，特别是交通运输、旅游业和居民服务业发展迅速。

从不同行政区看（仅为青海湖流域范围内），2010 年刚察县国内生产总值最高，达到 4.61 亿元，其次为天峻县和共和县，分别为 3.23 亿元和 2.73 亿元，海晏县最低，仅为 0.78 亿元（图 1.4）。刚察县以第一产业和第三产业为主，近年来经济发展迅速，国内生产总值明显增加。根据天峻县的经济统计数据，2004 年以前，第一产业是全县主导产业，在国民经济中占较大比重，经济增长速度较慢；2004 年以后，以采矿业为主的第二产业迅速发展，并带动了运输业、服务业的发展，推动国内生产总值迅速增加。位于流域范围内的乡（镇）是共和县的主要牧业区，并且还有湖东种羊场等大型农牧场，农牧业产值较高；第二产业以建筑业为主，其他工业部门极少；同时，青海湖边的地理位置优越，近年来旅游业发展较快。位于青海湖流域范围内的甘子河乡、青海湖乡等都是牧业乡，所以海晏县经济以牧业为主，第一产业产值在总产值中占较大比重。

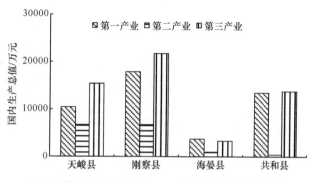

图 1.4 青海湖流域各县 2010 年国内生产总值构成

1.3 生态环境问题

青海湖流域地势较高，在低温、干旱、多风等气候条件的影响下，流域内的植被大多植株低矮、生长缓慢、群落结构简单、抗干扰能力有限，流域生态环境表现出独特的原始性和脆弱性特点。同时，该地区又是以牧为主的高原少数民族聚居区，生产方式比较粗放落后，独特的自然环境和民族文化吸引着越来越多的游客到此观光游览。随着人口和经济的快速增长，人类对环境的干扰和破坏也与日俱增。目前，青海湖流域面临的生态环境问题主要包括天然草场退化、湿地面积缩小、土地沙漠化、环湖带污染与破坏等。

1.3.1 天然草场退化

青海湖流域现有天然草地 213.65 万 hm^2，占流域总面积的 72%，其中可利用草地面积为 193.50 万 hm^2，占天然草地面积的 90.6%，是流域畜牧业发展的重要物质基础。然而，青海湖流域的畜牧业仍停留在自然放牧、靠天养畜的状态，牧民追求经济效益，盲目增加存栏头数，超载放牧，导致草场不断退化。近 50 年来，超载放牧、垦殖和管理不当等造成草场退化面积高达 93.3 万 hm^2，占可利用草地面积的 48.2%，其中，中度以上退化草场有 65.67 万 hm^2，占可利用草地面积的 33.9%（表 1.2）。

草场退化主要表现为植被盖度下降、产草量减少、毒杂草蔓延和鼠虫害加重等。1977~2004 年高覆盖草地和中覆盖草地分别减少了 1.28 万 hm^2 和 0.91 万 hm^2，而低覆盖草地增加了 1.55 万 hm^2（Li et al.，2009）。湖区优良草场鲜草产量由 1963 年的 1740 kg/hm^2

表 1.2　青海湖流域退化草地分级情况

草地退化级别	轻度退化	中度退化	重度退化	极重度退化	合计
草地退化面积/万 hm²	27.63	43.25	13.44	8.98	93.3
占可利用草地面积比例/%	14.3	22.4	6.9	4.6	48.2

资料来源：陈桂琛等，2008。

下降到1996年的1090 kg/hm², 34年下降了37.4%（韩永荣，2000）。优质的禾本科牧草盖度从30%下降到16%，而狼毒、黄花棘豆等毒杂草盖度上升了10%~30%。每年因鼠虫害而损失的牧草约27.9万t，在全流域213.65万 hm²的天然草地中，鼠类危害面积高达105.07万 hm²，虫害面积为25.17万 hm²，两项共占草地面积的60.96%。近年来伴随着系列生态保护措施的实施，青海湖草地质量有所改善，2001~2011年多年平均草地净初级生产力达到1680 kg/hm²，并呈现波动中逐渐增加的趋势（乔凯和郭伟，2016）。

1.3.2　湿地面积缩小

受气候变暖、人类引水截流和过度放牧等影响，湖滨地带、河流两侧洼地和河流三角洲地带沼泽植被退化，并呈现萎缩趋势。据记载，20世纪50年代在布哈河、沙柳河的宽阔河谷中密集生长着成片的以具鳞水柏枝和肋果沙棘为优势种的天然灌丛林，由于人类长期不合理的开发利用，如今其只在人类活动较少的中上游河谷中保存较好，而下游河谷植被已遭到严重破坏，仅有少量残留的灌丛稀疏分布，密集成片的灌丛林不复存在。50年代末开始的"以粮为纲"时期，大量湖滨湿地曾作为荒地被开垦，后因气候干化和水源不足而弃耕，弃耕后的土地土壤结构简单，植被恢复困难，极易遭受侵蚀。除此之外，近年来的调查表明，湖区部分河流，如布哈河、哈尔盖河等已经受到轻微污染，目前污染程度虽不严重，但因污染直接面对的是青海湖湿地生态系统，加上青海湖本身的封闭性，有可能对湿地环境带来重要影响。湿地面积萎缩、过度放牧扰动、环境污染等也将影响流域的生物多样性和生物群落组成变化。

1.3.3　土地沙漠化

气候干旱以及植被退化等共同导致青海湖流域土地沙漠化面积不断扩大，根据沙漠化程度不同，可分为潜在沙漠化、正在发展的沙漠化、强烈发展的沙漠化和严重沙漠化，各类沙漠化土地面积共计12.48万 hm²（表1.3）。沙化土地主要分布在青海湖环湖地带，包括面积最大的湖东沙区（湖东种羊场至海晏县克土一带）、湖北岸甘子河沙区（尕海周围、草茖褡、甘子河至哈尔盖）、湖西岸鸟岛沙区（沙柳河三角洲以西、鸟岛周围、布哈河河口至石乃亥）、湖南岸浪玛舍岗沙区（倒淌河至浪玛河之间，一郎剑、二郎剑等地）。

沙漠化土地面积扩大的原因主要有3个方面：一是青海湖水域和湖滨沼泽变为流动沙地；二是青海湖周围其他地类，如草地，变成潜在沙化土地、流动沙地，灌木林变为固定沙地；三是沙地本身由半固定沙地变为流动沙地，固定沙地变为半固定沙地等。根

表 1.3　青海湖流域各类土地沙漠化面积及分布

沙漠化级别	潜在	正在发展	强烈发展	严重	合计
面积/万 hm^2	4.64	1.60	1.15	5.09	12.48

资料来源：陈桂琛等，2008。

据统计资料，1956 年流域沙漠化土地面积为 4.53 万 hm^2，1972 年增加到 4.98 万 hm^2。而从 1977~2010 年青海湖流域遥感影像解译结果看，1977 年、1987 年、2000 年和 2010 年流域沙漠化土地面积分别为 5.47 万 hm^2、6.08 万 hm^2、6.48 万 hm^2 和 6.02 万 hm^2，1977~2000 年的 23 年间因水域减少而增加的沙地面积为 1.01 万 hm^2，2010 年因水位上升导致沙地面积有所减少。

1.3.4　环湖带污染与人为破坏

青海湖流域属于地广人稀的内陆区域，人口分布极不平衡，环湖地带和河流下游是人口分布的密集区。这里地形平坦，水源充足，土地肥沃，交通便利，集中了全流域 90% 以上的人口、城镇和交通通信设施。近年来，经贸、交通和旅游业发展为当地带来经济繁荣的同时，也加剧了环湖地带的环境污染和生态破坏。据报道，目前流域生活污水排放量平均为 5848 m^3/d，主要污染物有 COD、BOD、SS、NH_3-N 等（陈桂琛等，2008）。流域内存在人为排放重金属，河流生态系统各介质（水体、土壤、植物）中的 Hg、Cd 和 As 的潜在生态风险较高（李少华等，2016）。环湖公路、青藏铁路等重要交通干线距离青海湖最近处不足千米，随着运输量不断增加，在带来废气、噪声等污染的同时，也加重了环湖地带草地资源的损失和对野生生物生存环境的干扰。此外，环湖地带和河流下游的广阔平原也是半个多世纪以来开垦种植的重点区域，从 20 世纪 50~60 年代开始，大量湿地和草地被开垦，但由于气候条件限制，在耕种几年后因其肥力下降而弃耕，这些弃耕后的土地如果恢复措施跟不上，很快就会被沙化，极易遭受水蚀和风蚀。总之，环湖地带和河流下游是当前人类活动最密集的区域，也是今后防治环境污染和生态破坏的重点区域。

参 考 文 献

陈桂琛, 陈孝全, 苟新京. 2008. 青海湖流域生态环境保护与修复. 西宁: 青海人民出版社.
韩永荣. 2000. 青海湖环境恶化危害与防治对策. 中国水土保持, 8(1): 18-19.
李少华, 王学全, 高琪, 等. 2016. 青海湖流域河流生态系统重金属污染特征与风险评价. 环境科学研究, 29(9): 1288-1296.
乔凯, 郭伟. 2016. 青海湖流域植被的净初级生产力估算. 水土保持通报, 36(6): 204-209.
全国土壤普查办公室. 1995. 中华人民共和国土壤图(1: 100 万). 西安: 西安地图出版社.
赵麦换, 武见, 付永锋, 等. 2014. 青海湖流域水资源利用与保护研究. 郑州: 黄河水利出版社.
中国科学院中国植被图编辑委员会. 2007. 中华人民共和国植被图(1: 100 万). 北京: 地质出版社.
Li X Y, Ma Y J, Xu H Y, et al. 2009. Impact of land use and land cover change on environmental degradation in Lake Qinghai watershed, northeast Qinghai Tibet Plateau. Land Degradation & Development, 20: 69-83.

第 2 章 典型陆地生态系统生态水文过程

2.1 研究方法

本章选取青海湖流域的嵩草草甸、金露梅灌丛、芨芨草草原、具鳞水柏枝灌丛、农田、沙地和紫花针茅草原 7 个典型陆地生态系统为研究对象，通过实验观测研究不同生态系统的生态水文过程（图 2.1 和附图 3）。嵩草草甸和金露梅灌丛的观测样地位于沙柳河中游；芨芨草草原、具鳞水柏枝灌丛和农田的观测样地位于沙柳河下游；沙地的观测样地位于青海湖东岸克土地区；紫花针茅草原的观测样地位于青海湖西岸泉吉乡境内。在每个观测样地开展的实验包括植被样方调查、土壤物理性质测定、土壤水分和温度监测、微气象观测等。

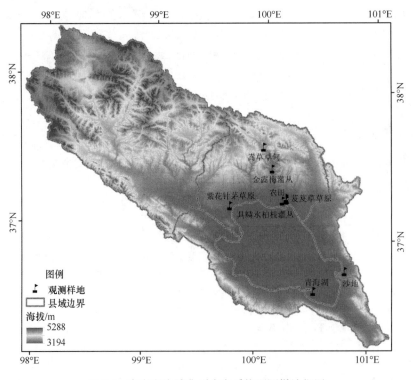

图 2.1 青海湖流域典型生态系统观测样地位置

2.1.1 植被样方调查

分别选择3个5 m×5 m的样方调查金露梅灌丛、芨芨草草原、具鳞水柏枝灌丛观测样地建群种的植物群落特征（表2.1），记录建群种的冠幅和高度，计算样方内建群种的平均盖度和高度。金露梅和具鳞水柏枝为丛生状灌丛，每个枝条单独从地表长出，因此，将样方内的金露梅或具鳞水柏枝的枝条基径分成7~10个等级，记录每个等级的枝条数，统计各基径等级的频率。由于金露梅、芨芨草的高度相对均匀，齐地剪取样方内若干金露梅或芨芨草的地上部分，把茎、叶、花和果实分开，建立斑块面积与地上各器官生物量的关系，推算样方内金露梅或芨芨草的地上生物量。具鳞水柏枝灌丛各枝条的基径、高度差异较大，剪取每个等级的枝条若干，测量其基径，以及茎、叶、花和果实生物量，建立基径与地上各器官生物量之间的关系，推算样方内具鳞水柏枝的地上生物量。同时，在调查样方内选取3个样点，挖取长、宽均为20 cm的土柱，按10 cm深度间隔分层采集土壤样品，土柱深度最终超过根系最大深度，用孔径1 mm的筛漂洗获取活根，得到各优势种的地下生物量。所有地上和地下生物量均以105℃杀青15分钟，然后以65℃烘干至恒重，获得干生物量。

表2.1　青海湖流域不同陆地生态系观测样地土壤与植被特征

生态系统	土壤	优势种
嵩草草甸	高山草甸土	高山嵩草（*Kobresia pygmaea*）、美丽风毛菊（*Saussurea pulchra*）、珠芽蓼（*Polygonum viviparum*）、钉柱委陵菜（*Potentilla saundersiana*）等
金露梅灌丛	高山灌丛草甸土	金露梅（*Potentilla fruticosa*）、高山嵩草、青藏苔草（*Carex moorcroftii*）、钉柱委陵菜、珠芽蓼、美丽风毛菊、重齿风毛菊（*Saussurea katochaete*）等
芨芨草草原	栗钙土	芨芨草（*Achnatherum splendens*）、白花枝子花（*Dracocephalum heterophyllum*）、阿尔泰狗娃花（*Heteropappus altaicus*）、冷蒿（*Artemisia frigid*）、紫花针茅（*Stipa purpurea*）等
具鳞水柏枝灌丛	栗钙土	具鳞水柏枝（*Myricaria squamosa*）、鹅绒委陵菜（*Potentilla anserina*）、肉果草（*Lancea tibetica*）等
农田	栗钙土	油菜（*Brassica campestris*）、燕麦（*Avena sativa*）等
沙地	风沙土	沙蒿（*Artemisia oxycephala*）、肋果沙棘（*Hippophae rhamnoides*）、青藏苔草（*Carex moorcroftii*）、斜茎黄耆（*Astragalus adsurgens*）等
紫花针茅草原	栗钙土	紫花针茅、矮生嵩草（*Kobresia humilis*）、羊草（*Leymus chinensis*）、早熟禾（*Poa annua*）等

分别选择3个1 m×1 m的样方调查嵩草草甸、农田、沙地、紫花针茅草原观测样地，以及金露梅灌丛、芨芨草草原、具鳞水柏枝灌丛观测样地非建群种的植物群落特征（表2.1），记录样方内的物种数、总盖度、分盖度、植株高度，并齐地分种剪取样方内所有的地上植株，清拣活体植株并装进样品袋烘干获取地上生物量，同时收集地上枯落物。选择7~10个样点，每个样点在0~40 cm范围内使用直径为7 cm的根钻按10 cm深度间隔采集土壤样品，用孔径1 mm的筛漂洗获取活根，得到不同深度的地下生物量。

叶面积采用扫描仪（LiDE 110，佳能）测量，首先将叶片平铺在扫描仪面板上，避免叶片重叠，然后覆盖白纸，以600 dpi分辨率扫描生成黑白图片，进一步使用Matlab程序处理得到叶片面积。叶面积测量完成后将叶片烘干得到干生物量，通过叶面积与叶生物量的关系及群落叶生物量来推算群落叶面积指数。

2.1.2 土壤物理性质测定

在每个观测样地内，采集 0～100 cm 范围内 10 cm、20 cm、40 cm、60 cm、100 cm 深度（金露梅灌丛最深为 80 cm）的土壤样品，将每层土壤样品混合均匀后装入样品袋带回实验室自然风干。根据中华人民共和国农业部（2006a）颁布的土壤机械组成测定方法，用比重计法测定土壤机械组成。根据中华人民共和国农业部（2006b）颁布的土壤有机质测定方法，用油浴加热-重铬酸钾容量法测定土壤有机质含量。利用电导率仪（雷磁 DDS-307，上海仪电科学仪器股份有限公司）测定土壤电导率，其中土壤溶液的土水比为 1：5。

土壤容重采用 100 cm^3 环刀取样，105℃烘干后称重计算得到。饱和含水量和田间持水量采用威尔科克斯（Wilcox）法测得，首先利用环刀采集原状土，同时在同一土层采集散状土。在实验室将装有原状土的环刀一端使用滤纸套住并用有孔盖子盖住，放入水中（水面不超过环刀顶部）浸一昼夜，从中取 15～20 g 土样，用烘干法测定含水率，经过 3～5 次重复测量，求出同一土壤样品含水率的平均值，即为该土壤样品的饱和含水量。散状土经过风干后，通过孔径为 1 mm 的筛并装入环刀，然后将装有原状湿土的环刀有孔盖子打开，连同滤纸一起放在装满风干土的环刀上。经过 8 小时吸水后，从原状湿土环刀中取 15～20 g 土样，用烘干法测定含水率，经过 3～5 次重复测量，求出同一土壤样品含水率的平均值，即为该土壤样品的田间持水量。

2.1.3 土壤微结构观测

土壤微结构研究使用的原状土柱利用内径为 10 cm、管壁厚度为 0.4 cm、长度为 50 cm 的圆柱状 PVC 管采集，将其一端打磨成刀口，沿着事先挖好的剖面轻轻敲入土壤中，然后整个取出，采样深度为 0～50 cm。

采用 GE 公司生产的 LightSpeed VCT（64 排螺旋 CT 扫描仪）扫描原状土柱，扫描电压为 140 kV，电流为 200 mA，扫描厚度为 0.625 mm，分辨率为 0.3 mm，图像矩阵为 512×512。扫描前对原状土柱进行定位，确保其位于螺旋射线管的中心。

对于扫描获得的图像，首先通过人工制作大孔隙的方法获得阈值。选取一根内径为 1 cm 的 PVC 管垂直放在内径为 10 cm 的 PVC 管中央，其周围装满回填土，做成回填土柱。用 CT 扫描仪扫描该土柱，将扫描获得的图像在 Fiji 软件中进行处理以判别人工制作的大孔隙。设置一个阈值计算人工大孔隙的直径，并与实际的大孔隙直径进行比较，如果计算直径与实际直径相差较大，再重新设置新的阈值进行计算，直到二者的差值小于 1%。在最终确定的图像分割阈值基础上，将扫描获得的原始图像导入 Fiji 软件，用圆形工具提取感兴趣的区域，用中值滤波法消除图像噪声，用全局阈值法处理原始图像得到二值图像，并进一步分析得到孔隙面积、周长和二维孔隙图。对图像进行去背景处理后，采用 3D viewer 查看器通过体积渲染得到三维大孔隙图。

2.1.4 土壤水分和温度监测

在每个生态系统观测样地内安装一套土壤水分和温度监测系统,每套包含 5 个 ECH2O 5TE(Decagon Devices,USA)传感器,测量内容包括土壤体积含水量、温度、电导率,精度分别为±0.03 m^3/m^3、±1℃和 0.01 dS/m,采用 EM50 数据采集器按照 10 分钟间隔记录数据。嵩草草甸、芨芨草草原、农田和沙地 ECH2O 5TE 传感器安装深度分别为 10 cm、20 cm、40 cm、60 cm 和 100 cm,金露梅灌丛安装深度分别为 10 cm、20 cm、40 cm、60 cm 和 80 cm(受土层厚度限制),具鳞水柏枝灌丛 2009 年 5 月~2012 年 5 月安装深度分别为 10 cm、30 cm、60 cm 和 90 cm,2012 年 5~8 月安装深度分别为 10 cm、20 cm、40 cm、60 cm 和 100 cm。根据 ECH2O 5TE 传感器监测的 5 层土壤含水量,按照下式计算 1.0 m 深度范围内的土壤蓄水量(SWS,mm):

$$\text{SWS} = \sum_{i=1}^{n} \text{SWC}_i \times D_i \tag{2.1}$$

式中,$n=5$ 为土壤含水量观测层数;SWC_i 为第 i 层土壤含水量(m^3/m^3);D_i 为第 i 层土壤含水量代表的土层深度(mm),10 cm、20 cm、40 cm、60 cm 和 80/100 cm 处的土壤含水量代表的深度分别为 150 mm、150 mm、200 mm、200/300 mm 和 300/200 mm。

2.1.5 壤中流观测

1. 壤中流观测试验点

选取的壤中流观测试验点位于沙柳河中游河谷东侧的嵩草草甸,坡长为 653 m。通过实地调查,将观测试验点按坡位划分为坡下、坡中和坡上,选取坡度变化较大的位置作为划分不同坡位的分界线,并在 Google Earth 上用红线对不同坡位的空间分布进行标识(图 2.2)。使用 ArcGIS 软件计算坡下、坡中和坡上的面积,分别为 64 641 m^2、65 672 m^2 和 166 674 m^2。将坡下与公路分界线作为整个坡下壤中流的出口,长度为 200 m;将坡下与坡中分界线作为坡中壤中流的出口,长度为 620 m。分别在坡下、坡中和坡上选择 3 个 1 m×1 m 的样方调查不同坡位草本植物的群落特征,选择不同的植被类型各挖取一个土壤剖面至母质层,描述土壤剖面性质,记录土壤分层信息,分别采集 10 cm、20 cm、30 cm、40 cm 和 80 cm 土壤样品测定容重和理化性质,采集 10 cm、20 cm、30 cm 和 40 cm 原状土测定饱和导水率和非饱和导水率,采集 0~50 cm 原状土进行 CT 扫描,并分析不同深度的土壤大孔隙特征,同时分别在坡中和坡下各安装一套 EM50 土壤水分监测系统对土壤水分进行动态观测。

2. 壤中流观测方法

分别在坡下与公路分界线、坡下与坡中分界线,即海拔 3553 m、3590 m 两处挖掘壤中流观测断面,用于观测壤中流,坡上由于土层太薄未布置壤中流观测断面。根据土壤的发生层次,分别收集两个观测断面 0~40 cm 和 40~80 cm 深度的壤中流(图 2.3)。

图 2.2　嵩草草甸壤中流观测样地不同坡位空间分布及仪器布置

收集方法为将不锈钢制作的集水槽插入土壤 30 cm，使用砖块和水泥将集水槽固定，将网片贴在观测断面上起到固定作用，在观测断面顶部修建挡水棚，最后利用导水管将集水槽中的壤中流收集到径流桶中。

图 2.3　嵩草草甸壤中流观测断面土壤分层示意图

根据下列公式计算壤中流产流率：

$$Q_m = Q_s L / (lS) \tag{2.2}$$

式中，Q_m 为整个分界线上壤中流的产流量（m）；Q_s 为壤中流观测断面收集的上层土壤（0～40 cm）和下层土壤（40～80 cm）壤中流的产流量之和（m³）；L 为分界线长度（m）；l 为收集壤中流的集水槽宽度（0.7 m）；S 为壤中流对应产流区域的面积（m²）。

3. 壤中流同位素样品采集与测定

雨水样品分别于 2014 年 5～9 月和 2015 年 6～9 月，利用自制式降雨收集装置采集，每次采集的样品代表两次采样期间的一次降雨或多次降雨的混合。土壤水样品分别在坡上、坡中和坡下使用 DLS 土壤水采集器进行抽提（图 2.4），取样陶土头的安装深度分别为 20 cm、60 cm 和 80 cm。壤中流样品直接从径流桶中采集，采样间隔一般为 3～4

天，采样时间一般为中午 12：00 左右，加密采样期间降雨前 2~3 天每天采集一次、降雨后 3~4 天每天采集一次。

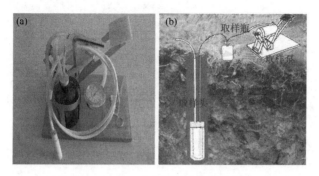

图 2.4 DLS 土壤水采集器示意图

氢氧稳定同位素氘（D）和氧-18（^{18}O）的含量通常用 δ 值表示，该值为样品中氘（或氧-18）含量与国际标准水样 VSMOW（vienna standard mean ocean water）中氘（或氧-18）含量比值的千分差（‰）：

$$\delta = (R_{样}/R_{\text{VSMOW}} - 1) \times 1000‰ \tag{2.3}$$

式中，$R_{样}$ 和 R_{VSMOW} 分别是测试样品和国际标准水样中的氢（或氧）稳定同位素比率 R（D/H 或 ^{18}O/^{16}O）。所有样品在北京师范大学水文土壤学重点实验室利用 LGR 液态水同位素分析仪测定 δD 和 δ^{18}O，二者的测试误差分别为 δD≤2‰（1σ）、δ^{18}O≤0.3‰（1σ）。

采用二源线性混合模型分析雨前土壤水和大气降雨对壤中流的贡献比例（Turner et al.，1987）。在只有雨前土壤水和大气降雨两个来源条件下，雨前土壤水对壤中流的贡献率（f）为

$$f = \frac{\delta^{18}O_{\text{SFF}} - \delta^{18}O_{\text{R}}}{\delta^{18}O_{\text{S}} - \delta^{18}O_{\text{R}}} \times 100\% \tag{2.4}$$

式中，$\delta^{18}O_{\text{SSF}}$ 为壤中流的 δ^{18}O；$\delta^{18}O_{\text{S}}$ 和 $\delta^{18}O_{\text{R}}$ 分别为雨前土壤水和大气降雨的 δ^{18}O。当壤中流全部来自于雨前土壤水时，f 值为 100%；当壤中流全部来自于大气降雨时，则 f 值为 0%。

2.1.6 微气象观测

在青海湖流域典型陆地生态系统观测样地分别架设波文比能量平衡系统和涡动相关系统用以观测微气象条件和水热通量，观测仪器景观见附图 4，观测仪器信息见表 2.2，所有要素的观测均为每 10 分钟记录一次数据。

2.1.7 冠层截留测定

根据水量平衡原理，冠层截留（IC，mm）可以通过下式计算：

表 2.2 青海湖流域不同陆地生态系统观测仪器信息

观测要素	仪器型号	安装高度/m
净辐射	NR Lite2，Campbell，USA	2
土壤热通量	HFP01，HUKSEFLUX，USA	−0.05
空气温湿度	HMP155，VAISALA，Finland	1、2
风向风速	05103，RM.Young，USA	2
大气压	CS106，Campbell，USA	1
降雨量	TE525，Campbell，USA	0.7
三维超声风速	CSAT3，Campbell，USA	2
H_2O/CO_2 浓度	EC150，Campbell，USA	2
数据采集器	CR1000，Campbell，USA	

注：土壤热通量安装高度为距离地表深度，其他传感器安装高度均为距离地表高度。

$$IC = P - (TF + SF) \tag{2.5}$$

式中，P 为降雨（mm）；TF 为穿透雨（mm）；SF 为树干茎流（mm）。具鳞水柏枝和金露梅为丛生状灌丛，各枝条直接从地面长出，本章通过收集各枝条的树干茎流和灌丛间的穿透雨来计算灌丛的冠层截留。树干茎流收集装置如图 2.5 所示，在距地表约为 10 cm 的高度利用 4~6 cm 宽铝箔把枝条包围，在铝箔下部和枝条之间利用约 2 cm 宽双面带黏胶的泡沫隔开，使得铝箔上部和枝条之间形成一个蓄水槽，用于收集沿树干流下来的雨水（即树干茎流）。蓄水槽通过软管与塑料瓶连接，软管引导蓄水槽收集的雨水进入塑料瓶，每次降雨后利用量筒测量塑料瓶中储存的雨水。为了保证装置密闭，在铝箔与枝条接触处、铝箔闭合处等地方利用硅胶封闭，防止蓄水槽漏水。日常维护需要检查蓄水槽是否漏水、连接软管是否堵塞等。

图 2.5 具鳞水柏枝和金露梅树干茎流收集装置

由于具鳞水柏枝和金露梅灌丛地面分支很多，不可能完全测量一个样地内所有枝条的树干茎流，本章对 16 枝具鳞水柏枝灌丛枝条和 12 枝金露梅灌丛枝条进行测量，并测量这些枝条的基径、长度、倾角、总分枝长度、茎生物量、叶生物量、总生物量、叶面积。基径利用游标卡尺测量；长度为枝条底部与顶部之间的距离，利用卷尺测量；

倾角利用便携式地质罗盘测量；总分枝长度为各级分枝长度总和；生物量在实验结束后利用收获法测量；叶面积采用扫描法测量。然后根据枝条特征和降雨特征获得单个枝条单次降雨的树干茎流估算模型，再根据样地的降雨特征和灌丛特征计算整个样地的树干茎流量。

灌丛穿透雨通过自制装置进行收集，收集装置上部为圆形漏斗，口径为 6.5 cm，下部为储存雨水的容器。在具鳞水柏枝灌丛共设置 37 套穿透雨收集装置，均匀摆放在 7 个灌丛下方，降雨后用量筒测量储存的雨水（图 2.6）。在没有灌丛的空地设置相同装置，用于跟同期自计式雨量计观测的降雨进行对比，校准雨水收集装置不同导致的系统误差。由于金露梅灌丛相对较小，并且冠层较为均匀，在其下方设置 14 套相同的穿透雨收集装置，其中 5 套用于对比。把量筒测量获得的穿透雨量（mL）除以受雨面积转换为穿透雨深度（mm），然后通过加权平均得到整个灌丛下方的穿透雨深度，每个收集装置的权重由其代表的冠层面积确定。

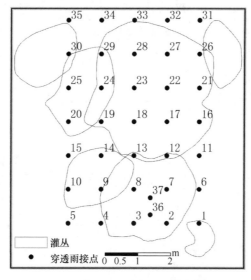

图 2.6 具鳞水柏枝灌丛穿透雨实验布局

草本植物冠层截留参考 Ataroff 和 Naranjo（2009）的方法，在降雨开始时齐地面剪取草本的地上部分，称量鲜生物量之后摆放到漏斗内的铁丝网隔上，并尽量保持草本原来的状况（图 2.7）。然后将装置放在雨中，降雨结束之后用量筒测量储水瓶内的水量，降雨量减去储水瓶中的水量即为草本的冠层截留。每次测试 3~5 个重复，同时设置没有放入草本样品的 3 套对比装置。实验结束后称量草本样品的重量并烘干至恒重得到干生物量。

2.1.8 用波文比能量平衡方法计算潜热和显热

1. 基本原理

波文比能量平衡方法基于地表能量平衡方程和湍流垂直输送方程计算近地表湍流通量：

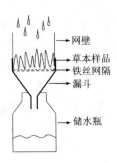

图 2.7 草本植物冠层截留实验装置

$$R_n - G = \text{LE} + H \tag{2.6}$$

$$H = \rho c_p K_h \frac{\partial T_a}{\partial z} \tag{2.7}$$

$$\text{LE} = (\rho \varepsilon L / P_a) K_w \frac{\partial e}{\partial z} \tag{2.8}$$

式中，R_n 为净辐射（W/m²）；G 为土壤热通量（W/m²）；LE 为潜热通量（W/m²）；H 为显热通量（W/m²）；ρ 为空气密度（kg/m³）；c_p 为干空气定压比热 [MJ/（kg·℃）]；K_h 为热量湍流交换系数；T_a 为空气温度（℃）；ε 为水汽分子量和空气分子量的比值；L 为水的汽化潜热（MJ/kg）；P_a 为大气压（hPa）；K_w 为水汽湍流交换系数；e 为水汽压（hPa）；z 为高度（m）；$\frac{\partial T_a}{\partial z}$ 和 $\frac{\partial e}{\partial z}$ 分别为空气温度和水汽压的垂直导度。

根据 Monin-Obukhov 相似理论，可以假设热量湍流交换系数和水汽湍流交换系数相等，即 $K_h = K_w$（Verma et al., 1978）。根据波文比（β）的定义，以及式（2.7）和式（2.8），并把空气温度和水汽压的垂直微分转换为梯度，可得

$$\beta = \frac{H}{\text{LE}} = \frac{\rho C_p K_h \frac{\partial T_a}{\partial z}}{(\rho \varepsilon L / P_a) K_w \frac{\partial e}{\partial z}} = \gamma \frac{\Delta T_a}{\Delta e} \tag{2.9}$$

式中，γ 为干湿表常数；ΔT_a 和 Δe 分别为空气温度和水汽压的垂直梯度。在此基础上可以得到潜热（LE）、显热（H）和蒸散发（ET）：

$$\text{LE} = \frac{R_n - G}{\beta + 1} \tag{2.10}$$

$$H = \frac{\beta(R_n - G)}{\beta + 1} \tag{2.11}$$

$$\text{ET} = \frac{\text{LE}}{L} = \frac{R_n - G}{L(\beta + 1)} \tag{2.12}$$

2. 数据剔除及缺失值插补

由于波文比能量平衡方法自身有缺陷，并非所有计算结果都跟实际相符，所以需要

对利用该方法计算得到的通量结果进行甄别和修正。当计算得到的波文比值接近-1时，极小的空气温湿度差别都会导致较大的误差，由式（2.10）和式（2.11）计算得到的潜热和显热绝对值会非常大，此时需要把一部分不合理的波文比值去掉(Fuchs and Tanner, 1970; Angus and Watts, 1984)。有些学者将 $\beta<-0.75$ 的值舍去，或者将 $-1.3<\beta<-0.7$ 的值舍去，但是这些方法并没有很好的物理学解释，同时也没有结合仪器本身的测量精度来分析。本章参考 Perez 等（1999）方法来确定波文比值接近-1时的剔除方法。根据空气温湿度传感器的测量精度，通过空气温湿度梯度计算得到的波文比值在区间 $-1-|x|<\beta<-1+|x|$ 应该舍去，其中 x 为

$$x = \frac{\delta\Delta e - \gamma\delta\Delta T}{\Delta e} \tag{2.13}$$

式中，$\delta\Delta e$ 和 $\delta\Delta T$ 分别为空气温湿度传感器湿度和温度的测量精度。

波文比能量平衡方法适用的基础之一是地表与大气之间的潜热和显热交换跟空气湿度和温度梯度是一致的，但是使用波文比能量平衡方法计算得到的通量值与梯度值不一致的情况时有发生，此时无法从物理学机制角度解释计算结果。例如，日出和日落前后，大气层结稳定或者出现逆温层时，这种现象就很常见，因此，很多研究只选取特定时段（如正午前后）的数据来分析地表与大气之间的能量交换，如 Heilman 等（1989）和 Unland 等（1996）。但是这样的时段选取需要根据当地的天气过程来决定，同时也使得数据变得不连续。为了剔除通量值与梯度值不一致的结果，本章参考 Perez 等（1999）的方法，列出通量值与梯度值方向一致的全部条件（表 2.3）。

表 2.3 波文比能量平衡方法计算通量值与梯度值方向一致性条件

可用能量（R_n-G）	水汽压梯度（Δe）	波文比（β）	潜热（LE）和显热（H）
>0	>0	>-1	LE>0，当 $-1<\beta\leq0$ 时 $H\leq0$，当 $\beta>0$ 时 $H>0$
>0	<0	<-1	LE<0，$H>0$
<0	>0	<-1	LE>0，$H<0$
<0	<0	>-1	LE<0，当 $-1<\beta\leq0$ 时 $H\geq0$，当 $\beta>0$ 时 $H<0$

根据上述方法确定的不同陆地生态系统波文比能量平衡方法计算结果质量比例见表 2.4。符合 $-1-|x|<\beta<-1+|x|$ 需要剔除的数据占 6%～10%，通量值与梯度值方向不一致需要剔除的数据占 11%～35%。

表 2.4 波文比能量平衡方法计算结果质量比例（%）

生态系统	$-1-|x|<\beta<-1+|x|$ 比例	通量值与梯度值方向不一致比例	有效数据比例
嵩草草甸	9.34	26.05	69.66
金露梅灌丛	7.72	25.01	71.34
芨芨草草原	10.26	35.39	59.52
具鳞水柏枝灌丛	6.42	10.93	85.48

对于 10 分钟波文比（β）计算结果不合理的数据，采用平均昼夜变化法（Falge et al., 2001；徐自为等，2009）进行插补。平均昼夜变化法指对缺失数据采用临近天相同时刻

数据进行填补,适用于短时间数据缺失的插补。首先将波文比计算结果分成合理和不合理两个子集,对于不合理子集的波文比,选择合理子集内前后 5 天同一时刻的波文比,取平均值作为不合理子集波文比的替代值。如果合理子集前后 5 天内的波文比值不足 3 个,则扩大临近天窗口以满足插补需要,但窗口大小不超过 20 天。如果采用平均昼夜变化法插补得到的波文比结果仍不合理,则采用平均昼夜变化法直接计算潜热,再根据能量平衡法计算显热。选择每月 5 日、15 日、25 日 3 天有效数据对插补方法进行检验,检验效果见表 2.5。插补得到的潜热、显热与实际观测值的残差介于 21~55 W/m², 占观测结果的 2%~6%, 插补效果较好。

表 2.5 潜热和显热插补结果残差均方差对比

生态系统	潜热和显热残差均方差/(W/m²)	潜热残差均方差占观测范围的比例/%	显热残差均方差占观测范围的比例/%
嵩草草甸	22.52	2.92	2.13
金露梅灌丛	46.88	5.29	5.82
芨芨草草原	54.85	5.11	5.20
具鳞水柏枝灌丛	20.55	2.18	2.46

3. 计算结果验证

为了检验用波文比能量平衡方法计算潜热和显热通量的可行性,2013 年 8 月在金露梅灌丛样地安装 1 套涡动相关系统,与波文比能量平衡系统进行为期 10 d 的对比观测。涡动相关系统主要由 1 个三维超声风速仪(CSAT3A,美国 Campbell)和 1 个水汽二氧化碳分析仪(EC150,美国 Campbell)组成。涡动相关系统数据处理和质量控制参考 Liu 等(2013)的方法。选择波文比能量平衡方法与涡动相关方法的共同有效数据,取小时平均值进行比较分析,结果显示(图 2.8):两者的变化趋势一致,相关性很高,表明用波文比能量平衡方法计算地表能量通量是可行的。8 月是金露梅灌丛生长旺季,生态系统的潜热较显热大,潜热的变化范围为 0~500 W/m²,显热的变化范围为-50~250 W/m²。显热的变化范围较小使得波文比能量平衡方法和涡动相关方法得到的显热差异相对较大,相关性稍差。

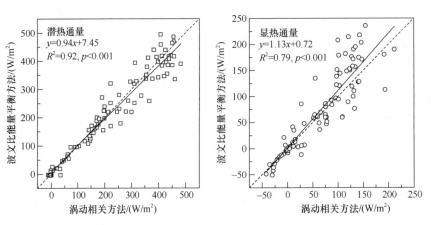

图 2.8 波文比能量平衡方法与涡动相关方法的潜热和显热对比

2.1.9 用 Penman-Monteith 方法计算参考蒸散发

按照 Penman-Monteith 方法的原理,联合国粮食及农业组织(Food and Agriculture Organization of the United Nations,FAO)将参考蒸散发定义为:参考蒸散发为一种假想的参照作物冠层的蒸散发速率,参考作物为绿色草地,其高度一致为 0.12 m,固定叶面阻力为 70 s/m,反照率为 0.23,生长旺盛,完全遮盖地面,而且不缺水(Allen et al.,1998)。用逐日气象数据计算参照蒸散发(ET_r,mm/d)的 FAO Penman-Monteith 方程为

$$ET_r = \frac{0.408\Delta(R_n - G) + \gamma(900/(T_a + 273))u_2(e_s - e_a)}{\Delta + \gamma(1 + 0.34u_2)} \quad (2.14)$$

式中,Δ 为饱和水汽压温度斜率(kPa/℃);u_2 为 2 m 高风速(m/s);e_a 为实际水汽压(kPa),其他符号含义与前文相同,参考蒸散发乘以折算系数(K_c)可以得到实际蒸散发(ET):

$$ET = K_c \times ET_r \quad (2.15)$$

2.2 典型陆地生态系统土壤微结构特征

2.2.1 土壤大孔隙三维结构

嵩草草甸、金露梅灌丛、芨芨草草原、农田和沙地土壤大孔隙的三维结构存在显著差异(附图 5,Hu et al.,2016)。金露梅灌丛和芨芨草草原大孔隙数量相对较多,孔隙度较大,农田和嵩草草甸次之,沙地最少。嵩草草甸土壤大孔隙主要集中在 0~20 cm 土层,大孔隙数量较多但相对较细;金露梅灌丛土壤大孔隙在 0~25 cm 土层均有分布,孔隙直径较大;芨芨草草原 0~15 cm 土层分布有大量大孔隙,大孔隙连通度高于其他各样地;农田大孔隙主要集中在 0~10 cm 土层;沙地土壤大孔隙在整个土层零星分布,大孔隙呈圆形且具有一定的方向性。

2.2.2 土壤大孔隙数量特征

嵩草草甸、金露梅灌丛、芨芨草草原、农田和沙地土壤大孔隙数量特征统计结果显示(表 2.6),大孔隙平均数量由多到少依次为:金露梅灌丛>芨芨草草原>农田>嵩草草甸>沙地。各生态系统土壤表层大孔隙数量相对较多,伴随深度增加土壤大孔隙数量呈递减趋势;嵩草草甸、金露梅灌丛和芨芨草草原 0~10 cm 土壤大孔隙数量显著多于较深层土壤大孔隙数量,农田和沙地土壤大孔隙数量在不同深度之间差异不显著。

表 2.6　典型陆地生态系统土壤大孔隙数量特征

生态系统	大孔隙平均数量/个	不同深度土壤大孔隙数量/个			
		0～10 cm	10～20 cm	20～30 cm	30～40 cm
嵩草草甸	10	18（±2）Bb	13（±4）Aa	5（±1）Aa	4.11（±0）Aa
金露梅灌丛	33	55（±3）Cb	27（±8）Aa	20（±8）Aa	20.33（±10）Aa
芨芨草草原	31	51（±68）Cb	37（±3）Aa	22（±8）Aa	13.87（±7）Aa
农田	21	21（±4）Ba	44（±33）Aa	13（±10）Aa	6.18（±2）Aa
沙地	1	1.48（±0）Aa	1（±0）Aa	0（±0）Aa	0.50（±0）Aa

注：大写字母表示不同生态系统相同深度之间的差异显著性，小写字母表示相同生态系统不同深度之间的差异显著性。

2.2.3　土壤大孔隙度特征

不同生态系统土壤平均大孔隙度和不同深度土壤大孔隙度特征统计结果显示（表 2.7），平均大孔隙度由大到小依次为：芨芨草草原＞金露梅灌丛＞农田＞嵩草草甸＞沙地。嵩草草甸土壤在 0～10 cm 土层大孔隙度相对较大，在 20～40 cm 土层大孔隙度接近 0。金露梅灌丛在 0～10 cm 土层土壤大孔隙度显著大于较深土层的土壤大孔隙度。芨芨草草原在 0～10 cm 土层土壤大孔隙度最大。农田土壤的大孔隙主要分布在表层，其大孔隙度为 7.11%，随着土壤深度增加，大孔隙度急剧下降。沙地不同深度土壤大孔隙度均非常小。

表 2.7　典型陆地生态系统土壤大孔隙度特征

生态系统	平均大孔隙度/%	不同深度土壤大孔隙度/%			
		0～10 cm	10～20 cm	20～30 cm	30～40 cm
嵩草草甸	0.82	2.95（±2.20）Aa	0.22（±0.07）Aa	0.05（±0.03）Aa	0.05（±0.02）Aa
金露梅灌丛	5.52	12.42（±1.94）Ab	2.00（±1.21）Aa	2.44（±1.61）Aa	2.29（±0.84）Aa
芨芨草草原	9.10	30.29（±6.70）Bb	5.07（±4.00）Aa	0.70（±0.38）Aa	1.21（±1.00）Aa
农田	2.31	7.11（±5.66）Aa	1.19（±0.36）Aa	0.11（±0.33）Aa	0.83（±0.69）Aa
沙地	0.06	0.10（±0.09）Aa	0.02（±0.01）Aa	0.00（±0.00）Aa	0.00（±0.00）Aa

注：大写字母表示不同生态系统相同深度之间的差异显著性，小写字母表示相同生态系统不同深度之间的差异显著性。

不同生态系统土壤大孔隙度随土壤深度的变化方面，嵩草草甸的土壤大孔隙度在表层土壤（0～10 cm）呈现逐渐下降的趋势，在 10～30 cm 土层土壤大孔隙度保持稳定，而在 30～50 cm 土层深度出现两个峰值（图 2.9）。金露梅灌丛的土壤大孔隙度在 0～15 cm 深度呈现急剧下降趋势，随着土壤深度增加（15～40 cm），土壤大孔隙度呈现波状曲线分布，但总体呈下降趋势。芨芨草草原的土壤大孔隙度在 0～20 cm 深度急剧下降，在 20～35 cm 深度相对稳定。对于农田土壤，其大孔隙度随土壤深度的变化与嵩草草甸相似，在 0～15 cm 深度土壤大孔隙度呈波状曲线分布，在 15～30 cm 深度土壤大孔隙度保持稳定，在 15 cm 和 30 cm 处出现两个峰值。沙地中土壤大孔隙度几乎为 0，在 5～13 cm 土层有一些大孔隙，但平均不足 0.8%。

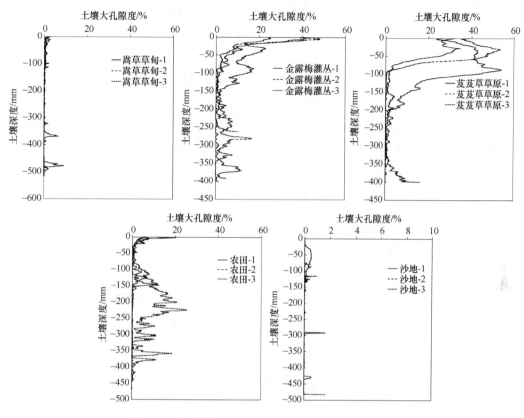

图 2.9 典型陆地生态系统土壤大孔隙度随深度变化

2.2.4 土壤大孔隙直径

5 种生态系统土壤不同等效直径大孔隙所占比例统计结果表明（图 2.10），所有生态系统土壤的大孔隙直径主要介于 0～3 mm，3 个大孔隙等效直径（$0<D<1$ mm、$1<D<2$ mm 和 $2<D<3$ mm）在所有大孔隙直径中所占比例达到 85% 以上。

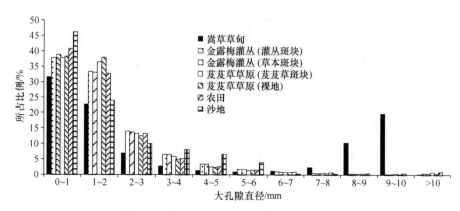

图 2.10 典型陆地生态系统土壤大孔隙直径分布

2.3 嵩草草甸生态水文过程

2.3.1 嵩草草甸样地降雨特征

嵩草草甸样地降雨主要集中在 5~9 月,尤其是 7~8 月(图 2.11)。以 12 小时为次降雨间隔,嵩草草甸 2012 年 7 月~2013 年 6 月共计降雨 93 次,累计降雨量为 576 mm,其中 5 mm 及以下降雨占总降雨次数的 73%,占降雨总量的 15%(图 2.12);大于 20 mm 的降雨有 7 次。需要指出的是,嵩草草甸 2012 年 8 月的一次降雨量在 100 mm 以上,为 50 a 一遇的暴雨,这次降雨对年降雨量贡献很大。

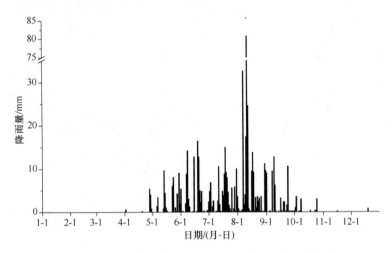

图 2.11 嵩草草甸 2012 年 7 月~2013 年 6 月逐日降雨量

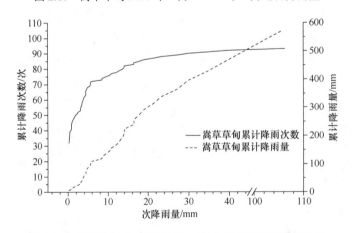

图 2.12 嵩草草甸 2012 年 7 月~2013 年 6 月降雨特征统计

2.3.2 嵩草草甸冠层降雨再分配特征

嵩草草甸草本层的冠层截留量(IC_g,mm)与降雨量(P,mm)、草本层地上生物量鲜重（AGBM$_{fg}$，kg/m^2）具有很好的线性关系，利用逐步回归分析得到草本层冠层截留量的线性回归方程为

$$IC_g = 0.51 - 0.038P + 0.22P \times AGBM_{fg} \quad (2.16)$$

拟合方程修正的决定系数 R_a^2 达到 0.95，显著性 $p<0.001$。根据嵩草草甸样地每月的地上生物量调查结果和降雨观测结果计算得到 2012 年 7 月～2013 年 6 月嵩草草甸草本层冠层截留量为 137.75 mm，占降雨总量的 24%。

2.3.3 嵩草草甸土壤水分特征

1. 嵩草草甸土壤水分垂直分布

嵩草草甸土壤水分垂直变化趋势为越往下层越低，表层达到 0.30 m^3/m^3，100 cm 处为 0.19 m^3/m^3 左右，最低值出现在 40 cm 深度，仅为 0.18 m^3/m^3。生长季土壤水分垂直变化状况与全年类似，最高值出现在表层 10 cm 处，达到 0.40 m^3/m^3，最低值出现在 100 cm 处，约为 0.22 m^3/m^3（图 2.13）。

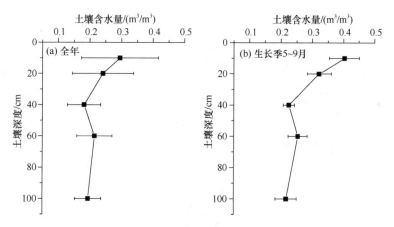

图 2.13 嵩草草甸年平均和生长季平均土壤水分垂直分布

2. 嵩草草甸土壤水分月际变化

嵩草草甸不同月份土壤水分垂直分布差异较大（图 2.14）。1～3 月土壤完全冻结，各层之间的土壤水分差异相对较小，表层和底层土壤水分较高，40 cm 处土壤水分最低。4 月 40 cm 以上土壤解冻，土壤水分增加，而 40～100 cm 处的土壤仍然冻结，土壤水分较低。5 月 100 cm 深度土壤仍未解冻，整个土壤剖面上下层土壤水分含量差异最大，表层土壤含水量达到 0.32 m^3/m^3，而 100 cm 深度仅为 0.18 m^3/m^3。6～10 月土壤完全解冻，土壤水分随深度增加呈现降低趋势，其中 8 月 0～60 cm 处土壤水分为全年最高，与该地区年降雨的时间分布相对应，表层最大月平均土壤含水量达到 0.45 m^3/m^3；100 cm 处最大土壤水分含量出现在 9 月，最大值为 0.25 m^3/m^3，说明深层土壤水分对降雨的响应具有一定的滞后性。11 月 20 cm 以上土壤冻结，土壤水分迅速减少，土壤剖面呈现下层土壤水分含量较高，上层土壤水分含量较低的状况。12 月 100 cm 深度土壤尚未冻结，

整个土壤剖面该处土壤水分含量最高。

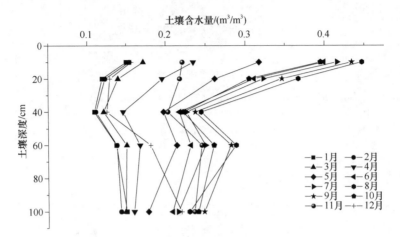

图 2.14 嵩草草甸不同月份土壤水分垂直分布

嵩草草甸不同深度土壤水分变化过程基本类似，10 cm 土壤水分在 1~2 月变化很小，3 月略微增加，4~6 月迅速增加，7~8 月略有增加，并在 8 月达到全年最高值，9~10 月稍有下降，11 月迅速减少，12 月进一步减少（图 2.15）。各层土壤水分变化过程与降雨过程类似，降雨增加，土壤水分含量也相应增加，反之亦然。但受土壤水分入渗和土壤温度传导滞后效应的影响，深层土壤水分对降雨和冻土解冻引起水分增加的响应相对滞后，100 cm 深度最高土壤水分出现在 9 月，较其他深度滞后约 1 个月。

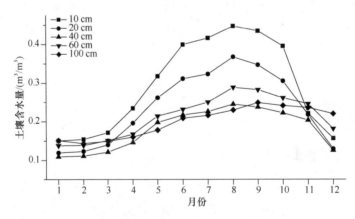

图 2.15 嵩草草甸不同深度土壤水分月际变化

3. 嵩草草甸土壤水分对次降雨的响应

为了解逐次降雨过程中不同深度土壤水分的变化规律，分别选取不同等级的降雨情景，以仪器观测的 10 分钟原始数据为基础进行分析（图 2.16）。在 24 mm 降雨情况下，10~100 cm 处土壤水分都有所增加，但开始响应的时间不同；10 cm 处土壤水分在降雨开始后 10 分钟开始增加，从 0.44 m³/m³ 增加到 0.46 m³/m³ 左右，历时在 1 h 之内，降雨结束后 10 cm 处土壤水分又开始下降；20 cm 处土壤水分在降雨开始后 30 分钟开始增加，从 0.37 m³/m³ 增加到 0.39 m³/m³，历时也在 1 小时之内，稍落后于 10 cm 处土壤水分；40 cm、60 cm、100 cm 处土壤水分也有 0.01~0.02 m³/m³ 的增加，开始响应时间则分别为 2 小时、6 小时、15 小时 [图 2.16（a）]。在 14.6 mm 降雨情况下，嵩草草甸 10 cm、20 cm、40 cm、60 cm 处土壤水分均有响应，土壤水分增加量介于 0.01~0.02 m³/m³，开始响应时间分别为 0.67 小时、3.67 小时、12 小时、18 小时，而 100 cm 处土壤水分没有明显变化 [图 2.16（b）]。在 9.6 mm 降雨情况下，嵩草草甸土壤水分变化主要集中在 20 cm 深度范围内，10 cm 处土壤水分在降雨 3 小时之后开始增加，增加量为 0.02 m³/m³ 左右，而 20 cm 处仅在 5 小时之后略有增加 [图 2.16（d）]。在小降雨（3.2 mm）情况下，嵩草草甸 10 cm 处及以下土壤水分没有明显变化 [图 2.16（e）]。

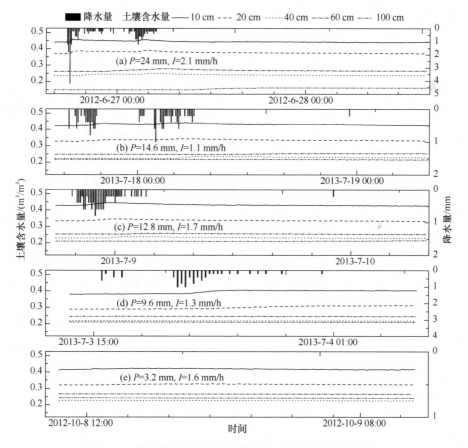

图 2.16 嵩草草甸不同深度土壤水分对典型次降雨的响应

嵩草草甸 1 m 深度范围内土壤蓄水量变化与降水量的关系如图 2.17 所示。从拟合方程来看，在嵩草草甸生态系统中，平均大概有 46% 的降水入渗到土壤中补充土壤水。

2.3.4 嵩草草甸壤中流特征

1. 嵩草草甸壤中流产流量

坡下壤中流 2014 年平均产流率为 0.94%，2015 年平均产流率为 0.28%，同时上层

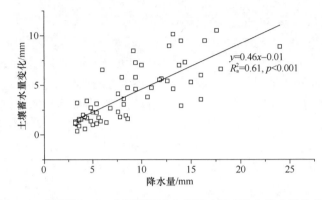

图 2.17　嵩草草甸 1 m 深度范围内土壤蓄水量变化与降水量的关系

土壤（0～40 cm）的产流量要多于下层土壤（40～80 cm）（表 2.8）。坡中壤中流 2014 年平均产流率为 0.07%，2015 年平均产流率为 0.04%，显著低于坡下壤中流的产流率（表 2.9）。在 2014 年 7 月 26 日、7 月 28 日、8 月 1 日对坡下壤中流观测断面，以及在 2014 年 7 月 6 日对坡中壤中流观测断面的几次采样中，发现从上一次采样到当次采样期间并没有降雨，却仍能收集到壤中流，而这部分壤中流的来源可能是之前降雨过程中入渗到土壤中的水分，因为壤中流汇流速度较慢，即使降雨已经停止，但壤中流的产流过程仍在继续。

表 2.8　嵩草草甸坡下壤中流产流量

日期/（年/月/日）	降雨量/mm	0～40 cm 土层产流量/L	40～80 cm 土层产流量/L	壤中流总产流量/mm	壤中流总产流率/%
2014/7/25	37.50	25 528	6 637	0.14	0.40
2014/7/26	0	1 424	74	0.01	—
2014/7/27	8.70	5 167	4 549	0.04	0.66
2014/7/28	0	2 126	1 213	0.02	—
2014/7/30	7.30	4 212	2 291	0.03	0.43
2014/8/1	0	562	30	0.01	—
2014/8/3	19.50	15 880	3 200	0.09	0.43
2014/8/6	7.7	26 018	8 731	0.15	1.99
2014/8/11	32.30	29 932	26 389	0.25	0.77
2014/8/13	18.70	28 103	25 485	0.24	1.27
2014/8/16	3.70	25 230	3 213	0.13	3.40
2014/8/19	1.30	32	10	0	0.01
2014/8/22	33.40	25 315	23 022	0.22	0.64
2014/8/25	11.20	6 468	2 339	0.04	0.35
2015/7/12	56.60	25 000	2 948	0.12	0.22
2015/7/17	14.70	9671	20	0.04	0.29
2015/7/21	2.54	1 858	0	0.01	0.32
2015/7/27	4.82	15	0	0	0
2015/7/29	4.06	260	5	0	0
2015/8/3	15.49	60	30	0	0
2015/8/18	30.61	62	0	0	0
2015/8/25	8.89	0	12	0	0

表 2.9 嵩草草甸坡中壤中流产流量

日期/ (年/月/日)	降雨量/mm	0~40 cm 土层产流量/L	40~80 cm 土层产流量/L	壤中流 总产流量/mm	壤中流 总产流率/%
2014/7/25	37.50	3930	2780	0.03	0.08
2014/7/26	0	208	10	0	0
2014/7/27	8.70	76	0	0.01	0.01
2014/7/28	0	0	0	0	0
2014/7/30	7.30	0	0	0	0
2014/8/1	0	0	0	0	0
2014/8/3	19.50	0	0	0	0
2014/8/6	7.70	716	1000	0.01	0.09
2014/8/11	32.30	5906	172	0.03	0.08
2014/8/13	18.70	125	79	0.01	0.01
2014/8/16	3.70	0	26	0.01	0.01
2014/8/19	1.30	0	0	0	0
2014/8/22	33.40	2168	418	0.01	0.03
2014/8/25	11.20	25	203	0.01	0.01
2014/8/28	27.70	4377	20	0.03	0.07
2015/7/12	56.60	17000	20	0.07	0.13
2015/7/17	14.70	4571	75	0.02	0.13
2015/7/21	2.54	50	4	0.01	0.01
2015/7/27	4.82	181	0	0.01	0.02
2015/7/28	4.06	0	10	0	0
2015/8/3	15.49	93	3	0.01	0.01
2015/8/18	30.61	20	0	0.01	0

坡中和坡下壤中流的产流率都很低,这与湿润地区壤中流的研究结论不一致,如汪涛等(2008)研究发现紫色土地区土壤质地疏松多孔且砾石含量较多,使得水分更加容易向深层土壤入渗,壤中流在相对不透水层以上大量形成,壤中流占总径流的比例可达 50%以上;谢颂华等(2015)对红壤地区壤中流形成特征的研究表明,壤中流占总径流量的比例可以高达 90%。在本章选取的坡地上,降雨一部分被植被截留,到达地面后经历填洼、入渗等过程,或以蒸散发的形式返回大气,同时相当一部分降雨转化成地表径流向坡下流动,最终汇集到河道中,从而壤中流占总径流的比例较低。

2. 嵩草草甸壤中流水分来源

(1)降雨氢氧同位素特征

2014 年 5 月 9 日~9 月 9 日、2015 年 6 月 20 日~8 月 25 日共采集 39 次降雨样品。将 2014 年和 2015 两年间 5~9 月降雨量取平均值,同时计算两年内每个月大气降雨的 $\delta^{18}O$ 平均值,对比发现:降雨 $\delta^{18}O$ 值 8 月最低,7 月次之,5 月、6 月和 9 月相对较高(图 2.18)。

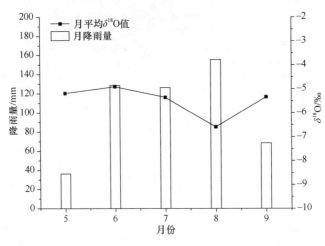

图 2.18　嵩草草甸 2014～2015 年 5～9 月降雨量与降雨 $\delta^{18}O$ 平均值变化

嵩草草甸降雨氢氧稳定同位素值在采样期间波动较大，δD、$\delta^{18}O$ 的范围分别为 −72.37‰～12.35‰ 和 −12.55‰～−0.65‰，其均值和标准差见表 2.10。从整个采样期间降雨氢氧同位素的分布看，氧同位素在 5～6 月较为稳定，7～8 月波动较大（图 2.19）。主要因为水汽在远距离输送过程中，重同位素在先前的降雨中优先分离，因而距离水汽来源越远的地方，降雨中 δD 与 $\delta^{18}O$ 所占的比例越低，同时雨滴下落过程中的二次蒸发和区域水分再循环也会破坏降雨中 δD 与 $\delta^{18}O$ 的平行分馏。在降雨 $\delta^{18}O$ 和 d-excess 的季节变化中，2014 年 6 月 21 日～8 月 11 日的数值均偏低，这与东南季风是青海湖流域夏季降雨的主要水汽来源有关，源区低纬度热带海洋空气湿度大，雨滴在下降过程中发生二次蒸发，使得雨滴中氢氧稳定同位素分馏比增大，这与吴华武等（2014）在青海湖流域对降雨氢氧同位素特征的研究结论一致。

表 2.10　嵩草草甸土壤水、降雨及壤中流 δD 和 $\delta^{18}O$ 的平均值

平均值	土壤水			
	坡下 20 cm	坡下 60 cm	坡中 20 cm	坡中 60 cm
δD/‰	−27.50±1.59	−29.42±1.31	−27.71±1.33	−28.92±0.61
$\delta^{18}O$/‰	−4.95±0.39	−4.91±0.41	−5.01±0.18	−4.98±0.28

平均值	降雨	壤中流			
		坡下 0～40 cm	坡下 40～80 cm	坡中 0～40 cm	坡中 40～80 cm
ΔD/‰	−24.39±26.00	−22.34±3.52	−26.06±2.20	−37.42±19.49	−24.97±4.71
$\delta^{18}O$/‰	−5.71±2.91	−4.38±0.50	−4.87±0.21	−6.99±2.11	−5.39±0.57

降雨 δD 与 $\delta^{18}O$ 之间的关系称为大气降水线（LMWL）。在全球尺度下，这种关系表现为

$$\delta D = 8.0\delta^{18}O + 10.0 \qquad (2.17)$$

式（2.17）揭示了全球平均状态下降雨中 δD 与 $\delta^{18}O$ 组成之间的线性关系。对于不同地区而言，上述方程中斜率和截距的数值与所在区域的降雨量、空气湿度、雨滴在降落过程中经历的蒸发强度有关，大气越湿冷，大气降水线的斜率和截距均越大。根据历次采

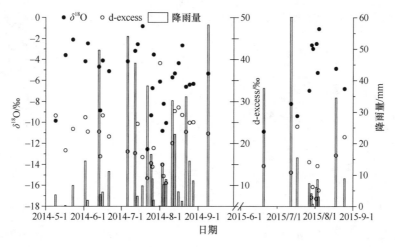

图 2.19 嵩草草甸 2014 年 5 月~2015 年 9 月降雨量与降雨 $\delta^{18}O$、d-excess 变化

集降雨样品的 δD 和 $\delta^{18}O$ 统计得到嵩草草甸观测样地大气降水线（图 2.20），斜率和截距均高于全球大气降水线，主要因为观测样地位于海拔 3500 m 以上，气温低，降雨量和空气湿度较大。

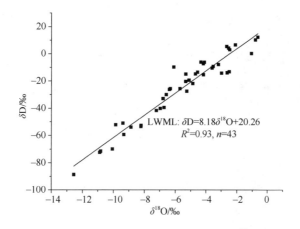

图 2.20 嵩草草甸 2014~2015 年降雨 δD 和 $\delta^{18}O$ 的关系

（2）土壤水氢氧同位素特征

土壤水的氢氧同位素特征可以在一定程度上揭示壤中流的形成机制，不同深度土壤水同位素的变化受众多因素的影响。由图 2.21 和图 2.22 可知，坡上 60 cm 和 80 cm 深度土壤水 $\delta^{18}O$ 维持在较高水平，表明坡上深层土壤受降雨影响较小，而 20 cm 深度土壤水同位素值较低，受降雨的影响较大。深层土壤同位素值高的原因可能是该层雨前土壤水较多，土壤水经过蒸发分馏作用后同位素值较高。同时坡上位置的坡度较大、降雨入渗能力较弱，降雨主要以地表径流的形式向坡下运移，而入渗的水分较少。坡中和坡下 20 cm、60 cm 和 80 cm 深度土壤水氢氧同位素值较为接近且标准差较小（表 2.10），说明在降雨较多的季节，坡中和坡下土壤水波动较小。

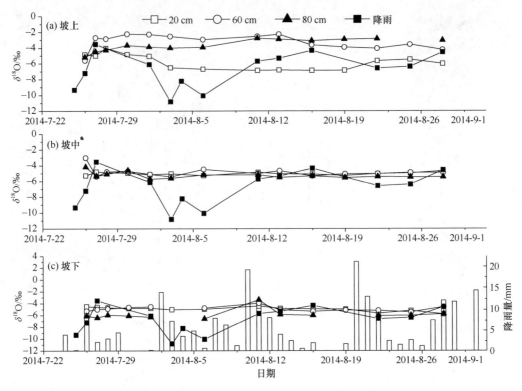

图 2.21 嵩草草甸 2014 年不同坡位土壤水和降雨 $\delta^{18}O$ 变化

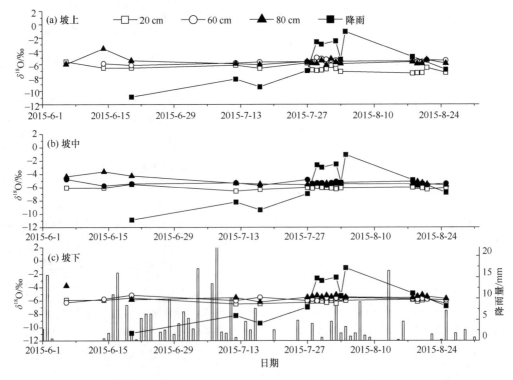

图 2.22 嵩草草甸 2015 年不同坡位土壤水和降雨 $\delta^{18}O$ 变化

（3）壤中流水分来源分析

2014~2015 年降雨和壤中流氢氧同位素 δD-$\delta^{18}O$ 关系如图 2.23 所示，坡下上层土壤（0~40 cm）和下层土壤（40~80 cm）及坡中下层土壤（40~80 cm）的壤中流 $\delta^{18}O$ 和 δD 分布相对集中，其值稍微偏离当地的大气降水线，说明降雨在形成壤中流过程中经历了不同程度的分馏与混合作用。同时，这几处壤中流 $\delta^{18}O$ 和 δD 的标准差较小（表2.10），说明其来源相对稳定（肖雄等，2016）。

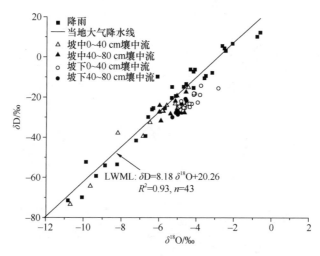

图 2.23 嵩草草甸 2014~2015 年降雨和壤中流氢氧同位素关系

除了当次降雨，壤中流的另一个重要来源是当次降雨前储存在土壤中的水分，在当次降雨径流过程中被驱替而出，在这个过程中有一定程度的蒸发富集作用，一些较轻的氢氧同位素被蒸发出来，留下了一些较重的同位素在水体中，导致壤中流氢氧同位素值变大。在本研究区，虽然当次降雨对土壤水有一定的补充，但夏季土壤含水量接近饱和，单次降雨不足以对土壤水产生太大影响，所以坡下上层土壤和下层土壤及坡中下层土壤的壤中流来源中有相当一部分是降雨前储存在土壤中的水分，也就是被当次降雨（新水）驱替而出的雨前土壤水（旧水），这与谢小立等（2012）、Scholl 等（2015）的研究结果一致。

坡中上层土壤壤中流的 $\delta^{18}O$、δD 平均值明显低于其他几处壤中流，与降雨接近，同时 $\delta^{18}O$ 和 δD 值的分布与当地大气降水线基本一致，说明该处壤中流主要由降雨补给，雨前土壤水对于壤中流的贡献较小。坡中下层土壤壤中流的氢氧同位素值同样分布在土壤水线和大气降水线之间（图 2.24），说明其产流来源是雨前土壤水和降雨。对于坡下壤中流而言，上层土壤壤中流的氢氧同位素值分布在 20 cm 深度土壤水线和当地大气降水线之间，下层土壤壤中流分布在 60 cm 深度土壤水线和当地大气降水线之间，同时 $\delta^{18}O$ 和 δD 的平均值也介于降雨和雨前土壤水的平均值之间（表 2.10），说明雨前土壤水和降雨是坡下壤中流的主要来源，可利用二源线性混合模型定量计算二者对壤中流的贡献比例。

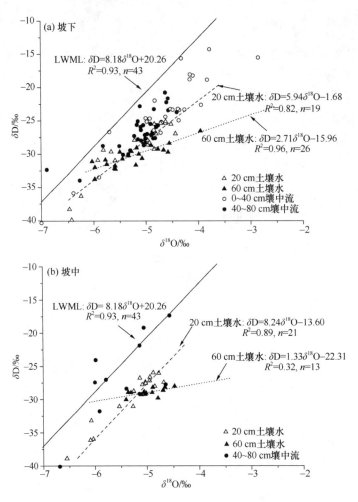

图 2.24 嵩草草甸 2014~2015 年不同坡位壤中流与土壤水氢氧同位素的关系

坡中和坡下不同深度土壤水 $\delta^{18}O$ 和 δD 波动较小,同时标准差也较小。已有研究认为,如果 $\delta^{18}O$ 和 δD 的标准差小于氢氧同位素分析仪器测量误差的两倍,就可以认为该深度的土壤水同位素在采样期间基本无变化(Clark and Fritz,1998),本章使用的 LGR 液态水同位素分析仪对于 δD 和 $\delta^{18}O$ 的测量误差分别为 $\delta D \leqslant 2‰$ 和 $\delta^{18}O \leqslant 0.3‰$,即如果 δD 和 $\delta^{18}O$ 的标准差分别小于 4‰和 0.6‰,则可以认为该层土壤水氢氧同位素值基本不变。坡中和坡下不同深度土壤水 $\delta^{18}O$ 的标准差都小于 0.6‰,同时 δD 的标准差也小于 4‰(表 2.10),因此,可以认为坡中和坡下 20 cm、60 cm 深度土壤水氢氧同位素值在采样期间基本无变化。

利用二源线性混合模型对不同坡位、不同土层的壤中流进行产流来源计算。对于坡下和坡中壤中流的计算,均利用当次降雨和雨前采集的 20 cm 深度土壤水作为上层土壤壤中流的来源,利用当次降雨和雨前采集的 60 cm 深度土壤水作为下层土壤壤中流的来源,结果见表 2.11。在历次降雨径流过程中,雨前土壤水对坡下上层土壤和下层土壤壤中流的贡献率平均分别为 83.57%和 78.17%,坡下壤中流主要来源于雨前土壤水。雨前土壤水对坡中下层土壤壤中流的平均贡献率为 49.90%,产流中有近 1/2 来自于雨前土壤水。雨前土壤水对坡中上层土壤壤中流的平均贡献率为 37.72%，壤中流主要来源于降雨，这也符合坡中上层土壤壤中流与降雨 δ^{18}O-δD 分布基本一致的结果。

表 2.11 嵩草草甸雨前土壤水对不同坡位壤中流的贡献率（%）

年份	日期/（月/日）	坡下上层	坡下下层	坡中上层	坡中下层
2014	7/26	79.84	100	13.59	74.84
	7/27	42.18	85.97	93.07	—
	7/28	100	100	—	—
	7/30	100	100	—	—
	8/1	100	100	—	—
	8/3	100	92.83	—	—
	8/6	100	40.37	8.02	100
	8/11	100	91.52	0	0
	8/13	70.62	38.78	100	59.93
	8/16	29.2	62.15	—	100
	8/19	95.77	73.6	—	—
	8/22	98.78	100	7.52	38.55
	8/25	100	100	57.07	29.82
2015	6/20	77.87	94.24	—	—
	7/12	68.98	64.04	0	0
	7/17	100	100	5.93	15.10
	7/21	100	100	0	27.34
	7/27	—	78.68	53.62	—
	7/28	—	100	—	13.08
	7/29	—	78.68	—	90.32
	7/30	40.99	71.50	—	—
	7/31	—	82.89	—	—
	8/3	—	68.06	78.21	—
	8/18	—	30.95	73.34	—
	8/25	—	0	—	—
平均值		83.57	78.17	37.72	49.90

雨前土壤水和降雨对壤中流的贡献率是波动的，因为在每次降雨径流过程前，土壤初始含水量不同，同时降雨特征也不一样。随着壤中流形成过程不同，降雨和雨前土壤水对于径流的贡献也是一个动态的过程，往往是伴随降雨过程的推进，降雨对壤中流的贡献会逐渐增加。所以在每次壤中流形成过程中，雨前土壤含水量和降雨特征不同，即使对于相同坡位、相同土层的壤中流，土壤水和降雨的贡献也会发生变化。

3. 嵩草草甸壤中流影响因素

（1）土壤含水量对壤中流的影响

2014 年和 2015 年各月的土壤含水量变化如图 2.25 和图 2.26 所示，由图可知，坡下和坡中土壤含水量由浅层到深层呈现先增加后减少的趋势,其中,20 cm 深度土壤含水量最高,深层土壤含水量较低;在降水较少的 12 月至次年 5 月,坡下和坡中土壤含水量相差不大,因为这段时间土壤已经进入冻结状态,土壤中的水分主要以固态形式存在,本章使用的 ECH2O 5TE 传感器无法有效探测土壤中的固态水,造成冻融期间土壤含水量测量不准确。土壤含水量标准差在冻融活动强烈的 5~6 月和 11 月较高,说明冻融作用对土壤含水量动态的影响较为剧烈。同时土壤含水量标准差在降雨多的季节波动也较大,原因是夏季降雨较为充沛,同时气温较高,这种高水分补给、高蒸散损失的微气象条件使得土壤含水量波动较大。

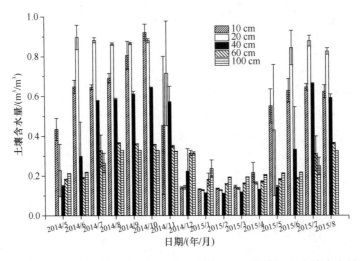

图 2.25　嵩草草甸 2014 年 5 月~2015 年 8 月坡下不同深度逐月土壤含水量变化

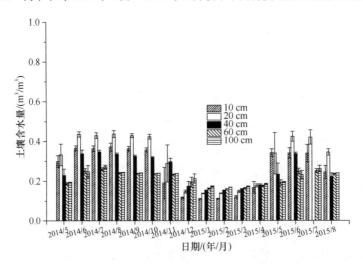

图 2.26　嵩草草甸 2014 年 5 月~2015 年 8 月坡中不同深度逐月土壤含水量变化

2014 年 5 月~2015 年 8 月逐日降水量以及坡中和坡下 10 cm、20 cm、40 cm、60 cm 和 100 cm 深度土壤含水量变化如图 2.27 所示,由图可知,坡下和坡中土壤含水量由浅层到深层呈现先增加后减少的趋势,其中,20 cm 深度土壤含水量最高。2014 年降雨较多的月份，坡下和坡中土壤含水量都没有大幅波动。2015年6~10月坡下0~40 cm土壤含水量对于大降雨事件的响应非常明显，在土壤含水量出现下降时，一场大雨即可迅速补充土壤水分，使得土壤含水量呈现陡降或陡升的过程。由壤中流产流量可以发现，上层土壤的壤中流产流量高于下层土壤，这与上层土壤含水量较高的特征一致，表明充足的水分是壤中流形成的一个关键因素，同时，雨前土壤含水量高，则壤中流产流开始时间明显提前。但土壤含水量对壤中流的影响较为复杂，因为较高的土壤含水量也可能阻碍水分入渗，在降雨落到地表后，较高的土壤含水量使得水分入渗速率较低，进而促使更多的降雨转化成地表径流，从而不利于壤中流形成，但总体而言，对于本章所选取的坡地，雨前土壤含水量越高，则壤中流的产流量也越高。

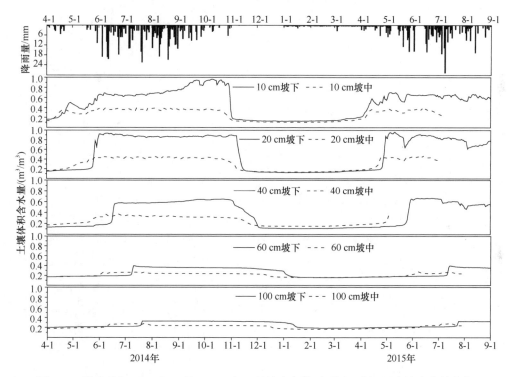

图 2.27　嵩草草甸2014年5月~2015年8月坡中和坡下不同深度逐日土壤含水量变化

2014~2015年1 m深度内土壤蓄水量变化如图2.28所示，由图可知，坡下土壤蓄水量明显高于坡中，夏季坡下土壤蓄水量较高且波动较小，单次降雨对土壤蓄水量的影响较小。2014年从5月中下旬开始，坡下和坡中的土壤蓄水量在经历几次上升过程后，分别维持在550 mm和300 mm左右。2015年7月以前，坡下和坡中土壤蓄水量同样经历了几次上升过程，分别达到550 mm和300 mm左右，但是7月中下旬和8月降雨较少且较为分散，使得坡中和坡下的土壤蓄水量都有一个明显的下降趋势，至8月下旬坡下和坡中的土壤蓄水量分别为450 mm和250 mm左右，相应地，该段时期坡下和坡中观测断面收集的壤中流也较少，因为在此期间降雨先填充土壤孔隙，土壤水侧向流动性减弱。由此可见，较高的土壤含水量对于壤中流的形成具有相当重要的作用，降雨可以将土壤中原有的水分驱赶出来形成壤中流，稳定同位素计算结果也显示，坡下壤中流稳定同位素值与土壤水相似性较高，说明其来源主要是雨前储存于土壤中的"旧水"。

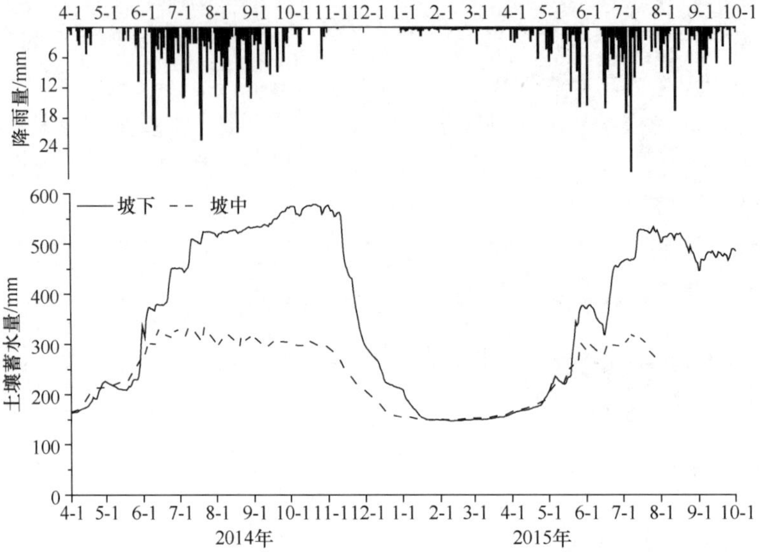

图 2.28　嵩草草甸 2014 年 5 月～2015 年 10 月 1 m 深度内土壤蓄水量和降雨量变化

（2）冻融作用对壤中流的影响

冻土可以有效抑制水分蒸发，增加土壤含水量，在第 2 年融解期为土壤提供大量水分。研究区 4 月空气温度已达 0℃以上，冻土开始消融，对土壤含水量的影响较大（图2.27，图 2.29）。受不同深度冻土融解过程的影响，各层土壤含水量快速上升的时段互不相同。土壤越深，受大气温度变化的影响越滞后，土壤温度上升至 0℃以上的时间也相应推迟。对坡下位置 3 个土壤含水量快速上升阶段分别阐述如下。

第一个阶段为 5 月中旬至 6 月初，这个阶段主要水分来源是 20 cm 深度冻土的融解。由于 20 cm 土壤含水量较高，所以伴随该层冻土的融解，土壤含水量大幅增加。2014年从 5 月 22 日～6 月 5 日，20 cm 土壤含水量从 19.30%上升到 91.74%，土壤蓄水量相应地从 219 mm 增加至 372 mm。2015 年则从 5 月 13 日～6 月 4 日，20 cm 土壤含水量从 18.75%上升到 94.94%，土壤蓄水量从 221 mm 增加到 377 mm。

第二个阶段为 6 月中旬至 6 月底，这个阶段主要水分来源是 40 cm 深度冻土的融解。2014 年从 6 月 17 日～6 月 25 日，40 cm 深度土壤含水量从 19.73%上升到 56.75%，土壤蓄水量从 378 mm 快速增加到 542 mm。2015 年则从 6 月 16 日～6 月 28 日，40 cm 深度土壤含水量从 19.27%上升到 64.63%，土壤蓄水量从 318 mm 增加到 458 mm。

第三个阶段为 7 月初至 7 月中旬，这个阶段主要水分来源是 60 cm 深度冻土的融解。2014 年从 7 月 5～11 日，60 cm 深度土壤含水量从 20.06%上升到 39.50%，土壤蓄水量从 444 mm 增加到 509 mm。2015 年则从 7 月 10～14 日，60 cm 深度土壤含水量从 20.55%上升到 39.46%，土壤蓄水量从 469 mm 增加到 527 mm。

100 cm 深度冻土从 7 月中下旬才开始融解，时间分别是 2014 年 7 月 18～21 日和2015 年 7 月 22～25 日，在此期间土壤含水量 2014 年从 23.89%上升到 33.06%，2015 年

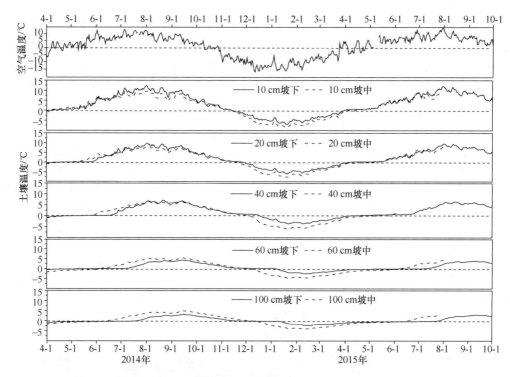

图 2.29 嵩草草甸 2014 年 5 月～2015 年 10 月空气及不同深度土壤温度变化

从 23.67%上升到 32.51%；土壤蓄水量 2014 年从 501 mm 上升至 524 mm，2015 年从 523 mm 上升至 529 mm，上升幅度不大，主要原因是：与浅层土壤相比，100 cm 深度土壤含水量较低。同时，7 月中旬降雨较多，坡下土壤有大量来自于降雨或坡上地表径流和侧向壤中流补充的水分，使得 100 cm 深度冻土融解提供的水分不至于使土壤含水量产生太大幅度的波动。

与坡下土壤融解过程不同，坡中 0～100 cm 冻土融解的时间较为接近，基本都集中在 5 月初～6 月初这段时间内。冻土融解时间较为集中为坡中土壤含水量的快速上升提供了重要的水分来源，土壤蓄水量从 2014 年 5 月 12 日的 224 mm 上升至 2014 年 6 月 6 日的 304 mm，从 2015 年 5 月 13 日的 222 mm 上升到 2015 年 5 月 28 日的 302 mm。

11 月初开始，土壤从浅层到深层陆续进入冻结期，土壤含水量呈指数下降趋势。相对于浅层土壤，深层土壤温度降到 0℃以下的滞后时间要比融解期短。随着冻结锋面的下移，大量土壤液态水转化为地下冰的形式储存在土壤中，并在第二年融解期为土壤水分的增加提供大量水分来源。水分在冻结土壤中的流动性极弱，即使有较大的降雨事件，也难以形成壤中流，降雨大部分转化为地表径流，入渗水分也多被土壤颗粒吸收，或以蒸散发的形式返回大气中。

在土壤冻结/融解的相变和位移过程中，土壤会发生一系列诸如冻胀、融沉流变等应力变形。研究区坡下土壤含水量较高，土壤在冻结和融解过程中发生的形变较大，本来平坦的地表形成了各种各样的微地形，本章所选取的坡地则出现一个个直径为几十厘米至数米的沉陷漏斗、浅洼地和冻胀丘。在降雨较多的季节里，水分从周围土壤流入浅洼地内，使浅洼地常有积水并维持一定深度，为壤中流提供了充足的水分。同时，每个洼地之间通过土壤毛管和孔隙发生水分和物质交换，进一步促进了壤中流的发育。因为长期暴露在大气中，浅洼地中的积水受到的蒸发作用更强，表现出较强的氢氧稳定同位素蒸发富集特征，其被降雨驱替后形成的壤中流也表现出一定的同位素富集特征。

（3）土壤性质对壤中流的影响

不同坡位土壤剖面特征差异明显（图2.30），坡上为高山灌丛草甸土，剖面0~5 cm为草毡层，草毡层质地较硬，根系较少；5~30 cm为腐殖质层；30~40 cm为淀积层；40 cm以下为BC层；50 cm出现砾石。坡中土壤为高山灌丛草甸土，0~10 cm为草毡层；10~30 cm为腐殖质层，具有较多金露梅的粗大根系，土壤孔隙度较高；30~40 cm为淀积层；40 cm以下为BC层，有大块砾石，质地较硬。坡下土壤为高山草甸土，整个土壤剖面含水量均较高，0~15 cm为草毡层，草本植被根系极多；15~40 cm为腐殖质层，质地黏重；40~90 cm为淀积层。

图2.30 嵩草草甸不同坡位土壤剖面

土壤分层容重测定结果显示（图2.31），坡中、坡上土壤容重随着深度的增加而增大，深层土壤质地较为紧密，淋溶作用较弱；坡下0~80 cm深度土壤容重较小，说明土壤质地相对较为松散，有利于水分的垂向和侧向流动。坡中和坡上的物质被地表径流和壤中流搬运至坡下堆积，坡下的土壤厚度远大于坡中和坡上。

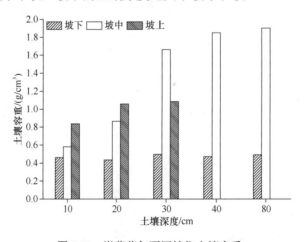

图2.31 嵩草草甸不同坡位土壤容重

坡下土壤饱和导水率随着土壤深度的增加而降低,而坡中和坡上的土壤饱和导水率则随着土壤深度的增加先增加后降低,在 20 cm 深处最高(图 2.32)。坡下 10 cm 处饱和导水率较高是因为草毡层的影响,该层草根极多,土壤容重低。坡上和坡中虽然也有草毡层,但土壤质地相对紧密且容重较高,使得表层的土壤饱和导水率较低。

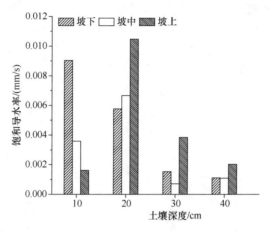

图 2.32　嵩草草甸不同坡位土壤饱和导水率

不同坡位地表土壤非饱和导水率如图 2.33 所示,由图可知,坡下地表土壤非饱和导水率低于坡中和坡上,原因是坡下土壤水分已经趋于饱和,导致其能够更早达到稳定入渗速率,这与前人研究中水分入渗速率与土壤含水量成反比的结果一致。而坡中和坡上土壤含水量较低,土壤在逐渐湿润过程中,水分可以沿着土壤孔隙快速入渗。本章所开展的饱和导水率实验是采集不同坡位的原状土带回实验室,均在土壤达到饱和时测得导水率,坡下 10 cm 深度土壤饱和导水率较高是因为草毡层的影响;而野外实地测量得到的坡下地表非饱和导水率较低,则是因为坡下土壤含水量最高,导致水分的实际入渗速率比坡上和坡中低。

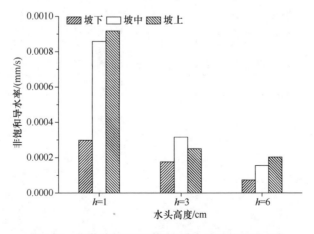

图 2.33　嵩草草甸不同坡位地表土壤非饱和导水率

不同坡位土壤大孔隙结构研究结果显示(图 2.34),坡上 0~15 cm 的土壤孔隙度小于坡中和坡下，同时坡上 10 cm 深度的土壤容重高于坡中和坡下，水分在质地紧密的土壤中运移速率较慢，所以坡上 10 cm 深度的饱和导水率小于坡中和坡下；坡上 15~40 cm 的土壤孔隙度远大于坡中和坡下，与之相对应的是坡上 20 cm、30 cm、40 cm 深度土壤饱和导水率都大于坡中和坡下，说明水分在坡上 15~40 cm 土层中主要以大孔隙流的形式运移；坡上、坡中和坡下 40 cm 以下的土壤孔隙度都很小且相差不大，所以 3 个坡位 40 cm 的饱和导水率相近且都较低。

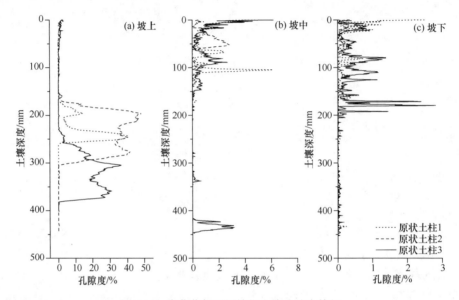

图 2.34 嵩草草甸不同坡位土壤孔隙度特征

（4）植被对壤中流的影响

研究区不同坡位植被群落调查结果见表 2.12，由表可知，坡下植被类型主要为草本植物，坡中和坡上主要植被类型为灌木和草本植物；草本层盖度、草本物种数和草本生物量大小均为坡下＞坡中＞坡上，总生物量大小为坡中＞坡下＞坡上，坡下和坡中植被长势较好，坡上草本植被较为稀疏，灌木也较为矮小。

表 2.12 嵩草草甸不同坡位植被调查结果

位置	坡下	坡中	坡上
主要物种	嵩草、苔草	嵩草、金露梅	嵩草、金露梅
草本高度/cm	5.8	8.3	5.2
草本层盖度/%	98	97	90
草本物种数	26	23	17
草本生物量/（g/m^2）	385.4	244.8	75.8
草毡层厚度/cm	15	10	5
灌木层盖度/%	无	22	7.6
灌木高度/cm	无	35.4	35.5
灌木生物量/（g/m^2）	无	359.5	36.7

植被冠层对降雨具有明显的拦截作用，研究区嵩草草甸和金露梅灌丛冠层截留分别占同期降雨总量的24%和36%，而在小降雨条件下，金露梅灌丛和草本植被的双层冠层结构对于降雨的截留作用更加明显，能够减少雨水进入土壤，可能不利于壤中流的形成。但是，植被覆盖条件较好也可能有利于壤中流形成，降雨沿着枝叶和树干形成树干茎流，顺着根系导入到地面以下的土壤中，同时较高的植被覆盖可以减缓地表径流的流速，促使更多水分进入土壤，进而使得雨水更多地以壤中流形式向坡下运移。

（5）坡位对壤中流的影响

地形控制着水分沿坡地的运移方式和速度，从而对壤中流产生影响。本章所选取的嵩草草甸坡地，不同坡位的地形测量结果显示，坡上、坡中和坡下平均坡度分别为16°、12°和6°。坡上和坡中坡度较大可以增加地表径流速度，使得产流方式以超渗产流为主，降雨转化成地表径流向坡下运移，不利于壤中流的形成。坡下地势较为平缓，降雨落到地面后受重力作用沿着坡地向下运移的能力不及坡中和坡上，使得更多的降雨入渗到土壤中，将土壤中原有的水分驱赶出来形成壤中流。

虽然重力作用有利于侧向壤中流的形成，但水分垂向和侧向运移的机制较为复杂，对于本章所选取的嵩草草甸坡地，坡下的坡度较缓，土壤含水量更高，这些条件更有利于壤中流形成，这与徐佩等（2006）在紫色土坡地进行的人工模拟降雨研究得出的结论一致，即较为缓和的坡度有利于壤中流的形成。另外，前人研究表明，在坡地径流过程中，坡地地形的起伏和变化使得径流过程在坡脚的临时水分饱和带与非饱和带的交汇处发生破碎，壤中流可以再次出露地表，与地表径流交汇，形成回归流。本章中壤中流在重力影响下向坡下汇集，运移至坡下时因为坡度变缓，壤中流的运移速度和路径都发生了改变，在运移至坡下水分临时饱和带时再次出露地表，形成了由于土壤水分饱和而产生的地表浅洼地大量积水的现象。

2.3.5 嵩草草甸蒸散发特征

1. 嵩草草甸蒸散发变化

嵩草草甸2011年7月～2013年8月中旬的蒸散发过程图如2.35（a）所示。1月左右蒸散发量最低，很少超过0.3 mm/d，平均约为0.2 mm/d，到3月底蒸散发量开始超过1 mm/d，4月和5月平均蒸散发量分别为1.3 mm/d和2.0 mm/d。6～8月，日平均蒸散发量超过2 mm/d，最大达到5.4 mm/d。9月蒸散发量开始下降，10月蒸散发量小于1 mm/d，而11月之后蒸散发量小于0.3 mm/d。

嵩草草甸同期的参考蒸散发量过程如图2.35（b）所示。与实际蒸散发量类似，参考蒸散发量在年内也有一个比较明显的变化过程，冬季较低而春末至秋初较高。比较实际蒸散发量与参考蒸散发量过程可以看出，夏季参考蒸散发量并没有明显的峰值。嵩草草甸折算系数（K_c）在冬季基本小于1，而K_c持续大于1出现在4月底5月初，这个季节植被开始返青生长，使得生态系统的蒸散发量较大。K_c最大值出现在植被生长最为旺盛的夏季，7天滑动平均值达到2.2左右。K_c持续小于1出现在10月初左右，此时植被已经开始凋谢。因此，K_c 的变化过程与植被生长密切相关。

为了计算折算系数 K_c 在年内的变化，利用能量收支、微气象条件和土壤温湿度等参数，参考 Zha 等（2013）采用的逐步回归分析方法得到嵩草草甸 K_c 的拟合方程，结果如下：

$$K_c = -0.73 + 0.22\text{RH} + 0.0051\text{AE} \tag{2.18}$$

拟合方程决定系数 $R^2=0.76$，显著性 $p<0.001$，说明通过可利用能量和空气湿度可以解释嵩草草甸 K_c 变化的 76%。

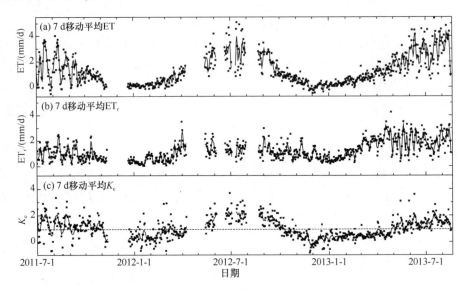

图 2.35　嵩草草甸蒸散发量（ET）、参考蒸散发量（ET_r）和折算系数（K_c）变化

2. 嵩草草甸蒸散发影响因素

嵩草草甸蒸散发影响因素逐步回归分析结果见表 2.13。生长季期间对蒸散发影响最大的非生物因素主要是可利用能量（AE），其次是最低土壤温度（T_{smin}）和夜间风速（WS_n）。非生长季净辐射（R_n）对蒸散发的影响最大，水汽压（e_a）也有较大影响。全年尺度上对蒸散发影响最大的因素首先是可利用能量，其次是水汽压（Zhang et al.，2016）。

表 2.13　嵩草草甸蒸散发多元线性逐步回归分析结果

变量	非标准化系数		标准化系数	F	R^2
	系数	标准误			
生长季					
常数	−1.12	0.2			
AE	0.02	0.001	0.9	163	0.81**
T_{smin}	0.087	0.015	0.25		
WS_n	0.15	0.05	0.12		

续表

变量	非标准化系数		标准化系数	F	R^2
	系数	标准误			
非生长季					
常数	0.07	0.07			
R_n	0.0055	0.0008	0.46		
G	0.02	0	0.35	243.69	0.83**
e_a	1.3	0.16	0.27		
WS_d	0.021	0.009	0.08		
全年					
常数	−0.59	0.05			
AE	0.017	0.001	0.83		
e_a	1.35	0.13	0.36		
T_{amax}	−0.02	0.006	−0.14	560.02	0.90**
WS_n	0.056	0.019	0.05		
P	−0.025	0.01	−0.06		

**表示显著性水平 $p<0.001$。

2.4 金露梅灌丛生态水文过程

2.4.1 金露梅灌丛样地降雨特征

金露梅灌丛降雨量主要集中在 5～9 月，尤其是 7～8 月（图 2.36）。以 12 h 为次降雨间隔，金露梅灌丛 2012 年 7 月～2013 年 6 月共计有 85 次降雨，累计降雨量为 521 mm。金露梅灌丛 2012 年 8 月有一次 106 mm 的降雨，当时新闻报道为 50 年一遇的暴雨，对年降雨量贡献很大。从不同降雨等级看，金露梅灌丛 5 mm 及以下降雨分别占总降雨次数和降雨总量的 75% 和 18%，大于 20 mm 的降雨只有 6 次（图 2.37）。

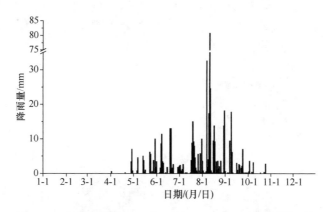

图 2.36　金露梅灌丛 2012 年 7 月～2013 年 6 月逐日降雨量

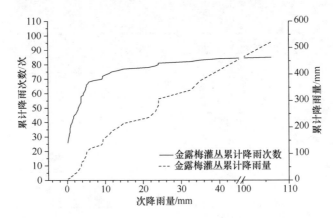

图 2.37　金露梅灌丛 2012 年 7 月～2013 年 6 月降雨特征统计

2.4.2　金露梅灌丛冠层降雨再分配特征

根据多次观测数据，拟合得到金露梅灌丛穿透雨（TF_{JLM}，mm）与降雨量（P，mm）的关系为

$$TF_{JLM} = 0.61P - 0.83 \tag{2.19}$$

拟合方程修正的决定系数 R_a^2 达到 0.99，显著性 $p < 0.001$。

金露梅灌丛枝条树干茎流（SF_{JLMv}，mL）与枝条横截面积（BA，mm^2）、降雨量（P，mm）的关系为

$$SF_{JLMv} = 0.10P \times BA + 0.78P - 16.59 \tag{2.20}$$

拟合方程修正的决定系数 R_a^2 达到 0.94，显著性 $p < 0.001$。

根据式（2.19）和式（2.20），结合金露梅灌丛的盖度、枝条大小分布频率（图 2.38）、降雨特征，可以计算得到逐日降雨条件下金露梅灌丛的冠层截留量。利用 2012 年 7 月～2013 年 6 月的降雨数据，计算得到金露梅灌丛的降雨再分配结果如图 2.39 所示。该段时期内金露梅树干茎流量为 58.25 mm，占同期降雨量的 11%；整个生态系统的冠层截留达到 186.57 mm，占同期降雨量的 36%，其中，灌丛冠层截留为 79.23 mm，草本冠层截留为 107.34 mm（表 2.14）。

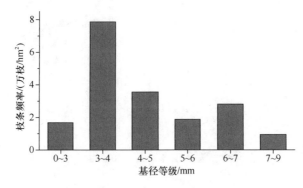

图 2.38　金露梅灌丛不同基径等级枝条分布频率

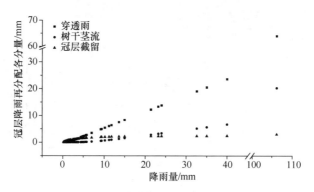

图 2.39　金露梅灌丛冠层降雨再分配特征

表 2.14　金露梅灌丛降雨再分配及其占同期降雨量的比例

降雨量/	树干茎流		穿透雨		冠层截留					
mm					灌木层		草本层		合计	
	mm	比例/%	mm	比例/%	mm	比例/%	mm	比例/%	mm	比例/%
521.00	58.25	11.18	334.43	64.19	79.23	15.21	107.34	20.60	186.57	35.81

2.4.3　金露梅灌丛土壤水分特征

1. 金露梅灌丛土壤含水量垂直分布

金露梅灌丛表层土壤含水量较低，全年平均约为 0.25 m^3/m^3；20 cm 处土壤含水量最高，平均约为 0.31 m^3/m^3；最低值出现在 60 cm，平均约为 0.21 m^3/m^3；底层 80 cm 处平均为 0.22 m^3/m^3。生长季土壤含水量较高，最大值出现在 20 cm 处，超过 0.40 m^3/m^3；最低值出现在 60 cm 处，为 0.23 m^3/m^3（图 2.40）。

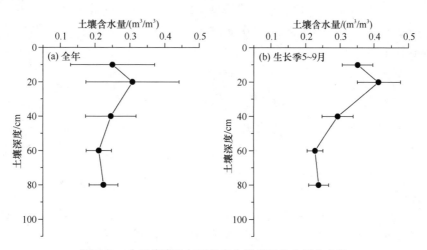

图 2.40　金露梅灌丛年平均和生长季平均土壤含水量

2. 金露梅灌丛土壤含水量月际变化

金露梅灌丛逐月土壤含水量垂直变化如图 2.41 所示。1 月土壤含水量介于 0.11~0.17 m³/m³，1~3 月土壤含水量均伴随土壤深度的增加而增加。4 月底表层开始解冻，20 cm 处土壤含水量开始高于其他深度。5 月 20 cm 处土壤完全解冻，土壤含水量增加到 0.32 m³/m³。7 月整个土壤剖面全部解冻，土壤含水量介于 0.24~0.45 m³/m³，并呈现 20 cm 处高于 10 cm 处、20~60 cm 处随深度增加而降低、80 cm 处高于 60 cm 处的特征，这种情形一直持续到 10 月。11 月表层土壤开始冻结，土壤含水量降低。12 月 80 cm 处尚未完全冻结，土壤含水量随深度增加而增加。

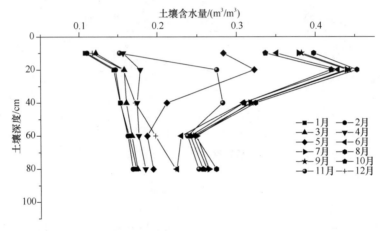

图 2.41　金露梅灌丛逐月土壤含水量垂直分布

金露梅灌丛各层土壤含水量月际变化如图 2.42 所示。表层土壤含水量在 1~2 月全年最低，变化较小，3 月略有增加，4 月开始有较大幅度增加，8 月达到峰值，9~10 月逐渐下降，11 月迅速降低，12 月进一步降低。20 cm 和 40 cm 处土壤含水量在 1~4 月变化较小，5 月迅速增加。60 cm 和 80 cm 处土壤含水量则在 6 月才有较大幅度增加。20~80 cm 处土壤含水量在 6~10 月变化不大，20 cm 和 40 cm 处土壤含水量在 11 月、40~80 cm 处土壤含水量在 12 月迅速下降。

3. 金露梅灌丛土壤含水量对次降雨的响应

2012~2013 年金露梅灌丛土壤含水量对典型次降雨的响应如图 2.43 所示，图中显示了 3.2~22.4 mm 典型降雨情况下不同深度土壤含水量的响应过程。金露梅灌丛在降雨量为 22.4 mm 的情况下［图 2.43（a）］，10~80 cm 处土壤含水量的变化量分别为 0.05 m³/m³、0.03 m³/m³、0.02 m³/m³、0.02 m³/m³、0.04 m³/m³，10 cm 和 20 cm 处土壤含水量在降雨开始之后 10 min 之内就开始增加，而 40 cm、60 cm、80 cm 处土壤含水量则分别在降雨开始 3 小时、9 小时、10.5 小时之后才开始增加。在降雨量为 11.8 mm［图 2.43（b）］的情况下，土壤含水量变化主要集中在 20 cm 深度范围内，10 cm 和 20 cm 处土壤含水量分别增加 0.04 m³/m³ 和 0.02 m³/m³，开始响应时间分别为 2 h 和 3 h 左右。在降雨量为 9.0 mm 的情况下［图 2.43（d）］，10 cm、20 cm、40 cm 处土壤含水量的增加量分别为

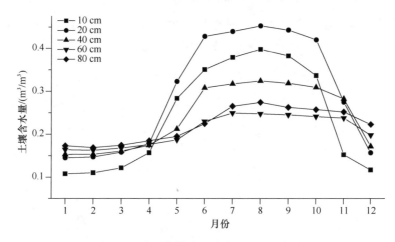

图 2.42　金露梅灌丛土壤含水量月际变化

$0.06 \text{ m}^3/\text{m}^3$、$0.04 \text{ m}^3/\text{m}^3$ 和 $0.02 \text{ m}^3/\text{m}^3$，开始响应时间分别为 1 小时、2 小时、12 小时。在小降雨（3.2 mm）情况下）[图 2.43（e）]，金露梅灌丛 10 cm 处土壤含水量大约增加 $0.01 \text{ m}^3/\text{m}^3$，其他层土壤含水量没有明显变化。

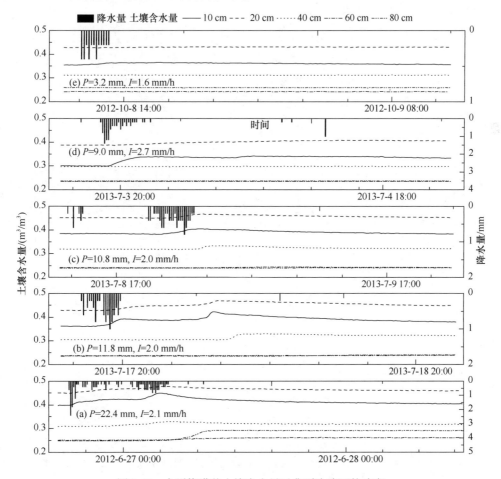

图 2.43　金露梅灌丛土壤含水量对典型次降雨的响应

由金露梅灌丛 1 m 深度范围内土壤蓄水量变化与降水量的关系（图 2.44）可以看出，金露梅灌丛大概有 87%的降水入渗到土壤中增加土壤含水量。

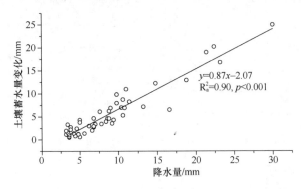

图 2.44 金露梅灌丛 1 m 深度范围内土壤蓄水量变化与降水量的关系

2.4.4 金露梅灌丛蒸散发特征

1. 金露梅灌丛蒸散发量变化

金露梅灌丛 2012 年 5 月～2014 年 2 月蒸散发量及参考蒸散发量变化如图 2.45 所示。从 10 月初到次年 5 月底，金露梅灌丛的蒸散发量较小，通常小于 2 mm/d，最低值出现在 1 月，2013 年 1 月平均蒸散发量为 0.2 mm/d。6～9 月蒸散发量较大，最高值约为 5.5 mm/d。参考蒸散发量波动幅度较小，夏季峰值并不十分明显，但冬春季节波动比实

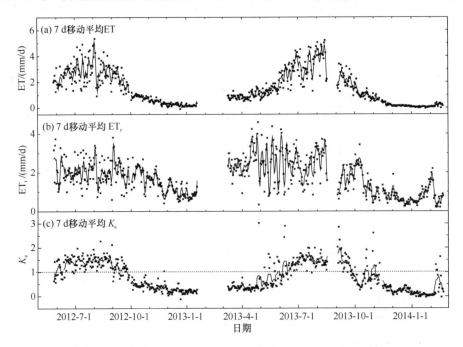

图 2.45 金露梅灌丛蒸散发量（ET）、参考蒸散发量（ET_r）和折算系数（K_c）变化

际蒸散发量大。K_c 最低值出现在冬春季节，一般在 0.2～0.5；最高值出现在生长季，7 天滑动平均值常在 1.5 左右。

通过逐步回归分析得到金露梅灌丛 K_c 模拟结果为

$$K_c = 0.99 + 0.75T_s - 1.72\text{VPD} + 0.0041R_n - 0.051\text{WS} \quad (2.21)$$

模拟方程决定系数 R^2 为 0.84，显著性 $p<0.001$，说明通过土壤温度、空气水汽压亏缺、净辐射和风速可以解释金露梅灌丛 K_c 变化的 84%，效果较好。

2. 金露梅灌丛蒸散发影响因素

金露梅灌丛蒸散发影响因素逐步回归分析结果见表 2.15。在生长季（5～9 月）期间，主要影响因素是可利用能量（AE）和最低土壤温度（T_{smin}）；在非生长季期间，主要影响因素是最高气温（T_{amax}）和净辐射（R_n）；而全年期间，影响因素则包括最高土壤温度（T_{smax}）、可利用能量、风速（WS）。因此，由于金露梅灌丛地处高寒地带，辐射条件和温度条件是控制其不同季节蒸散发的主导因素，而水分条件对其蒸散发的影响较小。

表 2.15　金露梅灌丛蒸散发多元线性逐步回归分析结果

变量	非标准化系数		标准化系数	F	R^2
	系数	标准误			
生长季					
常数	−1.98	0.15			0.87^{**}
AE	0.024	0.001	0.84	445.24	
T_{smin}	0.28	0.01	0.72		
非生长季					
常数	0.2	0.03			0.86^{**}
T_{amax}	0.033	0.003	0.59	464.01	
R_n	0.0038	0.0006	0.38		
全年					
常数	−0.94	0.2			0.82^{**}
T_{smax}	0.13	0.01	0.57		
AE	0.014	0.001	0.45	366.15	
WS_d	0.23	0.04	0.16		
WS_n	−0.059	0.027	−0.07		

**表示显著性水平 $p<0.001$。

2.5　芨芨草草原生态水文过程

2.5.1　芨芨草草原样地降雨特征

根据降雨量大小，以 5 mm 为梯度（0～5 mm、5～10 mm、10～15 mm、15～20 mm、>20 mm）对芨芨草草原样地降雨进行划分（图 2.46 和表 2.16）。

2013 年共发生 69 次降雨，降雨量为 364.1 mm。其中，小降雨（0～5 mm）次数和雨量分别为 45 次和 73.6 mm，占年总降雨次数和降雨总量的比例分别为 65.2%和 20.2%；中等降雨（5～15 mm）次数和雨量分别为 18 次和 150.6 mm，占年总降雨次数和降雨总量的比例分别为 26.1%和 41.4%；大降雨（15～20 mm）次数和雨量分别为 4 次和 71.4 mm，占年总降雨次数和降雨总量的比例分别为 5.8%和 19.6%；极端降雨（>20 mm）次数和雨量分别为 2 次和 68.5 mm，占年总降雨次数和降雨总量的比例分别为 2.9%和 18.8%。

2014 年共发生 92 次降雨，降雨量为 390.4 mm。其中，小降雨次数和雨量分别为 63 次和 76.7 mm，占年总降雨次数和降雨总量的比例分别为 68.5%和 19.6%；中等降雨次数和雨量分别为 22 次和 175.5 mm，占年总降雨次数和降雨总量的比例分别为 23.9%和 45.0%；大降雨次数和雨量分别为 3 次和 50.3 mm，占年总降雨次数和降雨总量的比例分别为 3.3%和 12.9%；极端降雨次数和雨量分别为 4 次和 87.9 mm，占年总降雨次数和降雨总量的比例分别为 4.3%和 22.5%。

2015 年共发生 56 次降雨，降雨量为 266.6 mm。其中，小降雨次数和雨量分别为 36 次和 67.0 mm，占年总降雨次数和降雨总量的比例分别为 64.3%和 25.1%；中等降雨次数和雨量分别为 17 次和 146.6 mm，占年总降雨次数和降雨总量的比例分别为 30.3%和 55.1%；大降雨次数和雨量分别为 2 次和 32.9 mm，占年总降雨次数和降雨总量的比例分别为 3.6%和 12.3%；极端降雨次数和雨量分别为 1 次和 20.1 mm，占年总降雨次数和降雨总量的比例分别为 1.8%和 7.5%。

总体而言，2013～2015 年芨芨草草原小降雨事件频次较高且较为稳定，占总降雨次数的 65%左右，占年降雨总量的 20%～25%；中等降雨事件发生频次次之并有一定波动性，占总降雨次数的 23%～30%，占降雨总量的 41%～55%；大降雨事件和极端降雨事件年际差异较大，发生频次很低且波动性较大，占总降雨次数的 5%～9%，占降雨总量的 20%～39%。另外，2013～2015 年生长季（5～9 月）降雨次数占年总降雨次数的 66%～90%，降雨量占年总降雨量的 88%～95%。

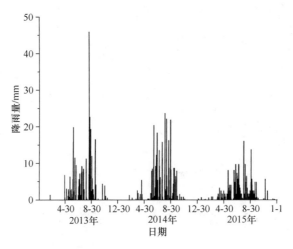

图 2.46　芨芨草草原 2013～2015 年逐日降雨量

表 2.16　芨芨草草原 2013～2015 年降雨特征统计

年份	年降雨量/mm	降雨次数/次	0～5 mm		5～10 mm		10～15 mm		15～20 mm		>20 mm		生长季	
			雨量/mm	次数	雨量/mm	次数	雨量/mm	次数	雨量/mm	次数	雨量/mm	次数	雨量/mm	次数
2013	364.1	69	73.6	45	101.6	14	49.0	4	71.4	4	68.5	2	345.8	62
2014	390.4	92	76.7	63	138.4	19	37.1	3	50.3	3	87.9	4	370.6	76
2015	266.6	56	67.0	36	95.0	13	51.6	4	32.9	2	20.1	1	234.6	37
平均值	340.4	72	72.4	48	111.7	15	45.9	4	51.5	3	58.8	2	317.0	58

2.5.2　芨芨草草原冠层降雨再分配特征

1. 芨芨草斑块冠层降雨再分配比例

2014～2015 年生长季共收集了 62 次降雨的芨芨草斑块穿透雨量，实验期间总降雨量为 498.79 mm，次降雨范围介于 0.30～35.78 mm；穿透雨总量为 352.05 mm，范围为 0.13～28.87 mm；穿透雨所占比例（穿透雨量占降雨量比例）平均为 70.58%，范围为 39.71%～90.41%。因此，芨芨草草原冠层截留量占降雨量的比例约为 29.42%。从不同年份看，2014 年收集了 34 次降雨，总降雨量为 318.50 mm，次降雨量范围介于 0.79～35.78 mm，共收集穿透雨总量为 224.70 mm，范围介于 0.38～28.87 mm，穿透雨所占比例平均为 70.55%，范围介于 47.47%～82.95%。2015 年收集了 28 次降雨，总降雨量为 180.29 mm，次降雨量范围介于 0.30～24.18 mm，共收集穿透雨总量为 127.35 mm，范围介于 0.13～17.22 mm，穿透雨所占比例平均为 70.64%，范围介于 39.71%～90.41%。

2. 芨芨草斑块穿透雨空间分布

采用变异系数（coefficient of variation，CV）来衡量穿透雨的空间异质性，计算公式为

$$CV = \sqrt{\sum_{i=1}^{n}(TF_i - \overline{TF})^2 / (n-1)} / \overline{TF} \tag{2.22}$$

式中，TF_i 为某次降雨事件中第 i 个穿透雨收集装置中收集的穿透雨量；$\overline{TF}$ 为该次降雨事件中所有穿透雨收集装置穿透雨量的平均值；n 为布置的穿透雨收集装置数量。

计算获得 2014～2015 年 62 次降雨事件芨芨草斑块穿透雨空间变异系数平均值为 0.313，变化区间为 0.093～0.657。从变异系数的频率分布看（图 2.47），变异系数主要分布在 0.25～0.40，该区间分布频率占 64.52%。

芨芨草斑块穿透雨空间分布在气象上主要受降雨量、降雨强度、降雨历时和风速风向的影响，这里分别分析穿透雨变异系数与气象因素的关系。

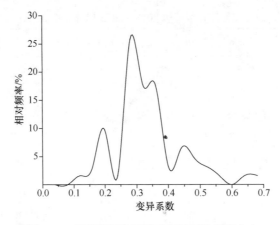

图 2.47　芨芨草斑块穿透雨变异系数频率分布

（1）穿透雨变异系数与降雨量的关系

降雨量大小直接影响穿透雨量，穿透雨变异系数与降雨量之间存在显著的非线性关系（图 2.48），采用指数函数拟合效果较好（$R^2=0.225$，$p<0.01$）。随着降雨量增大，变异系数呈减小趋势，说明降雨量较小时，雨水易被芨芨草冠层截留，冠层浓密处截留能力强，穿透雨较少，冠层稀疏处穿透雨较多，因此，斑块穿透雨空间异质性较大；而当发生大降雨事件时，冠层截留饱和后雨水易形成穿透雨，所以空间异质性较小。另外，降雨量小于 10 mm 时，变异系数变化范围较大，说明发生小降雨事件时穿透雨空间分布易受其他因素影响；而当降雨量大于 10 mm 时，变异系数变化范围相对较小，说明降雨量对穿透雨空间分布的影响程度增大。

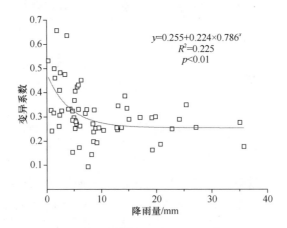

图 2.48　芨芨草斑块穿透雨变异系数与降雨量的关系

（2）穿透雨变异系数与降雨强度的关系

降雨强度对芨芨草斑块穿透雨空间异质性的影响结果显示（图 2.49），穿透雨变异系数与最大 10 分钟降雨强度之间存在显著的非线性关系，同样也采用指数函数，得到较好的拟合结果（$R^2=0.542$，$p<0.01$）。变异系数伴随雨强的增大呈减小趋势，雨强越

大，雨水下落的动能越大，穿透冠层的能力越强，因此，雨水在空间上分布较为均匀；而当雨强较小时，雨水受到冠层截留的影响而不均匀下落，所以变异系数变化范围较大。

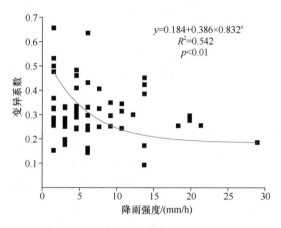

图 2.49　芨芨草斑块穿透雨变异系数与降雨强度的关系

（3）穿透雨变异系数与降雨历时的关系

降雨历时对芨芨草斑块穿透雨空间变异的影响和降雨量、降雨强度类似（图 2.50），也较符合指数函数关系（$R^2=0.187$，$p<0.01$），随着降雨历时的增加，变异系数呈减小趋势并趋于稳定。

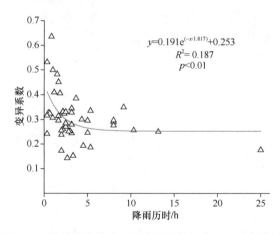

图 2.50　芨芨草斑块穿透雨变异系数与降雨历时的关系

（4）穿透雨变异系数与风速的关系

风速也是影响穿透雨空间分布的重要因素，结果显示（图 2.51），穿透雨变异系数与风速之间存在较为显著的线性关系（$R^2=0.13$，$p<0.01$）。随着风速增大，变异系数也呈增大趋势，这是因为风速越大，雨水受风力影响而使得下落轨迹发生改变，受芨芨草冠层遮蔽的影响，雨水在迎风面汇集从而增大穿透雨量，而在背风面雨水不易达到使得穿透雨量较少，从而加大了穿透雨的空间异质性。

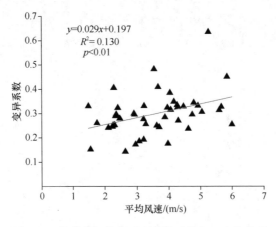

图 2.51 芨芨草斑块穿透雨变异系数与风速的关系

(5) 穿透雨变异系数与穿透雨特征关系

穿透雨量与其变异系数之间也表现出较显著的非线性关系[图 2.52 (a)],指数函数拟合结果较好($R^2=0.323$,$p<0.01$),当穿透雨量较小时,变异系数较大且变化范围也较大,随着穿透雨量的增加,变异系数呈减小趋势且变化幅度也减小,这与降雨量对穿透雨变异系数的影响机制一致。

穿透雨量占降雨量的比例与变异系数之间则存在显著的线性关系[$R^2=0.742$,$p<0.01$,图 2.52 (b)],随着穿透雨量所占比例增大,变异系数线性减小,说明穿透雨量占降雨量的比例越大,穿透雨在芨芨草斑块空间异质性越小;反之,穿透雨量所占比例越小,说明冠层截留量比例较大,穿透雨受芨芨草冠层等因素的影响越大,其空间异质性越强。

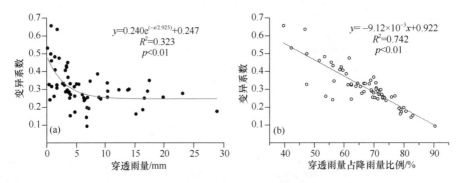

图 2.52 芨芨草斑块穿透雨变异系数与穿透雨量(a)、穿透雨量占降雨量比例(b)的关系

综上所述,降雨量、降雨强度、降雨历时和风速都是影响芨芨草斑块穿透雨空间分布的重要因素。随着降雨量、降雨强度的增大及降雨历时的增加,穿透雨空间分布的异质性逐渐减弱并趋于稳定;而随着风速增大,穿透雨空间异质性逐渐增强。因此,芨芨草斑块穿透雨的空间分布特征是多种因素综合作用的结果。

3. 芨芨草斑块穿透雨影响因素

影响穿透雨的因素有很多,包括生物因素与非生物因素,本节主要讨论非生物因素,如降雨量、降雨强度、降雨历时、风速、风向等。为消除各因素之间可能存在的共线性问题，采用偏相关分析的方法讨论穿透雨与各因素之间的关系，结果显示（表 2.17），穿透雨量与降雨量、降雨历时和降雨强度之间存在显著的正相关关系，而与风速、风向之间存在较弱的负相关关系。

表 2.17 芨芨草斑块穿透雨量、穿透雨比例与气象要素偏相关分析

	降雨量	降雨强度	降雨历时	风速	风向
穿透雨量	0.937**	0.419**	0.673**	−0.226	−0.049
穿透雨比例	−0.101	0.160	0.248	−0.257	−0.185

注：**表示 $p<0.01$。

（1）穿透雨与降雨量的关系

2014~2015 年穿透雨量随着降雨量增大而线性增大 [$R^2=0.984$，$p<0.01$，图 2.53（a）]，根据得到的线性模型可知，产生穿透雨的降雨量阈值约为 0.42 mm，说明 0.42 mm 以上的降雨事件才能补给土壤水分。而线性模型斜率为 0.739，说明穿透雨量约占降雨量的 73.9%，与实测的穿透雨量比例平均值接近。将穿透雨所占比例与降雨量之间的关系进行拟合，比较发现指数模型具有较高的拟合关系 [图 2.53（b）]，能够较好地反映穿透雨所占比例随降雨量的变化（$p<0.001$）。穿透雨所占比例随降雨量的增加而增加，当增加到一定比例后趋于稳定，说明在降雨量逐渐增大的过程中，冠层截留所占比例逐渐降低，当增大到一定程度时，冠层枝条和叶片达到饱和后，冠层截留所占比例也逐渐稳定。根据指数模型拟合曲线可知，芨芨草斑块穿透雨所占比例在降雨量>10 mm 以后趋于稳定，稳定值约为 72.32%。

芨芨草斑块冠层截留量与降雨量之间也存在显著的线性正相关关系 [$R^2=0.888$，$p<0.001$，图 2.53（c）和图 2.53（d）]，冠层截留量随降雨量的增加而增加，但冠层截留量占降雨量的比例却随降雨量的增加而降低。当降雨量小于 10 mm 时，冠层截留量所占降雨量的比例较大，说明小降雨事件中较大比例的雨水被冠层枝条和叶片截留；而随着降雨量的增加，冠层截留所占比例迅速降低，当降雨量大于 10 mm 后，冠层截留所占比例基本保持在恒定水平，说明冠层的影响趋于稳定，稳定值约为 27.68%。

（2）穿透雨与降雨强度的关系

降雨强度也是影响冠层降雨再分配的因素之一，一般采用最大 10 分钟雨强（I_{10}）来描述降雨强度与各变量之间的关系。由穿透雨比例、冠层截留比例与 I_{10} 的拟合关系可知（图 2.54），芨芨草斑块穿透雨所占比例伴随雨强的增大而增大，当 $I_{10}>8$ mm/h 后趋于平缓，根据指数函数拟合方程可得穿透雨所占比例极限值约为 68.83%。而芨芨草斑块冠层截留所占比例随雨强的增大而减少，当 $I_{10}>8$ mm/h 后趋于平缓，根据指数函数拟合方程可得冠层截留所占比例极限值约为 31.17%。因此，降雨强度对芨芨草斑块降雨再分配过程的影响较为显著，雨强较小时，雨水穿过冠层的能力较弱，易被冠层的枝条和叶片截留，所以冠层截留所占比例较大；当发生较大雨强降雨时，雨水较易穿过冠层进入地表，从而使得穿透雨所占比例增加。

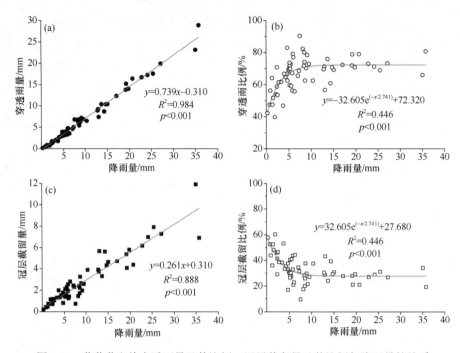

图 2.53 芨芨草斑块穿透雨量及其比例、冠层截留量及其比例与降雨量的关系

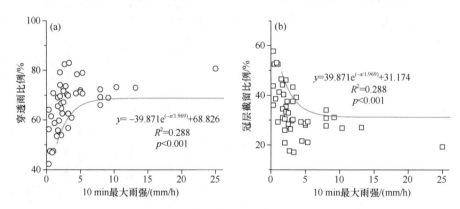

图 2.54 芨芨草斑块穿透雨比例、冠层截留比例与 10 分钟最大雨强的关系

（3）穿透雨与降雨历时的关系

降雨历时是降雨的主要特征之一，也是影响植被冠层降雨再分配过程的重要因素。从建立的穿透雨比例、冠层截留比例与降雨历时之间的关系看（图 2.55），指数模型能够较准确地模拟它们之间的关系，芨芨草斑块冠层降雨再分配过程与降雨历时之间存在显著联系（$R^2=0.4$，$p<0.001$）。降雨历时小于 5 小时时，穿透雨所占比例伴随降雨历时的增加而迅速增大；而当降雨历时大于 5 小时时，穿透雨所占比例趋于稳定，由指数拟合模型得到的稳定值约为 73.05%。冠层截留所占比例在降雨历时小于 5 小时时则伴随降雨历时的增加而降低，降雨历时大于 5 小时后，该比例趋于稳定，模型得到的稳定值约为 26.95%。

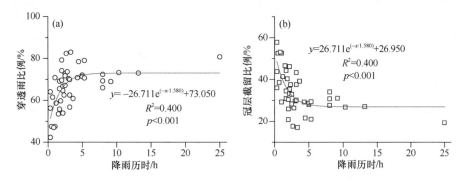

图 2.55 芨芨草斑块穿透雨比例、冠层截留比例与降雨历时的关系

（4）穿透雨与风速的关系

风速会影响雨水的降落过程，因此，冠层降雨再分配也可能受风速的影响。2013～2015 年芨芨草草原观测的风速平均值为 2.41 m/s，图 2.56 为穿透雨比例与平均风速之间的关系，随着风速增大，穿透雨比例呈略微减小趋势，但波动较大，采用线性模型拟合的结果不显著（$R^2=0.04$，$p<0.1$），说明风速对降雨再分配过程的影响较为复杂。

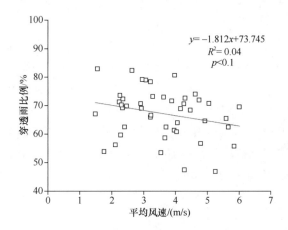

图 2.56 芨芨草斑块穿透雨比例与风速的关系

2.5.3 芨芨草草原土壤水分特征

1. 芨芨草草原土壤含水量垂直分布

芨芨草草原各层土壤含水量波动较大，在全年尺度，表层和 40 cm 处土壤含水量较低，约为 0.15 m³/m³；20 cm 和 60 cm 处较高，分别为 0.23 m³/m³ 和 0.24 m³/m³；底层为 0.19 m³/m³（图 2.57）。生长季土壤含水量的垂直分布规律与全年类似，但均高于全年平均值，介于 0.18～0.29 m³/m³。

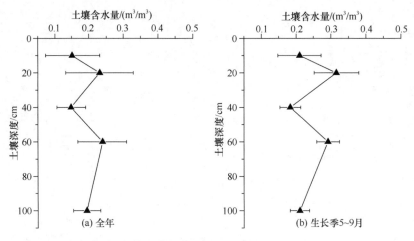

图 2.57 芨芨草草原年平均和生长季平均土壤含水量

芨芨草草原逐月土壤含水量垂直分布如图 2.58 所示。1 月 100 cm 处土壤含水量最高,并高于随后的 2~4 月,说明此时该深度没有完全冻结。2 月土壤含水量垂直变化为 20 cm 处高于 10 cm 和 40 cm 处,而 40 cm 以下则深度越深土壤含水量越高,各层最低土壤水分介于 0.07~0.13 m^3/m^3。3 月 10 cm 和 20 cm 处土壤已经开始解冻,土壤含水量迅速增加,20 cm 土壤含水量大于 40 cm 以下土壤含水量。4 月 1 m 深度内全部解冻,除表层外各层土壤含水量均有较大增加,20 cm、60 cm 处土壤含水量较高,而 10 cm、40 cm、100 cm 处土壤含水量较低。4~5 月、9~11 月最低土壤含水量出现在 10 cm 处,这几个月降雨较少,而空气温度较高,蒸散发量较大。6~8 月最低值出现在 40 cm,这与该深度根系较多、根系吸水强烈有关。12 月 40 cm 以上土壤冻结含水量较低,而 60 cm 和 100 cm 处土壤含水量依然较高。10 cm 处土壤含水量最高值出现在 7 月,达到 0.28 m^3/m^3;其他层最高值则出现在 8 月,其中 20 cm 处土壤含水量最大,达到 0.40 m^3/m^3。

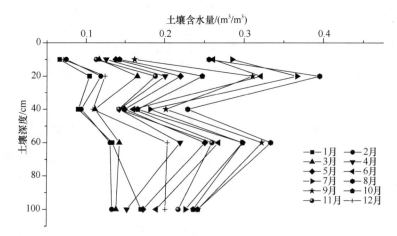

图 2.58 芨芨草草原逐月土壤含水量垂直分布

2. 芨芨草草原土壤含水量月际变化

芨芨草草原土壤含水量月际变化如图 2.59 所示。0~60 cm 土壤含水量最低值普遍出现在 1 月,之后伴随气温上升、冻土解冻和降雨增加,土壤液态水含量逐渐上升。表层 10 cm 土壤含水量最大值出现在 7 月,其他各层土壤含水量最大值出现在 8 月,8 月以后各层土壤含水量均不断下降。

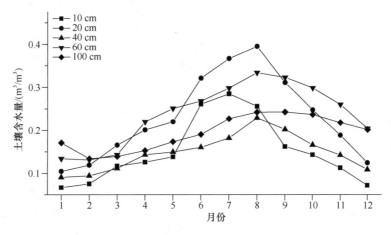

图 2.59 芨芨草草原土壤含水量月际变化

3. 芨芨草草原土壤含水量对次降雨的响应

芨芨草草原土壤含水量对典型次降雨的响应如图 2.60 所示。在 16.5 mm 降雨情况下,芨芨草草原 10 cm、20 cm 处土壤含水量有所增加,但响应时间较长,约在降雨 6 小时之后 10 cm 处土壤含水量才开始增加[图 2.60(a)]。在 10.7 mm 降雨情况下,芨芨草草原仅 10 cm 处土壤含水量有较大幅度增加,其他层土壤含水量变化不明显[图 2.60(b)]。在小降雨(2.3 mm)情况下,芨芨草草原 10 cm 处及以下土壤含水量没有明显变化[图 2.60(c)]。

芨芨草草原 1 m 深度范围内土壤蓄水量变化与降水量的关系如图 2.61 所示,从拟合方程看,大概有 34%的降水入渗到土壤中增加土壤含水量。

2.5.4 芨芨草草原地表径流特征

芨芨草呈丛状分布,且多聚集生长,因此,将芨芨草冠幅垂直向下部分区域称为芨芨草斑块,芨芨草斑块之间的区域称为基质斑块(Jiang et al.,2016,2017)。在芨芨草草原设定 3 种径流观测小区,分别为单纯芨芨草斑块径流小区、单纯基质斑块径流小区、芨芨草斑块与基质斑块共存径流小区。

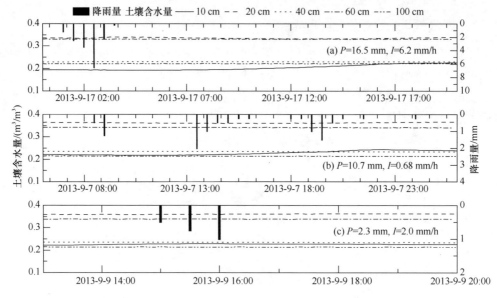

图 2.60 芨芨草草原土壤含水量对典型次降雨的响应

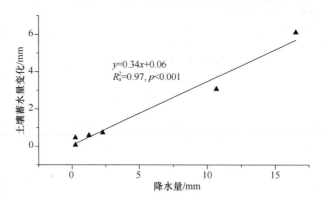

图 2.61 芨芨草草原 1 m 深度范围内土壤蓄水量变化与降水量的关系

1. 芨芨草草原产流特征

芨芨草草原 2014~2015 年共收集 54 次降雨的地表径流，降雨总量为 422.5 mm。芨芨草斑块共产生径流 3.055 mm，基质斑块共产生径流 7.551 mm，芨芨草-基质斑块共产生径流 3.875 mm（表 2.18）。芨芨草斑块与芨芨草-基质斑块的产流临界降雨量均为 1.53 mm，而基质斑块的产流临界降雨量为 0.299 mm，说明基质斑块相对于芨芨草斑块更易产流。芨芨草斑块径流系数介于 0.008%~3.862%，平均为 0.456%；基质斑块径流系数介于 0.002%~9.167%，平均为 0.955%；芨芨草-基质斑块径流系数介于 0.001%~3.468%，平均为 0.433%。

从不同年份看，2014 年 6~9 月、2015 年 5~8 月均收集了 27 次降雨的地表径流。其中，2014 年实验期间降雨量为 242.5 mm，高于 2015 年实验期间（180 mm），大降雨事件也更多。2014 年芨芨草斑块共产生径流 1.862 mm，径流系数平均为 0.768%；基质斑块共产生径流 4.353 mm，径流系数平均为 1.795%；芨芨草-基质斑块共产生径流

表 2.18　芨芨草草原 2014～2015 年地表径流特征

项目	芨芨草斑块	基质斑块	芨芨草-基质斑块
径流量/mm	3.055	7.551	3.875
产流临界降雨量/mm	1.530	0.299	1.530
最小径流系数/%	0.008	0.002	0.001
最大径流系数/%	3.862	9.167	3.468
平均径流系数/%	0.456	0.955	0.433

3.499 mm，径流系数平均为 1.443%。而 2015 年芨芨草斑块共产生径流 1.194 mm，径流系数平均为 0.663%；基质斑块共产生径流 3.198 mm，径流系数平均为 1.777%；芨芨草-基质斑块共产生径流 0.376 mm，径流系数平均为 0.209%。因此，2014 年的径流系数整体高于 2015 年，基质斑块产流系数最高。

2. 芨芨草草原地表径流随降雨变化分析

芨芨草草原地表径流量与降雨量、降雨强度（最大 10 分钟降雨强度）、降雨历时的关系分析结果显示（图 2.62～图 2.64）：芨芨草斑块、基质斑块、芨芨草-基质斑块 3 种景观格局地表径流量均随着降雨量、降雨强度和降雨历时的变化而变化。芨芨草斑块的地表径流量与降雨量之间存在线性关系 [图 2.62（a），R^2=0.59]。当降雨量小于 10 mm 时，芨芨草斑块的径流量几乎为零；当降雨量处于 10～20 mm 时，径流量稍有增大；当降雨量大于 20 mm 时，径流量显著增大，而且变异也明显增大。芨芨草斑块地表径流量与降雨强度存在显著的非线性关系 [图 2.63（a）]，采用指数函数拟合效果较好（R^2=0.57）。当降雨强度小于 10 mm/h 时，径流量均小于 0.1 mm；当降雨强度大于 10 mm/h 时，径流量迅速增加，说明降雨强度是影响芨芨草斑块地表产流的主要因素之一。地表径流整体上伴随降雨历时的增加而增加 [图 2.64（a）]，当降雨历时大于 3 小时后，一般均会产生地表径流，表现出非线性增加趋势。

基质斑块也表现出和芨芨草斑块相似的规律，其地表径流量伴随降雨量的增加而增加 [图 2.62（b）]，当降雨量大于 15 mm 时，基质斑块径流量显著增加，并且明显高于芨芨草斑块。基质斑块径流量随降雨强度也表现出指数增加趋势 [图 2.63（b），R^2=0.47]，当最大 10 min 降雨强度大于 7 mm/h 时，径流量显著增加。降雨历时对基质斑块地表径流的影响与芨芨草斑块类似 [图 2.64（b）]。

芨芨草-基质斑块地表径流量与降雨特征之间的关系和芨芨草斑块类似 [图 2.62（c），图 2.63（c），图 2.64（c）]。因此，降雨量、降雨强度和降雨历时均是影响 3 种景观格局地表径流的重要因素，其中，降雨量和降雨强度的影响更为显著。另外，基质斑块产生径流的临界降雨量及降雨强度均低于芨芨草斑块与芨芨草-基质斑块，而且其地表径流量相对较高。

在径流系数方面，随着降雨量梯度的增加，径流系数呈增大趋势（图 2.65），并均表现为基质斑块>芨芨草-基质斑块>芨芨草斑块。5～10 mm 降雨量梯度的径流系数比 10～15 mm 降雨量梯度大的主要原因是这段时期 5～10 mm 降雨以强降雨为主。总体而言，芨芨草草原土壤呈砂质，不易产生径流，地表径流系数较小。径流形式以超渗产流为主，径流系数伴随着降雨量的增大而增大。芨芨草斑块的径流系数低于基质斑块，说明芨芨草具有抑制产流的作用。

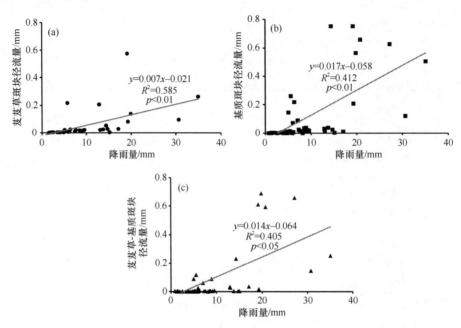

图 2.62 芨芨草斑块、基质斑块、芨芨草-基质斑块地表径流量与降雨量的关系

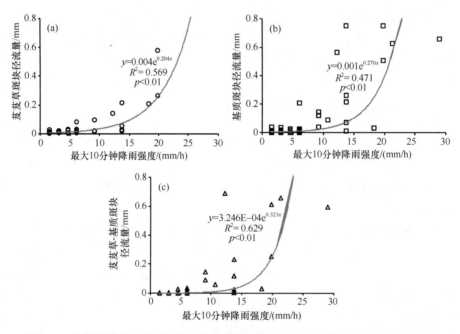

图 2.63 芨芨草斑块、基质斑块、芨芨草-基质斑块地表径流量与降雨强度的关系

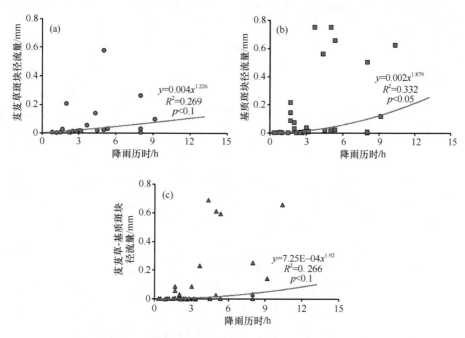

图 2.64　芨芨草斑块、基质斑块、芨芨草-基质斑块地表径流量与降雨历时的关系

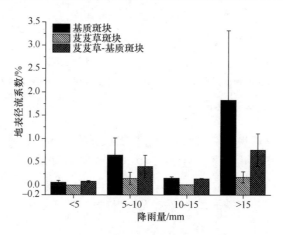

图 2.65　芨芨草草原不同斑块地表径流系数随降雨量的变化

2.5.5　芨芨草草原蒸散发特征

1. 芨芨草草原蒸散发变化

芨芨草草原 2012 年 7 月至 2014 年 2 月蒸散发和参考蒸散发变化如图 2.66 所示。尽管芨芨草草原海拔较低，春季气温相对较高，但其蒸散发在 6 月之前依然较小，实际蒸散发大于参考蒸散发也出现在 6 月。这可能因为芨芨草草原降雨量较少，蒸散发的水分供给受到限制，只有出现较大降雨时，植被才会迅速生长，实际蒸散发才能大于参考蒸散发。9 月中旬之后，降雨减少，实际蒸散发又降低到参考蒸散发以下。2012 年生长季蒸散发较大，而 2013 年生长季蒸散发则相对较小，最大日蒸散发出现在降雨

丰沛的 2012 年 8 月。

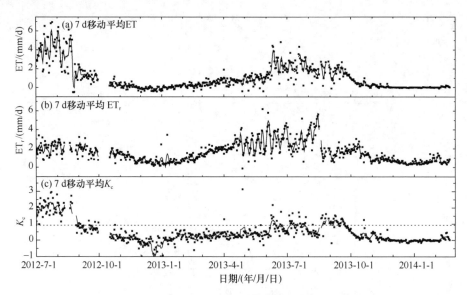

图 2.66　芨芨草草原逐日蒸散发（ET）、参考蒸散发（ET_r）和折算系数（K_c）变化

通过逐步回归分析得到芨芨草草原 K_c 模拟结果如下：

$$K_c = -0.034 - 3.00\text{SWC} + 0.0053\text{AE} - 1.32\text{VPD} + 0.16T_a \qquad (2.23)$$

模拟方程决定系数 $R^2=0.81$，显著性 $p<0.001$，说明通过土壤水分、可利用能量、空气水汽压亏缺和空气温度可以解释芨芨草草原 K_c 变化的 81%，效果较好。

2. 芨芨草草原蒸散发影响因素

芨芨草草原蒸散发影响因素逐步回归分析结果见表 2.19。生长季期间，对蒸散发影响最大的非生物因素是有效能量（AE）；因为芨芨草草原降雨较少、土壤含水量较低，土壤含水量（SWC）也是影响生长季蒸散发的重要因素。非生长季期间，有效能量（AE）对芨芨草草原蒸散发的影响最大，水汽压（e_a）也具有较大影响。在全年尺度，对蒸散发影响最大的因素是土壤水分（SWC），其他因素还包括有效能量（AE）、最低土壤温度（T_{smin}）和水汽压（e_a）。

表 2.19　芨芨草草原蒸散发多元线性逐步回归分析结果

变量	非标准化系数		标准化系数	F	R^2
	系数	标准误			
生长季					
常数	−0.35	0.27			
AE	0.015	0.002	0.78	47.66	0.51**
SWC	4.17	0.88	0.29		
VPD	−0.96	0.31	−0.25		

续表

变量	非标准化系数		标准化系数	F	R^2
	系数	标准误			
非生长季					
常数	−0.13	0.04			
AE	0.0054	0.0004	0.61	283.12	0.82**
e_a	0.53	0.11	0.22		
T_{smin}	0.0076	0.0024	0.18		
全年					
常数	−1.42	0.07			
SWC	8.29	0.5	0.66		
AE	0.0087	0.0004	0.53	716	0.90**
T_{smin}	−0.05	0	−0.52		
e_a	1.03	0.13	0.39		

**表示显著性水平 $p<0.001$。

2.6 具鳞水柏枝灌丛生态水文过程

2.6.1 具鳞水柏枝灌丛样地降雨特征

具鳞水柏枝灌丛降雨主要集中在 6～9 月，7 月降雨最多（图 2.67）。2012 年共计 102 次降雨，累计降雨量 323 mm，其中小于 5 mm 降雨占降雨总次数的 78.43%、占年降雨总量的 32.57%，最大次降雨量为 19 mm（图 2.68）。

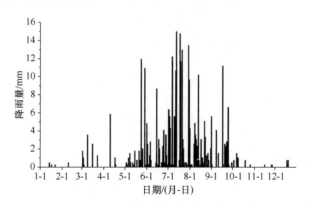

图 2.67 具鳞水柏枝灌丛 2012 年逐日降雨量

2.6.2 具鳞水柏枝灌丛冠层降雨再分配特征

实验期间，具鳞水柏枝灌丛共收集 38 次穿透雨，降雨量介于 0.8～39.2 mm，穿透雨量介于 0.5～25.0 mm，穿透雨量占降雨量的比例介于 35%～79%。穿透雨量与降雨量之间存在很好的线性关系（图 2.69）：

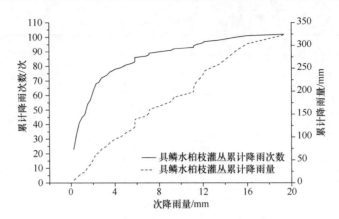

图 2.68　具鳞水柏枝灌丛 2012 年降雨特征统计

$$TF_{SBZ} = 0.60P - 0.28 \quad (2.24)$$

式中，TF_{SBZ} 为具鳞水柏枝灌丛的穿透雨量（mm）；P 为降雨量（mm）；拟合方程修正的决定系数 R_a^2 达到 0.97，显著性 $p<0.001$。

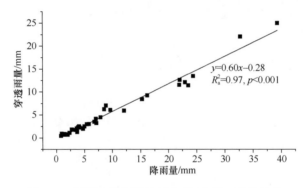

图 2.69　具鳞水柏枝灌丛穿透雨量与降雨量的关系

实验期间，具鳞水柏枝灌丛共收集了 23 次树干茎流，树干茎流量与枝条特性和降雨量具有很好的相关关系（表 2.20 和表 2.21）。由于树干茎流与枝条横截面积、总分枝长、茎生物量、叶生物量、总地上生物量、叶面积的相关性都很好，而枝条横截面积较容易获取，本章选择枝条横截面积作为枝条特征的代表参数，在控制枝条横截面积情景下，树干茎流量与其他枝条特性的偏相关关系不显著（表 2.22）。树干茎流量与降雨量的相关系数远大于其他降雨属性，因此，选择降雨量作为降雨特征的代表参数，在控制降雨量情景下，树干茎流量与其他降雨特征的偏相关关系不显著（表 2.23）。

表 2.20　具鳞水柏枝树干茎流量与枝条特性的相关关系

项目	基径	枝条横截面积	枝条长度	总分枝长	茎生物量	叶生物量	总地上生物量	叶面积	倾角	分支数
树干茎流量	0.97*	0.99*	0.68	0.99*	0.99*	0.99*	0.99*	0.99*	0.41	0.33

*表示显著性 $p<0.01$。

表 2.21 具鳞水柏枝树干茎流量与降雨特征的相关关系

项目	降雨量	降雨强度	最大 10 min 降雨强度	降雨历时	风速
树干茎流量	0.96*	0.05	0.69*	0.66*	−0.24

*表示显著性 $p<0.01$。

表 2.22 控制枝条横截面积情景下具鳞水柏枝树干茎流量与其他枝条特性的偏相关关系

项目	基径	枝条长度	总分枝长	茎生物量	叶生物量	总地上生物量	叶面积	倾角	分支数
树干茎流量	−0.42	0.41	0.79	0.75	0.72	0.76	0.72	−0.66	−0.42

表 2.23 控制降雨量情景下具鳞水柏枝树干茎流量与其他降雨特征的偏相关关系

项目	降雨强度	最大 10 min 降雨强度	降雨历时	风速
树干茎流量	0.26	−0.42	−0.35	0.13

为建立树干茎流模型,选择其中 9 枝观测数据为基础,建立树干茎流量与降雨量和枝条横截面积的关系,如图 2.70 所示。选择枝条横截面积和降雨量及两者的乘积共 3 个因子作为输入参数,利用逐步回归分析方法建立树干茎流量的估算模型(Zhang et al., 2015):

$$\text{SF}_{\text{SBZv}} = 0.13P \times \text{BA} - 2.52P - 7.7 \quad (2.25)$$

式中,SF_{SBZv} 为具鳞水柏枝枝条树干茎流量(mL);P 为降雨量(mm);BA 为枝条横截面积(mm^2)。拟合方程修正决定系数 R_a^2 达到 0.91,显著性 $p<0.001$。利用其余 7 枝观测数据对拟合方程进行检验,结果显示:模拟值与观测值的相关性为 0.92(图 2.71),表明建立的估算模型能够较好地预测具鳞水柏枝灌丛的树干茎流量。

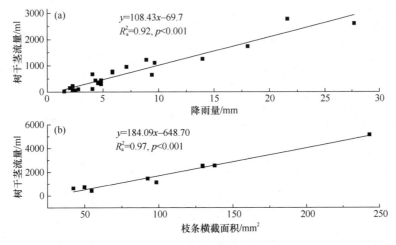

图 2.70 (a)单次降雨条件下 9 枝具鳞水柏枝树干茎流量与降雨量的关系;(b)单枝具鳞水柏枝 23 次降雨条件下树干茎流量和枝条横截面积的关系

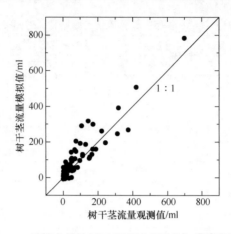

图 2.71　具鳞水柏枝树干茎流量观测值与模拟值比较

由于具鳞水柏枝为丛生灌木，其枝条均由地表独立长出，因此，整个灌丛结构是各枝条的简单组合，各枝条的树干茎流相对独立，可以根据上述公式计算得到各枝条的树干茎流，然后通过简单相加得到整个灌丛的树干茎流。根据上述公式，结合具鳞水柏枝灌丛的盖度、枝条大小分布频率（图 2.72）、降雨情况（图 2.67），可以得到逐日降雨情况下观测样地内具鳞水柏枝灌丛的冠层截留量。利用 2012 年降雨数据计算得到的具鳞水柏枝灌丛降雨再分配结果如图 2.73 所示。2012 年期间，具鳞水柏枝灌丛树干茎流量为 16.5 mm，占降雨总量的 5%；灌木冠层截留为 53.1 mm，占降雨总量的 16%，占全年蒸散发总量的 11%（表 2.24）。

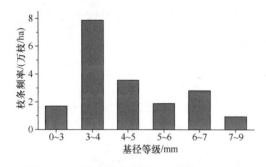

图 2.72　具鳞水柏枝灌丛基径等级分布频率

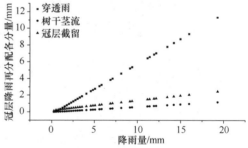

图 2.73　具鳞水柏枝灌丛冠层降雨再分配特征

表 2.24　具鳞水柏枝灌丛冠层降雨再分配比例构成

降雨/mm	树干茎流		穿透雨		冠层截留					
					灌木层		草本层		合计	
	mm	%	mm	%	mm	%	mm	%	mm	%
322.83	16.52	5.12	221.46	68.60	53.13	16.46	48.25	14.95	101.37	31.40

2.6.3 具鳞水柏枝灌丛土壤水分特征

1. 具鳞水柏枝灌丛土壤含水量月际变化

具鳞水柏枝灌丛土壤含水量月际变化如图 2.74 所示。10 cm 和 90 cm 处土壤含水量大部分时间差别不大，6 月表层完全解冻而底层尚未解冻，12 月表层冻结而底层尚未冻结使得两层土壤含水量差异较大。10 cm 处土壤含水量月际变化过程为 1~6 月土壤含水量逐渐增加，6 月达到最高值 0.22 m³/m³，7~8 月略有下降，9~10 略有回升，11~12 月迅速下降。90 cm 处土壤含水量在 1~7 月逐渐上升，7~10 月总体较高并略有波动，其中 9 月最大，达到 0.17 m³/m³，10 月之后迅速下降。

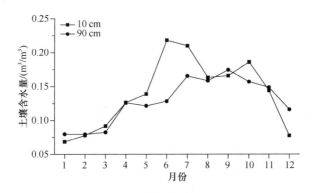

图 2.74 具鳞水柏枝灌丛土壤含水量月际变化

2. 具鳞水柏枝土壤含水量对次降雨的响应

在 19.3 mm 降雨情况下，具鳞水柏枝灌丛 0~40 cm 土壤含水量有所增加，其中 10 cm 和 20 cm 处土壤含水量在降雨后 40 分钟和 60 分钟开始增加，而 40 cm 则在 4 小时之后开始增加 [图 2.75（a）]。在 11.2 mm 降雨情况下，具鳞水柏枝灌丛 10 cm、20 cm 处土壤含水量具有较大幅度增加，开始响应时间大概都在降雨开始之后 12 小时 [图 2.75（b）]。在小降雨（3.1 mm）情况下，具鳞水柏枝灌丛 10 cm 土壤含水量有约 0.01 m³/m³ 的增加，其他层土壤含水量变化不明显 [图 2.75（c）]。

具鳞水柏枝灌丛 1 m 深度范围内土壤蓄水量变化与降水量的关系如图 2.76 所示，在具鳞水柏枝灌丛约有 71% 的降水入渗到土壤中。

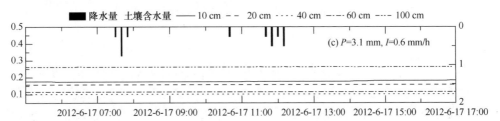

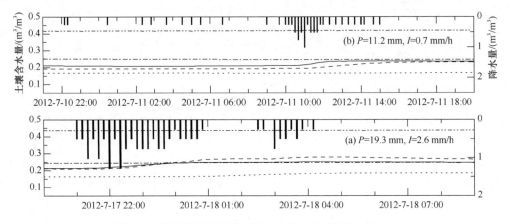

图 2.75　具鳞水柏枝灌丛土壤含水量对典型次降雨的响应

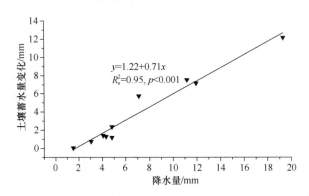

图 2.76　具鳞水柏枝灌丛 1 m 深度范围内土壤蓄水量变化与降水量的关系

2.6.4　具鳞水柏枝灌丛蒸散发特征

1. 具鳞水柏枝灌丛蒸散发变化

具鳞水柏枝灌丛 2010 年 5 月～2013 年 3 月的蒸散发和参考蒸散发变化过程见图 2.77（Zhang et al.，2014）。虽然具鳞水柏枝灌丛的年蒸散发量高于其他生态系统，但一年之中只有少数时间 K_c 大于 1（主要出现在 7～9 月）。通过逐步回归分析得到具鳞水柏枝灌丛 K_c 模拟结果如下：

$$K_c = -0.44 + 1.90e_a - 0.058G + 0.0074\text{AE} - 0.16\text{WS} \tag{2.26}$$

模拟方程决定系数 $R^2=0.86$，显著性 $p<0.001$，说明通过水汽压、土壤热通量、可利用能量和风速可以解释具鳞水柏枝灌丛 K_c 变化的 86%，结果较好。

2. 具鳞水柏枝灌丛蒸散发影响因素

具鳞水柏枝灌丛蒸散发影响因素逐步回归分析结果见表 2.25。生长季期间，对蒸散发影响最大的非生物要素是净辐射和土壤热通量。非生长季期间，对蒸散发影响最大的是土壤温度要素和土壤热通量，其次是水汽压亏缺。在全年尺度，对具鳞水柏枝蒸散发影响最大的是土壤温度要素。

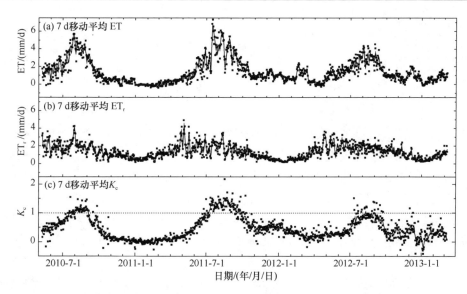

图 2.77 具鳞水柏枝灌丛蒸散发（ET）、参考蒸散发（ET_r）和折算系数（K_c）变化

表 2.25 具鳞水柏枝灌丛蒸散发多元线性逐步回归分析结果

变量	非标准化系数		标准化系数	F	R^2
	系数	标准误			
生长季					
常数	−1.29	0.21			
G	−0.14	0.01	−0.65		
R_n	0.023	0.001	0.74	570.46	0.94**
T_a	0.22	0.01	0.42		
WS	−0.25	0.06	−0.1		
非生长季					
常数	0	0.05			
T_{smax}	0.059	0.004	0.74		
G	−0.035	0.002	−0.74	209.52	0.76**
VPD	1.07	0.14	0.43		
全年					
常数	1.54	0.16			
T_{smin}	0.19	0.01	0.83		
AE	0.013	0.001	0.4	380.67	0.81**
SWC	−9.39	0.9	−0.4		
WS	−0.41	0.05	−0.19		

**表示显著性水平 $p<0.001$。

2.7 农田生态水文过程

2.7.1 农田样地降雨特征

2010年5月20日~9月30日，共观测到降雨36场，降雨总量为239.13 mm（图2.78）。总体而言，实验时段内降雨量波动较大，最大次降雨量达到26.01 mm，最小次降雨量仅为1.27 mm，二者相差达20.48倍；≤5 mm 降雨19场，降雨总量为52.14 mm，降雨次数和降雨量占全部降雨的比例分别为52.78%、21.80%；5 mm<P≤10 mm 降雨10场，降雨总量为74.98 mm，降雨次数和降雨量所占比例分别为27.78%、31.36%；10 mm<P≤20 mm 降雨5场，降雨总量为64.66 mm，降雨次数和降雨量所占比例分别为13.89%、27.04%；>20 mm 降雨两场，降雨总量为47.35 mm，降雨次数和降雨量所占比例分别为5.56%、19.80%；因此，从降雨次数看，研究区主要以≤10 mm 的降雨事件为主，而从降雨量看，各个等级的降雨分布比较均匀。降雨强度方面，除7月14日夜晚降雨强度较大（4.84 mm/h）外，其他35场降雨的降雨强度均小于3 mm/h，其中≤1 mm/h 降雨13场、1 mm/h<RI≤2 mm/h 降雨16场、2 mm/h<RI≤3 mm/h 降雨6场，因此，研究区降雨主要以小雨、中雨为主，次降雨量的显著差异主要由降雨历时的长短造成。

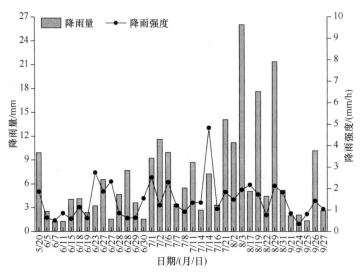

图 2.78 农田实验时段内逐次降雨特征

2.7.2 农田土壤水分特征

基于自记式雨量计和土壤水分观测系统的观测数据，通过对原始数据进行处理得到逐月降雨量及其对应的土壤含水量，在此基础上分别分析逐月尺度和次降雨条件下土壤水分动态的变化特征。

1. 农田土壤水分月际变化

1~2月农田10 cm和30 cm处的土壤含水量较低并保持相对稳定，60 cm和90 cm处受土壤冻结影响，土壤含水量显著下降（图2.79）。3~4月各层土壤含水量均有所上升，10 cm处上升幅度最大，从3月的15.34%上升到4月的22.90%。5~6月因为降水较少，10 cm土壤含水量略有上升，而30 cm、60 cm和90 cm处受土壤融解影响，土壤含水量显著上升，上升幅度分别为9.69%、10.61%和8.86%。7~9月在持续降雨影响下，10 cm处土壤含水量不断增加，而其他3个深度的土壤含水量总体逐渐下降，表明在逐月尺度上仅有30 cm以上深度的土壤含水量对降雨过程的响应较为敏感。10月由于降水量显著减少，各层土壤含水量均略有减少，减少幅度都小于1.50%。11~12月由于基本没有降雨，并受土壤冻结影响，各层土壤含水量显著下降，下降幅度分别为7.59%、8.70%、3.39%和2.06%。总体而言，农田深层土壤水分对降水和温度变化的响应与浅层土壤相比存在1~2个月的滞后。

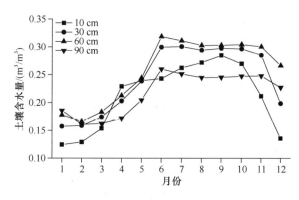

图2.79　农田土壤含水量月际变化

2. 农田土壤水分对次降雨的响应

P=32.8 mm降雨条件下［图2.80（a）］，设定时段内农田10 cm和30 cm深度的土壤含水量对降雨具有响应，同时这两个深度的响应时间存在差异，而其他深度的土壤含水量均没有明显变化。10 cm深度土壤含水量直至降雨140分钟后开始上升，上升速度很快，在240分钟左右达到最大值后开始缓慢下降，整个降雨过程中均介于25.75%~36.44%，30 cm深度土壤含水量在降雨160分钟后开始显著上升，并在降雨后期伴随降雨量的减小呈现下降趋势。P=24.8 mm降雨条件下［图2.80（b）］，降雨结束后（降雨300分钟后）农田10 cm深度土壤含水量才开始缓慢上升，但上升幅度不明显。P=12.7 mm降雨条件下［图2.80（c）］，农田土壤含水量在设定时段内均没有明显变化，这一方面可能与降雨量较小、降雨强度偏弱、降雨分布相对均匀有关，另一方面也说明当降雨量较小时（P<13 mm），单次降雨对10 cm及其以下深度土壤水分的补给作用非常有限。

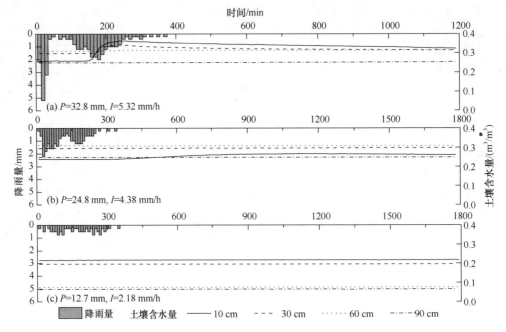

图 2.80　农田土壤含水量对典型次降雨的响应

2.7.3　农田地表径流特征

农田地表径流量随着降雨量和降雨历时的增加而增加 [图 2.81（a）和图 2.81（c）]，28 场地表径流中，径流系数最大为 0.97%，最小为 0.07%，主要介于 0.20%～0.80%，平均为 0.49%。降雨量、降雨历时、降雨强度对农田地表径流系数的影响均不明显 [（图 2.81（b）、图 2.81（d）、图 2.81（f）]，可能与实验时段内地表植被形态变化太大有关。

根据上述结果建立农田地表径流量、径流系数与降雨特征参数（降雨量、降雨历时、平均降雨强度）的回归关系如下：

$$\begin{cases} R_{\text{dep}} = 0.0040P + 0.0019\text{RD} - 0.0001\text{RI} - 0.0032 & (R^2 = 0.838, p < 0.001) \\ R_{\text{coe}} = -0.0087P + 0.0251\text{RD} - 0.0429\text{RI} + 0.4880 & (R^2 = 0.114, p = 0.399) \end{cases} \quad (2.27)$$

式中，R_{dep} 为地表径流深（mm）；R_{coe} 为地表径流系数（%）；P 为降雨量（mm）；RD 为降雨历时（h）；RI 为降雨强度（mm/h）。

2.7.4　农田蒸散发特征

逐月尺度 Penman-Monteith 方程、波文比能量平衡方法和水量平衡方程计算结果表明（图 2.82），5～8 月 3 种方法计算结果吻合度较高，以水量平衡方程计算结果为参考，用 Penman-Monteith 方程和波文比能量平衡方法计算的农田蒸散发平均误差分别为 0.06 mm/d 和 0.04 mm/d。受土壤冻融影响，11 月～次年 4 月，水量平衡方程计算的蒸

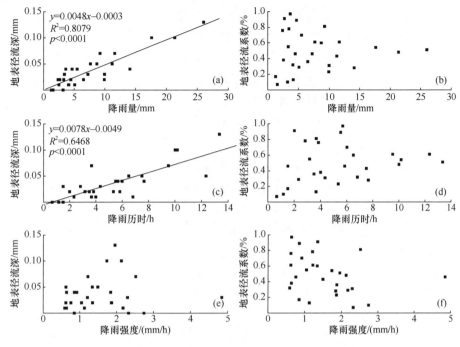

图 2.81 农田地表径流量、地表径流系数与降雨特征关系

散发波动较大,并且存在很多不合理之处,因此,高寒地区蒸散发的计算在生长季可以同时采用微气象方法和水量平衡方程,而在非生长季则应主要采用微气象方法。农田蒸散发在 1~4 月均非常微弱,并且变化不大,5 月显著增加,7 月达到最大值后缓慢下降,10 月后显著减小。2010 年根据水量平衡方程计算结果,农田 7 月平均蒸散发速率为 3.05 mm/d,生长季蒸散发量为 312 mm。

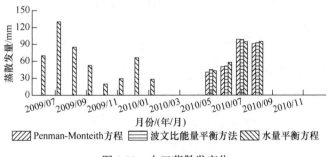

图 2.82 农田蒸散发变化

2.8 沙地生态水文过程

2.8.1 沙地土壤水分特征

1. 沙地土壤含水量月际变化

1 月由于降水量很少和土壤冻结影响,沙地各层土壤含水量均非常低(图 2.83)。

2～4月虽然没有有效降水，但各层土壤的含水量总体持续上升，各个深度的上升幅度分别为1.11%、4.11%、4.29%、2.59%，合计相当于1m深度内土壤蓄水量增加了31.83 mm，而同期降水量仅为7.20 mm，说明该段时期土壤含水量的非正常上升主要由土壤解冻引起。5～8月伴随降雨量逐渐增加，各层土壤含水量不断增加，10 cm和30 cm深度的土壤含水量对降雨过程的响应在6月即表现非常明显，而60 cm和90 cm深度的土壤含水量直至7月才显著增加，虽然8月降雨量仍然较大，10 cm和30 cm深度的土壤含水量在7月基础上也略有上升，但深层土壤含水量均呈现下降趋势。9～10月，伴随降雨量减少，浅层土壤和深层土壤的含水量呈现相反趋势，即浅层土壤含水量9月有所下降，10月有所上升，而相同时段的深层土壤含水量则是先上升后下降，这可能是因为雨水入渗至较深土层中需要一定时间，因此，深层土壤对于降雨过程的响应存在滞后，月尺度上的滞后周期约为1个月。11月虽然没有降水，但各层土壤的含水量均没有显著变化。12月各层土壤含水量均急剧下降，下降幅度分别为7.70%、5.79%、3.30%、1.09%，合计相当于1m深度内的土壤蓄水量减少了42.51 mm，同时逐月尺度上各层土壤含水量的变化相对同步，没有出现类似于农田的滞后效应。

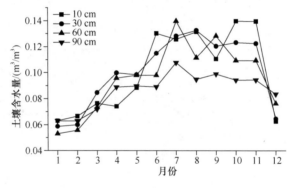

图2.83 沙地土壤含水量月际变化

2. 沙地土壤含水量对次降雨的响应

沙地不同深度土壤含水量差异较小，初始土壤含水量均在10%左右。在P=14.5 mm降雨条件下，10 cm、30 cm和60 cm深度的土壤含水量均有所增加，但增加相对缓慢，而且幅度较小，对降雨响应的时间大约分别为120分钟、210分钟、500分钟［图2.84（a）］。在P=8.9 mm降雨条件下，沙地只有10 cm深度的土壤含水量明显增加，且增加幅度仅为2.81%，30 cm深度土壤含水量略有增加但不明显［图2.84（b）］。在P=4.1 mm降雨条件下，各深度土壤含水量均没有明显增加，表明该降雨量下雨水对10 cm及其以下深度土壤含水量的补给相对有限［图2.84（c）］。

2.8.2 沙地地表径流特征

2010年6～9月共进行9次沙地地表径流量观测，其中，6月两次、7月3次、8

第 2 章 典型陆地生态系统生态水文过程

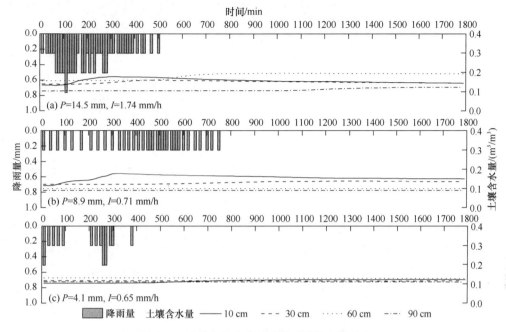

图 2.84 沙地土壤含水量对典型次降雨的响应

月 2 次、9 月 2 次,两次观测的时间间隔基本为 15 d 左右,观测时段内共降雨 191.33 mm,总计产生地表径流 1.86 mm [图 2.85(a)]。9 次地表径流中,沙地地表径流系数最大为 1.52%,最小为 0.25%,平均为 0.96%,并与降雨量不存在显著的相关性 [图 2.85(b)]。试验点沙地可以产生地表径流的主要原因为物理结皮发育较多,同时有部分草本生长。

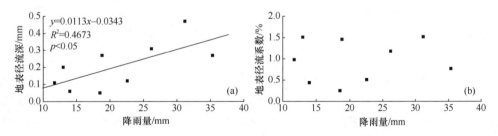

图 2.85 沙地地表径流量、地表径流系数与降雨特征关系

2.8.3 沙地蒸散发特征

沙地蒸散发在 1~4 月非常微弱,而且变化不大,5 月显著增加,7 月达到最大值后缓慢下降,10 月后显著减小(图 2.86)。2010 年根据水量平衡方程计算结果,沙地 7 月平均蒸散发速率为 2.57 mm/d,生长季蒸散发量为 171 mm。

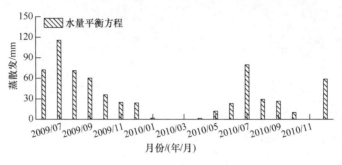

图 2.86 沙地蒸散发变化

2.9 小　　结

本章通过实验观测，研究了青海湖流域典型陆地生态系统（嵩草草甸、金露梅灌丛、芨芨草草原、具鳞水柏枝灌丛、农田和沙地）的生态水文过程（降水、冠层降雨再分配、土壤水分、径流、蒸散发），主要结论如下。

1）建立了嵩草草甸冠层截留量与降雨量和地上生物量的回归方程，确定了冠层截留量占年降雨总量的比例为 24%。嵩草草甸平均大概有 46% 的降雨入渗到土壤中，土壤含水量垂直变化趋势为越往下层越低，100 cm 深度土壤含水量变化对冻融过程的响应比浅层土壤滞后约 1 个月。嵩草草甸壤中流的平均产流率均低于 1%，坡下浅层和深层的壤中流均主要来源于雨前土壤水，坡中浅层的壤中流主要来源于当次降雨、深层的壤中流主要来源于雨前土壤水。影响嵩草草甸生长季蒸散发的主要因素是可利用能量，其次是最低土壤温度和夜间风速。

2）建立了金露梅灌丛树干茎流量与降雨量和枝条横截面积的回归方程，估算了灌木层和草本层截留量占年降雨总量的比例分别为 15% 和 21%。金露梅灌丛平均大概有 87% 的降雨入渗到土壤中，20 cm 深度土壤含水量最高，60 cm 深度土壤含水量最低。金露梅灌丛生长季蒸散发的主要影响因素是可利用能量和最低土壤温度。

3）芨芨草草原穿透雨量和冠层截留量占降雨量的比例平均分别为 71% 和 29%，穿透雨变异系数伴随降雨量、降雨强度和降雨历时的增加均呈现减小趋势。芨芨草草原平均大概有 34% 的降雨入渗到土壤中，20 cm 和 60 cm 深度土壤含水量较高，表层和 40 cm 深度土壤含水量较低。芨芨草斑块、基质斑块、芨芨草-基质斑块的地表径流系数平均分别为 0.46%、0.96% 和 0.43%。影响芨芨草草原生长季蒸散发的主要因素是可利用能量和土壤含水量。

4）建立了具鳞水柏枝灌丛树干茎流量与降雨量和枝条横截面积的回归方程，估算了灌木层和草本层截留量占年降雨总量的比例分别为 16% 和 15%。具鳞水柏枝灌丛平均大概有 71% 的降雨入渗到土壤中，10 cm 和 90 cm 深度土壤含水量差别不大，深层土壤含水量变化在生长季受地下水影响。具鳞水柏枝灌丛生长季蒸散发的主要影响因素是净辐射和土壤热通量。

5）农田深层土壤水分对降水和温度变化的响应与浅层土壤相比存在 1~2 个月的滞后，地表径流系数平均为 0.49%。农田蒸散发量在 1~4 月均非常微弱，而且变化不大，

5 月显著增加, 7 月达到最大值后缓慢下降, 10 月后显著减小, 生长季蒸散发量为 310 mm 左右。

6) 沙地各层土壤水分在逐月尺度的变化较为同步, 小于 5 mm 的降雨对 10 cm 以下土壤水分的补给有限。受地表物理结皮的影响, 沙地地表径流系数平均为 0.96%, 生长季蒸散发量为 170 mm 左右。

参 考 文 献

汪涛, 朱波, 罗专溪, 等. 2008. 紫色土坡耕地径流特征试验研究. 水土保持学报, 22(6): 30-34.

吴华武, 李小雁, 赵国琴, 等. 2014. 青海湖流域降水和河水中 $\delta^{18}O$ 和 δD 变化特征. 自然资源学报, 29(9): 1552-1564.

肖雄, 李小雁, 吴华武, 等. 2016. 青海湖流域高寒草甸壤中流水分来源研究. 水土保持学报, 30(2): 230-236.

谢颂华, 涂安国, 莫明浩, 等. 2015. 自然降雨事件下红壤坡地壤中流产流过程特征分析. 水科学进展, 26(4): 526-534.

谢小立, 尹春梅, 陈洪松, 等. 2012. 基于环境同位素的红壤坡地水分运移研究. 水土保持通报, 32(3): 1-6.

徐佩, 王玉宽, 傅斌, 等. 2006. 紫色土坡耕地壤中产流特征及分析. 水土保持通报, 26(6): 14-18.

徐自为, 刘绍民, 徐同仁, 等. 2009. 涡动相关仪观测蒸散量的插补方法比较. 地球科学进展, 24(4): 372-382.

中华人民共和国农业部. 2006a. 土壤检测 第 3 部分: 土壤机械组成的测定. NY/T 1121.3-2006.

中华人民共和国农业部. 2006b. 土壤检测 第 6 部分: 土壤有机质的测定. NY/T 1121.6-2006.

Allen R G, Pereira L S, Raes D, et al. 1998. Crop evapotranspiration-guidelines for computing crop water requirements - FAO Irrigation and drainage paper 56. FAO, Rome, Italy.

Angus D E, Watts P J. 1984. Evapotranspiration-how good is the Bowen ratio method. Agricultural Water Management, 8(1-3): 133-150.

Ataroff M, Naranjo M E. 2009. Interception of water by pastures of *Pennisetum clandestinum* Hochst. ex Chiov. and *Melinis minutiflora* Beauv. Agricultural and Forest Meteorology, 149(10): 1616-1620.

Clark I D, Fritz P. 1998. Environmental isotopes in hydrology. Boca Raton Fla Lewis Publishers.

Falge E, Baldocchi D, Olson R, et al. 2001. Gap filling strategies for defensible annual sums of net ecosystem exchange. Agricultural and Forest Meteorology, 107(1): 43-69.

Heilman J L, Brittin C L, Neale C M U. 1989. Fetch requirements for bowen ratio measurements of latent and sensible heat fluxes. Agricultural and Forest Meteorology, 44(3-4): 261-273.

Hu X, Li Z C, Li X Y, et al. 2016. Quantification of soil macropores under alpine vegetation using computed tomography in the Qinghai Lake Watershed, NE Qinghai-Tibet Plateau. Geoderma, 264: 244-251.

Jiang Z Y, Li X Y, Wu H W, et al. 2016. Using electromagnetic induction method to reveal dynamics of soil water and salt during continual rainfall events. Biosystems Engineering, 152: 3-13.

Jiang Z Y, Li X Y, Wu H W, et al. 2017. Linking spatial distributions of the patchy grass Achnatherum splendens with dynamics of soil water and salt using electromagnetic induction. Catena, 149: 261-272.

Liu S M, Xu Z W, Zhu Z L, et al. 2013. Measurements of evapotranspiration from eddy-covariance systems and large aperture scintillometers in the Hai River Basin, China. Journal of Hydrology, 487: 24-38.

Perez P J, Castellvi F, Ibañez M, et al. 1999. Assessment of reliability of Bowen ratio method for partitioning fluxes. Agricultural and Forest Meteorology, 97(3): 141-150.

Scholl M A, Shanley J B, Murphy S F, et al. 2015. Stable-isotope and solute-chemistry approaches to flow characterization in a forested tropical watershed, Luquillo Mountains, Puerto Rico. Applied Geochemistry, 3(8): 1-14.

Turner J V, Macpherson D K, Stokes R A. 1987. The mechanisms of catchment flow processes using natural variations in deuterium and oxygen-18. Journal of Hydrology, 94(1): 143-162.

Unland H E, Houser P R, Shuttleworth W J, et al. 1996. Surface flux measurement and modeling at a semi-arid Sonoran Desert site. Agricultural and Forest Meteorology, 82(1-4): 119-153.

Verma S B, Rosenberg N J, Blad B L. 1978. Turbulent exchange coefficients for sensible heat and water-vapor under advective conditions. Journal of Applied Meteorology, 17(3): 330-338.

Zha T S, Li C Y, Kellomaki S, et al. 2013. Controls of evapotranspiration and CO_2 fluxes from scots pine by surface conductance and abiotic factors. Plos One, 8(7): e690277.

Zhang S Y, Li X Y, Li L, et al. 2015. The measurement and modeling of stemflow in an alpine *Myricaria squamosa* community. Hydrological Processes, 29: 889-899.

Zhang S Y, Li X Y, Ma Y J, et al. 2014. Interannual and seasonal variability in evapotranspiration and energy partitioning over the alpine riparian shrub *Myricaria squamosa* Desv. On Qinghai-Tibet Plateau. Cold Regions Science and Technology, 102: 8-20.

Zhang S Y, Li X Y, Zhao G Q, et al. 2016. Surface energy fluxes and controls of evapotranspiration in three alpine ecosystems of Qinghai Lake watershed, NE Qinghai-Tibet Plateau. Ecohydrology, 9: 267-279.

第3章 典型陆地生态系统水分利用特征

3.1 研究方法

3.1.1 样地选择与样品采集

在青海湖流域选择不同生态系统（金露梅灌丛、芨芨草草原、具鳞水柏枝灌丛、农田和沙地）建立样地，并采集样品进行水分利用特征研究（表3.1）。

表 3.1 青海湖流域典型陆地生态系统采集植物种类

生态系统	植被类型	
	草本	灌木
金露梅灌丛	青藏苔草、美丽风毛菊	金露梅
芨芨草草原	芨芨草、阿尔泰狗娃花、羊草、柴胡、唐古韭	—
具鳞水柏枝灌丛		具鳞水柏枝
农田	油菜、燕麦	—
沙地	青藏苔草、斜茎黄芪	沙蒿、肋果沙棘

金露梅灌丛生态系统选择优势植物金露梅、青藏苔草和美丽风毛菊为研究对象，灌木和草本植物的样品采样方式不同，金露梅采集离地面约 10 cm 处的木质部，草本植物采集地下根系，样品装入 30 mL 玻璃瓶内密封保存。同时，利用土钻采集不同深度土壤样品，取样深度分别为 0~10 cm、10~20 cm、20~30 cm、30~40 cm 和 40~60 cm。

芨芨草草原生态系统选择优势植物芨芨草、阿尔泰狗娃花、羊草、柴胡和唐古韭为研究对象，对不同植物进行采样，但采集方法略有不同。芨芨草和羊草采集地下 5~10 cm 处无叶绿素的根茎部分，阿尔泰狗娃花、柴胡和唐古韭采集主根系，所有植物样品装入 30 mL 玻璃瓶内密封保存。同时，采集不同深度的土壤样品，取样深度分别为 0~10 cm、10~20 cm、20~30 cm、30~40 cm 和 40~60 cm。

具鳞水柏枝灌丛生态系统选择河岸边、距离河岸约 100 m 处两个样地，在每个样地内选取生长状况良好，而且长势相似的具鳞水柏枝植株 3 株，每株选取栓化枝条 3 枝，剪取靠近地面 4~5 cm 部分，并迅速剥去表皮，装入 30 mL 玻璃瓶内密封保存。在采样植株附近挖取两个土壤剖面，按照 10 cm 间隔采集土壤样品，直到水面或 100 cm 深度。在两个样地分别安装 2 m 长的地下水观测管，每次采集植物样品时测量地下水位，并抽取 3 个地下水样品，同时在河岸边采集 3 个 20~30 cm 深的河水样品。

农田生态系统选择油菜和燕麦两个样地，分别随机选取两处采样点并做好标记，采集油菜和燕麦根茎部分，并立刻装入 30 mL 玻璃瓶内密封保存，每次采样时测量油菜和燕麦的植株高度、根系长度，并记录物候特征。土壤样品取样深度分别为 0~10 cm、10~20 cm、20~30 cm、30~40 cm 和 40~60 cm。

沙地生态系统选择优势植物沙蒿、肋果沙棘、青藏苔草和斜茎黄芪为研究对象。小灌木（沙蒿和肋果沙棘）采集距离地面 10 cm 以上的木质部，去皮后装入 30 mL 玻璃瓶内密封保存；草本植物（青藏苔草和斜茎黄芪）分别取地下根茎部分装入 30 mL 玻璃瓶内密封保存。同时采集不同深度的土壤样品，取样深度分别为 0~10 cm、10~20 cm、20~30 cm、30~40 cm、40~60 cm、60~80 cm、80~100 cm 和 100~120 cm。

上述各生态系统采集的土壤样品一部分装入玻璃瓶内密封，放入便携式冰箱带回实验室低温冷藏，直到对样品进行抽提分析；另一部分带回实验室，利用烘干法测定不同深度的土壤含水量，各取 3 个重复。

3.1.2 样品测试

所有土壤和植物样品均采用低温真空蒸馏法（LI-2000 植物水和土壤水抽提装置，北京理加联合科技有限公司）抽取水分，进一步利用 LGR 液态水同位素分析仪（DLT-100）进行氢氧稳定同位素测试。然而，近年来，大量研究表明，利用液态水同位素分析仪测试得到的结果，可能与同位素质谱仪的测量结果存在一定差别（West et al., 2006）。这种差别主要因为在真空抽提过程中，土壤或植物水样中混入一些与水分子类似的光谱吸收峰有机物质（甲醇和乙醇），干扰了激光同位素分析仪的吸收光谱，从而导致测量结果存在误差。本章为了消除这些有机物质的污染，所有的土壤和植物样品都借助于光谱污染矫正软件（LWIA-SCI）进行诊断，并对有干扰的样品进行矫正。

所有样品的同位素比率均采用相对于标准样的比率计算得到：

$$\delta X(‰) = (R_s / R_{st} - 1) \times 1000 \qquad (3.1)$$

式中，R_s 为测试样品中氢氧稳定同位素比率；R_{st} 为标准样品中氢氧稳定同位素比率。δD 和 $\delta^{18}O$ 均采用国际标准样品（VSMOW）作为对照，仪器测试精度分别为 $\delta D \leqslant /2‰$（1σ）、$\delta^{18}O \leqslant 0.3‰$（$1\sigma$）。

3.1.3 数据处理

利用氢氧稳定同位素示踪技术可以有效地辨析植物水分利用来源，只要不同潜在水源中的同位素值具有显著差异，就可以应用同位素混合模型（isotope mixing model）来计算植物对不同水源的利用比例。根据研究区的具体情况，能够确定植物 2~3 种可能水源，如降水、地下水、土壤水等，植物体内水分中的同位素是各种潜在水源同位素的混合。例如，对某植物 3 种潜在水源的利用比例进行定量研究，可以按照以下线性组合进行计算：

$$\delta X_{\mathrm{p}} = f_1 \delta X_1 + f_2 \delta X_2 + f_3 \delta X_3 \tag{3.2}$$

式中，f 为植物利用各潜在水源的比例（$0 \leqslant f \leqslant 1$）；$\delta X_{\mathrm{p}}$ 为植物体内水分中的氢氧稳定同位素值（$\delta^{18}\mathrm{O}$ 和 $\delta \mathrm{D}$）；δX_1、δX_2、δX_3 为各潜在水源中的氢氧稳定同位素值（$\delta^{18}\mathrm{O}$ 和 $\delta \mathrm{D}$）。

各潜在水源中的 $\delta^{18}\mathrm{O}$ 和 $\delta \mathrm{D}$ 值可以通过野外采样测试获得，分别代入式（3.2）中，再与式（3.3）和式（3.4）联合求解，可以求出 f_1 和 f_2 的最优值。假设植物中的水分来自于 3 个潜在水源，确定 f 值的最优化模型，f_3 可由下式得到：

$$f_3 = 1 - f_1 - f_2 \tag{3.3}$$

同时，确定了 f_1 和 f_2 值后，即可通过非线性最优化规划，得到参数 R 的最小规划值：

$$R = (\delta D_{p,c} / \delta D_{p,m} - 1)^2 + (\delta^{18}O_{p,c} / \delta^{18}O_{p,m} - 1)^2 \tag{3.4}$$

式中，下标 p，c 为通过式（3.2）计算得到的同位素值；p，m 为植物实测的同位素值。式（3.4）是由式（3.2）代入的关于 f 的函数，通过最小残差定理可以求出 R 的最小值（即计算的同位素值与实测的同位素值最接近），最终可以计算植物利用 3 种潜在水源的相对比例。

针对潜在水源多于 3 个的情况，可以利用 IsoSource 模型计算多个潜在水源对植物水分利用的相对贡献率，计算中增量设置为 0.1，质量平衡公差不能小于（1/2×增量×各水源同位素最大差异值的差值）。在获得图形中，横坐标表示各潜在水源对植物水分利用的相对贡献率，纵坐标表示各潜在水源对植物水分利用某一贡献率的频率，各潜在水源对植物水分利用的贡献率频率越高说明该水源被利用的可能性越大。

对青海湖流域逐日降水中的 δX 进行加权计算：

$$\overline{\delta X} = \sum P_i \delta X_i / \sum P_i \tag{3.5}$$

式中，δX_i 和 P_i 分别为降水中的氢氧稳定同位素比率（$\delta^{18}\mathrm{O}$、$\delta \mathrm{D}$）和相应的降水量。

根据植物根系的分布特征和土壤水同位素的变化规律，本章将不同生态系统的土壤层划分为浅层、中层和深层来分析植物水分利用来源的差异：浅层土壤水的氢氧同位素波动范围最大，且季节变化最为显著；中层土壤水的氢氧同位素伴随土壤深度增加而减小，月际变化相对平缓；深层土壤水的氢氧同位素较为稳定。但是，不同生态系统的土壤性质及植被类型存在差异，因此，对不同生态系统土壤层的划分也不同，沙地生态系统划分范围分别为 0～30 cm（浅层）、30～60 cm（中层）和 >60 cm（深层），其他生态系统划分范围分别为 0～10 cm（浅层）、10～30 cm（中层）和 >30 cm（深层）。

3.2　金露梅灌丛水分利用特征

3.2.1　金露梅灌丛植物水和潜在水源同位素特征

金露梅灌丛生态系统不同植物 $\delta^{18}\mathrm{O}$ 值季节差异明显（图 3.1），金露梅 $\delta^{18}\mathrm{O}$ 值介于 –3.22‰～–9.41‰，平均值为 –6.85‰；美丽风毛菊 $\delta^{18}\mathrm{O}$ 值介于 –4.25‰～–9.03‰，平均值为 –6.67‰；青藏苔草 $\delta^{18}\mathrm{O}$ 值介于 –4.78‰～–8.97‰，平均值为 –7.72‰。因此，金露梅灌丛生态系统中青藏苔草 $\delta^{18}\mathrm{O}$ 值最小，其次是金露梅，美丽风毛菊最大，这种变化

与它们根系对不同潜在水源的利用状况密切相关。6~7月,土壤水的$\delta^{18}O$值伴随土壤深度的增加,总体呈现逐渐贫化的趋势;8月,因为大量降水的补给,10~20 cm土壤水的$\delta^{18}O$值急剧降低;9月,伴随土壤水分的蒸发,表层土壤水$\delta^{18}O$值明显增加。

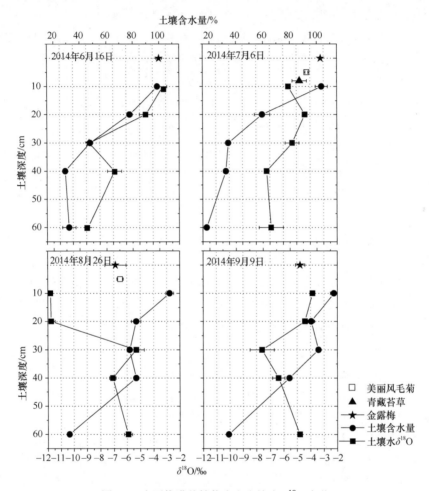

图3.1 金露梅灌丛植物水和土壤水$\delta^{18}O$变化

3.2.2 金露梅灌丛植物水分利用来源

2014年6月金露梅主要利用浅层土壤水(表3.2),利用比例达91.6%,此时气温逐渐升高,浅层土壤温度较高,表层根系活性增强,加之降水与土壤融化产生大量液态水,促使金露梅主要利用浅层土壤水。2014年8月,金露梅主要利用深层土壤水,利用比例达96.1%,表明其能够伴随环境条件变化而改变根系吸水深度,根系吸水具有可塑性功能。需要注意的是,2014年8月降水较多,造成土壤水$\delta^{18}O$值偏低,10~20 cm土壤水同位素含量明显比其他日期贫化,金露梅和美丽风毛菊$\delta^{18}O$值与深层土壤水同位素值比较接近,多源混合模型计算得到的深层土壤水利用比例可能偏高。2014年9月,随着气温逐渐降低,金露梅灌丛植被生长逐渐受到限制,叶片进入枯黄期,蒸腾速率明显减小，金露梅 $\delta^{18}O$ 值介于浅层和中层土壤水之间，表明其根系主要利用浅层和中层土壤水，利用比例平均分别为 57%和 20.7%。

表 3.2 金露梅灌丛植物对不同深度土壤水的利用比例（%）

植物	日期（年/月/日）	浅层（0～10 cm）	中层（10～30 cm）	深层（30～60 cm）
金露梅	2014/6/16	91.6（89～94）	5.3（0～11）	3.1（0～7）
	2014/7/6	—	—	—
	2014/8/26	0.9（0～2）	3.1（0～7）	96.1（93～99）
	2014/9/9	57（54～60）	20.7（0～43）	22.3（0～46）

注：伴生植物（美丽风毛菊和青藏苔草）同位素值均未落在土壤水范围内，多源混合模型未能计算出其利用潜在水源的比例；"—"表示植物水同位素值未落在土壤水之间，多源混合模型未能计算出其利用潜在水源的比例；括号外为平均值，括号内为变化范围。

金露梅灌丛生态系统分布海拔较高，年平均气温较低，用水来源主要是浅层土壤水，这取决于其根系分布特征，金露梅灌丛根系主要分布在 0～30 cm 土壤层，地下根系的现存量达到地上生物量的 6.15～9.64 倍（张金霞等，2001）。前人研究也得到类似结论，如 Leng 等（2013）在青藏高原东部巴郎山对金露梅灌丛群落下驴蹄草和狼毒的研究发现，驴蹄草用水来源对降水变化的响应非常敏感，狼毒能够在旱季利用浅层土壤水，因此具有较强的耐旱性。Duan 等（2008）研究发现青藏高原中南部地区森林、灌木和荒漠生态系统中优势植物的用水来源均主要是土壤水和降水。Prechsl 等（2015）在瑞士亚高寒 C_3 草地研究发现干旱环境中草地植物根系吸水深度集中在浅层（0～10 cm），而在天然环境下草地植物的水分利用来源却主要是深层土壤水（20～35 cm）。因此，浅层土壤水是高寒地区植物的主要水分来源。

3.3 芨芨草草原水分利用特征

3.3.1 芨芨草草原植物水和潜在水源同位素特征

芨芨草草原不同层土壤含水量及其同位素特征分析结果表明（图 3.2），浅层土壤含水量波动幅度较大，变化范围介于 11.7%～39.7%，平均值为 24.3%。随着土壤深度的增加，土壤含水量波动范围逐渐减小，深层土壤含水量变化范围介于 11.8%～25.6%，平均值为 17.5%，主要因为受降水和蒸发共同影响，浅层和中层土壤含水量变化明显，而深层土壤含水量变化较小。另外，2014 年深层土壤含水量波动范围比 2013 年小，因为 2014 年实验期间降水较多，土壤含水量较高，有利于降水下渗补给深层土壤。

芨芨草草原浅层土壤水 $\delta^{18}O$ 值波动幅度最大，变化范围为 –1.0‰～–7.44‰，平均值为 –3.02‰；中层土壤水 $\delta^{18}O$ 值变化范围为 –1.36‰～–6.47‰，平均值为 –3.40‰；深层土壤水 $\delta^{18}O$ 值变化范围为 –2.44‰～–7.43‰，平均值为 –4.09‰。不同土壤层 $\delta^{18}O$ 值的波动幅度主要取决于各土壤层受蒸发富集作用和降水补给的影响程度，采样期间经历了两次较长的干旱期（2013 年 7 月 28 日～8 月 9 日和 2014 年 7 月 24 日～8 月 1 日），该段时期土壤含水量较低而同位素值较高（Wu et al.，2016b；吴华武等，2015）。

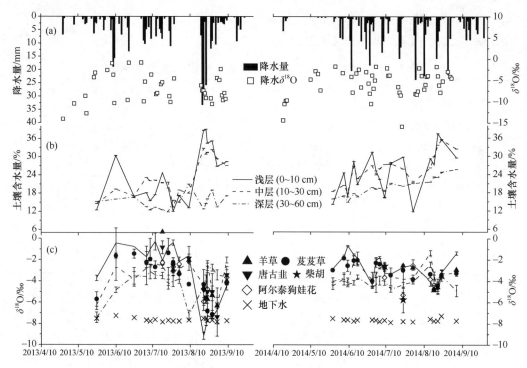

图 3.2 芨芨草草原降水、土壤水、地下水和植物水 $\delta^{18}O$ 变化

地下水 $\delta^{18}O$ 值波动幅度较小，变化范围为 –7.25‰～–7.88‰，平均值为 –7.66‰，实验期间植物水同位素值偏离地下水，说明芨芨草草原生态系统地下水不是植物用水的主要来源。2013 年 8 月中下旬芨芨草和唐古韭 $\delta^{18}O$ 值接近于地下水，这主要受降水的影响。

芨芨草和羊草的 $\delta^{18}O$ 值几乎都在浅层和深层土壤水之间变化，表明这些植物的用水来源主要是不同深度的土壤水。唐古韭 $\delta^{18}O$ 值大于浅层土壤水 $\delta^{18}O$ 值，因为唐古韭属于浅根系植物，能够利用的潜在水源主要是近地表的土壤水，受蒸发富集作用影响，其同位素值明显高于 10 cm 的土壤水同位素值。阿尔泰狗娃花和柴胡 $\delta^{18}O$ 值小于深层土壤水 $\delta^{18}O$ 值，根系分布特征（主要分布在表层土壤）决定了其不可能利用深层土壤水，大气降水补给到浅层土壤的水分是其主要用水来源。这与 Eggemeyer 等（2009）在美国半干旱区草原对入侵树木（*J. virginiana* 和 *P. ponderosa*）和草本植物（*S. scoparium* 和 *P. virgatum*）水分利用来源的研究结果一致，即草本植物受根系吸水层位的影响，其同位素值没有出现在各潜在水源同位素值之间。

3.3.2 芨芨草草原植物水分利用来源

芨芨草草原不同植物对浅层、中层和深层土壤水的利用比例具有明显的时间差异（图 3.3）。①芨芨草在不同年份对各层土壤水的利用比例呈现较为一致的变化特征，即生长季初期（5～6 月）主要利用浅层土壤水。2013 年其水分利用深度发生两次转变，从 7 月 5 日主要利用浅层土壤水（46%）逐渐转向 7 月 12 日大量利用深层土壤水（43.7%）；

7月18日其水分利用深度集中在0~10 cm,长时间无降水后,表层土壤水分逐渐被消耗,使其在8月9日水分利用深度转向30~60 cm,利用比例达到71.2%。而在2014年的长时间干旱期,浅层土壤含水量较低,其根系吸水深度同样从浅层转向深层(8月1日达到56.4%)。生长末期(9月),2013年芨芨草主要依赖于浅层土壤水(83%),而2014年其根系吸水深度集中在中层或深层土壤(>70%)。②羊草生长季的水分利用深度也发生较小程度的转变,主要在浅层和中层土壤之间,因为浅层土壤含水量急剧减少,根系转而利用中层土壤水,如2013年8月1日和8月9日中层土壤水利用比例分别达到46.1%和46%;同样,2014年8月1日羊草也主要利用中层土壤水。③阿尔泰狗娃花、唐古韭和柴胡在整个生长季内均主要依赖于浅层土壤水,其水源深度没有在不同土壤层之间发生转变。

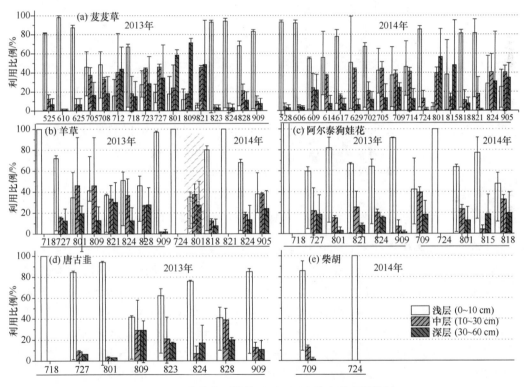

图 3.3　芨芨草草原植物对不同层土壤水的利用比例

3.4　具鳞水柏枝灌丛水分利用特征

3.4.1　具鳞水柏枝灌丛植物水和潜在水源同位素特征

河岸边与距离河岸约100 m处具鳞水柏枝灌丛土壤水分在干湿转换过程中呈现不同的变化规律(图3.4)。河岸边0~20 cm土壤含水量高于距离河岸约100 m处,主要因为河岸边浅层土壤质地较粗,易受降水影响。距离河岸约100 m处0~40 cm土壤含水量随时间变化幅度小于河岸边,因为前者土壤质地较细,持水能力好。距离河岸约100 m

处 70 cm 以下土壤含水量较低且变幅较小，这是因为下层受降水影响较小。2012 年 8 月 19 日，采样前一段时期降水较多，河岸边 0~20 cm 土壤含水量明显高于 20~40 cm；至 8 月 25 日，伴随地下水位下降，河岸边 0~10 cm 土壤含水量较 8 月 19 日增多，但 10~20 cm 略有减少，距离河岸约 100 m 处 20~40 cm 土壤含水量升高，而 50 cm 以下降低。2013 年 7 月 8 日，采样前降水较少，地下水位较低，河岸边 30~50 cm 土壤含水量明显低于 10~20 cm，距离河岸约 100 m 处 50 cm 以下土壤含水量低于 0~40 cm；至 7 月 23 日，降水增多，河岸边 0~10 cm、20~30 cm 土壤含水量显著增加，距离河岸约 100 m 处 10~20 cm、30~60 cm 土壤含水量也有所增加。

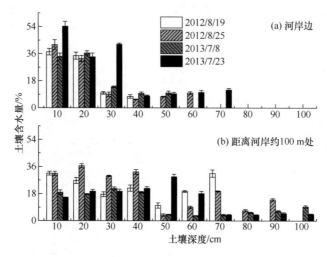

图 3.4　具鳞水柏枝灌丛土壤含水量变化

河岸边地下水位较高，土壤水 δD 值受蒸发影响较大，同一次采样中河岸边土壤水的 δD 值大于距离河岸约 100 m 处（表 3.3 和表 3.4）。同一土壤剖面不同深度的土壤质地发生变化时，土壤水 δD 值也会发生明显改变，如河岸边 40 cm 土壤水的 δD 值明显大于 10~30 cm 深度。不同土壤剖面土壤质地差异导致降水对土壤水 δD 值的影响不同，2012 年 8 月 19 日之前两次较大降水的 δD 值分别为–77.22‰和–74.94‰，两个样地的上层土壤水 δD 值均与降水接近；而 8 月 25 日之前一次较大降水的 δD 值为–107.8‰，使上层土壤水 δD 值相对于 8 月 19 日有所减小，但是深层土壤水 δD 值变化不明显，主要是降水没有下渗至深层。河岸边上层土壤水 δD 值减小幅度小于距离河岸约 100 m 处，因为前者土壤质地较粗，持水性较差。另外，土壤质地还会影响蒸发过程，进而改变土壤水 δD 值，2013 年 6 月 10 日~7 月 8 日，降水量较少，且有 22 个晴天，7 月 8 日距离河岸约 100 m 处土壤水 δD 值明显小于河岸边，主要因为河岸边土壤质地较粗，导致蒸发量较大；类似地，7 月 23 日之前连续晴天使河岸边土壤水 δD 值大于距离河岸约 100 m 处。因此，河岸边土壤水 δD 值受地下水和蒸发的影响较大，而距离河岸约 100 m 处土壤水 δD 值受降水的影响较大，水文过程差异影响着两处具鳞水柏枝在不同情景下的水分利用特征。

表 3.3 具鳞水柏枝灌丛河岸边土壤水 δD 变化

土壤深度/cm	δD/‰			
	2012/8/19	2012/8/25	2013/7/8	2013/7/23
10	−62.49±1.17^a	−58.14±2.35^a	−50.62±2.41^a	−36.45±2.10^a
20	−61.40±2.23^a	−62.49±1.04^b	−74.37±3.31^b	−41.71±1.57^b
30	−57.01±1.04^b	−55.59±2.47^c	−47.27±2.32^{cd}	−67.53±3.20^{ab}
40	−52.34±1.79^c	−55.05±3.02^c	−45.08±2.65^c	−53.46±3.24^{ab}
50	—	−53.79±2.97^c	−42.92±1.85^d	−51.64±2.87^b
60	—	−52.84±1.58^c	—	−41.09±0.77^a
70	—	—	—	−41.7±2.11^a

注：字母表示相同日期不同深度之间的差异显著性。

表 3.4 具鳞水柏枝灌丛距离河岸约 100 m 处土壤水 δD 变化

土壤深度/cm	δD/‰			
	2012/8/19	2012/8/25	2013/7/8	2013/7/23
10	−73.85±3.02^a	−80.08±4.02^a	−82.15±0.09^a	−32.33±2.84^a
20	−75.92±2.64^a	−80.85±3.67^a	−50.04±1.12^b	−64.57±3.90^b
30	−70.14±3.27^b	−76.98±3.51^{ab}	−69.20±0.15^c	−73.51±2.63^c
40	−70.73±3.92^b	−74.49±2.31^b	−110.94±4.94^a	−74.72±3.54^{bc}
50	−65.87±2.61^c	−61.61±3.84^c	−100.24±3.93^{ac}	−84.71±3.51^c
60	−60.12±3.01^d	−55.99±2.59^d	−59.38±1.32^b	−48.27±1.30^d
70	−59.35±1.58^d	−50.86±1.69^e	−62.91±2.45^{bc}	−45.16±1.99^d
80	—	−47.52±2.18^e	−61.21±2.01^b	−45.42±0.21^d
90	—	−51.63±1.92^{de}	−52.97±3.06^{bc}	−46.16±1.84^d
100	—	—	−43.89±0.92^b	−43.32±0.12^{ad}

注：字母表示相同日期不同深度之间的差异显著性。

河岸边与距离河岸约 100 m 处的地下水和河水 δD 值从 2012 年 8 月 19 日~2013 年 7 月 23 日呈现不断增大趋势（图 3.5），与同期降水 δD 值的变化趋势吻合。2012 年 8 月 19 日之前两次降水 δD 值分别为−77.22‰和−74.94‰，地下水与河水的 δD 值较小；2013 年 7 月 8 日和 7 月 23 日之前降水 δD 值分别为−40.94‰和−29.85‰，使得地下水与河水的 δD 值明显增大，表明地下水和河水受同期降水补给。然而，即使 2012 年 8 月 25 日降水 δD 值为−107.8‰，地下水和河水的 δD 值并未减小反而有所增大，因此降水对地下水和河水的补给可能需要一定时间。单因素方差分析结果表明，2012 年 8 月 19 日与 8 月 25 日之间地下水的 δD 值差异不显著，河水的 δD 值差异也不显著，表明有相似的水源补给，而地下水与河水之间却有显著差异，表明二者的补给来源不同；2013 年 7 月 8 日和 7 月 23 日地下水与河水 δD 值之间差异不显著，并与 2012 年河水的 δD 值接近，表明湿润年份河水可能是干旱年份地下水的重要补给来源。

河岸边与距离河岸约 100 m 处具鳞水柏枝木质部水 δD 值在干湿转换过程中的变化存在一定差异（图 3.6），表明两处具鳞水柏枝水分利用方式不同。单因素方差分析结果表明，河岸边具鳞水柏枝 δD 值在 2012 年 8 月 19 日与 8 月 25 日差异不显著，在 2013 年

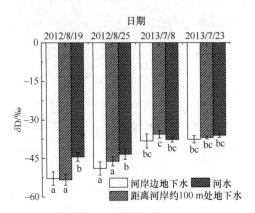

图 3.5 具鳞水柏枝灌丛地下水和河水 δD 变化

7月8日与7月23日差异也不显著,表明此处具鳞水柏枝在干旱和湿润条件下水分利用来源相似;但是植物木质部 δD 值在 2012 年和 2013 年之间差异显著,表明其在湿润年份和干旱年份水分利用来源不同。距离河岸约 100 m 处具鳞水柏枝 δD 值在 2012 年 8 月 19 日与 8 月 25 日差异显著,在 2013 年 7 月 8 日与 7 月 23 日差异不显著,表明此处具鳞水柏枝在湿润年份伴随干湿转换具有不同的水分利用来源,而在干旱年份用水来源相似。

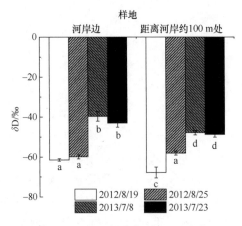

图 3.6 具鳞水柏枝木质部 δD 变化

3.4.2 具鳞水柏枝灌丛植物水分利用来源

河岸边和距离河岸约 100 m 处具鳞水柏枝在较湿润的 2012 年和相对干旱的 2013 年,伴随水分条件变化,呈现不同的水分利用方式(图 3.7 和图 3.8)。湿润年份,河岸边具鳞水柏枝在相对干旱的 2012 年 8 月 19 日主要利用 0~10 cm 土壤水,比例达到 68.9%;8 月 19 日至 8 月 25 日降水较多,水分条件明显改善,具鳞水柏枝在 8 月 25 日以 10~20 cm 土壤水为主要水源,利用比例达到 85%,致使该层土壤含水量较 8 月 19 日有所减少;因此,河岸边具鳞水柏枝在湿润年份以最大根系密度层(10~30 cm)的土壤水为主要水源。干旱年份,在相对干旱的 2013 年 7 月 8 日,河岸边具鳞水柏枝主要利用地下水与河水,利用比例分别达到 38.1%和 44.8%;7 月 23 日之前一段时期降水较多,30 cm 以上土壤含水量明显增大,水分条件转向湿润,具鳞水柏枝主要利用 0~10 cm、10~20 cm 和 50~70 cm 的土壤水,利用比例分别为 15%、16.5%和 16.5%,但此时对地下水和河水的利用量仍然较多(比例分别为 15.4%和 14.9%);因此,河岸边具鳞水柏枝在干旱年份对地下水和河水的依赖程度较高,水分条件转向湿润时,其对最大根系密度层和深层土壤水的利用量增加,用水来源呈现多元化特征。

湿润年份,距离河岸约 100 m 处的具鳞水柏枝在相对干旱的 8 月 19 日以 0~50 cm 土壤水为主要水源,对 0~10 cm、10~30 cm 和 30~50 cm 土壤水利用比例分别达到 27.6%、27%和 21.2%;8 月 25 日,水分条件转向湿润,0~40 cm 土壤含水量增大,但具鳞水柏枝主要利用 50~90 cm 土壤水,致使该层土壤含水量降低;因此,距离河岸较远的具鳞水柏枝在湿润年份主要利用根层范围内的土壤水,吸水深度在较湿润时可能转向深层。干旱年份,距离河岸约 100 m 处的具鳞水柏枝在相对干旱的 7 月 8 日主要利用地下水和河水,利用比例分别为 30.7%和 28.6%;7 月 23 日,60 cm 以上土壤含水量增大,水分条件转向湿润,具鳞水柏枝主要利用 50~100 cm 土壤水,以及地下水和河水的混合水,使得该层土壤含水量降低,对 50~70 cm、70~100 cm 土壤水、地下水和河水的利用比例分别为 16.4%、16.1%、14.2%和 14%;因此,距离河岸约 100 m 处的具鳞水柏枝在干旱年份同样对地下水和河水依赖程度较高,较湿润时转向利用深层土壤水,用水来源增多。

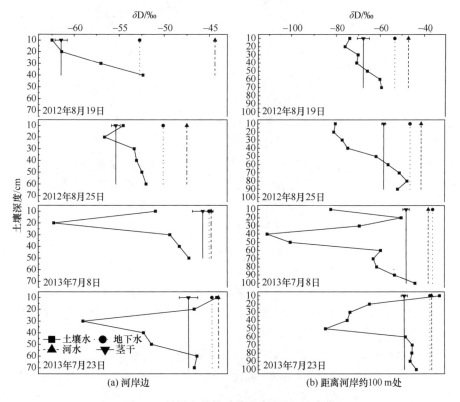

图 3.7 具鳞水柏枝及其潜在水源 δD 变化

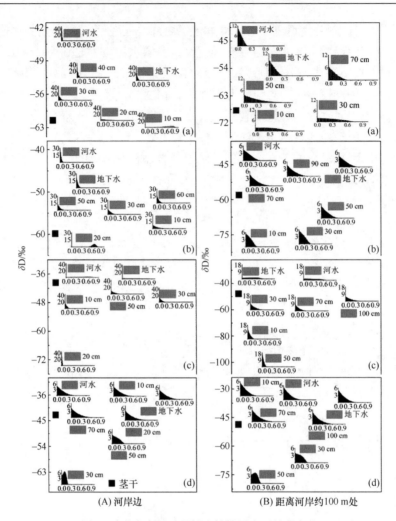

图 3.8 潜在水源对具鳞水柏枝用水贡献率变化
（a）代表 2012 年 8 月 19 日；（b）代表 2012 年 8 月 25 日；（c）代表 2013 年 7 月 8 日；（d）代表 2013 年 7 月 23 日

水分的可利用性决定着植物的用水来源，多样化的用水来源可以减轻植物的水分胁迫。植物对干湿条件转换具有一定的适应机制，大量研究表明植物在干旱期主要利用深层土壤水或地下水以维持生长，例如随着干旱转向湿润，藤本植物的吸水土层由深层转向中层再到浅层（Andrade et al.，2005），核桃树的吸水土层由深层转向浅层（Sun et al.，2011），而冷箭竹的水源由地下水转向降水（Xu et al.，2011），上述用水来源的转变可以降低叶片的水分亏缺程度。本章发现，在 2013 年 7 月 8 日~7 月 23 日，随着水分条件由干旱转向湿润，具鳞水柏枝的主要用水来源从地下水和河水转向土壤水，但河岸边具鳞水柏枝对浅层土壤水的利用量较多，而距离河岸较远时其利用深层土壤水较多。河水是具鳞水柏枝在干旱时的重要水源，这与干旱区河岸树木 *Eucalyptus camaldulensis*（Thorburn and Walker，1994）和 *Eucalyptus coolabah*（Costelloe et al.，2008）不同，它们利用土壤水和地下水而不利用河水。因此，高寒地区河岸植被和干旱区河岸植被对干旱的适应机制可能存在差异，这是对不同地区水文环境长期适应的结果。另外，植物用水来源并不总是伴随水分条件由干旱转向湿润而由深向浅转变,例如 2012 年从 8 月 19 日~8 月 25 日,河岸边具鳞水柏枝的吸水土层由 0~10 cm 变为 10~20 cm,距离河岸约 100 m 处具鳞水柏枝的主要吸水土层从 50 cm 以上转向 50 cm 以下,用水来源伴随水分条件转好反而变深,但河岸边具鳞水柏枝的吸水土层比距离河岸约 100 m 处浅。因此,可以推断,在湿润年份和干旱年份,具鳞水柏枝对干湿转换具有不同的适应策略,这与 Schwinning 等(2005)在荒漠地区的研究结果不同,他们认为植物在不同时期干湿转换过程中具有相同的水源转变方式。另外,具鳞水柏枝水分利用来源的转化也因立地条件而不同,河岸边较多利用浅层土壤水,距离河岸约 100 m 处则对深层土壤水利用较多。

3.5 农田水分利用特征

3.5.1 农田植物水和潜在水源同位素特征

农田土壤水分及其同位素值具有明显的季节变化和空间变化(表 3.5、图 3.9 和图 3.10)。在油菜地,拔节期(6 月)土壤含水量高于开花期(7 月),这与降水过程和油菜根系吸水有关;灌浆期(8 月初),距上次采样没有降水发生,强烈蒸发导致土壤含水量明显减少;成熟期(8 月中下旬)土壤水分显著增加。燕麦地土壤水分的季节变化与油菜地相似。在空间上,油菜地和燕麦地表层土壤水分(0~30 cm)受降水和蒸发的共同影响,波动性明显大于深层土壤水分(30~60cm),60 cm 土壤含水量在整个生长季均低于其他层土壤含水量。

在土壤垂直剖面上,油菜地和燕麦地土壤水的同位素组成均呈"S"形变化,浅层土壤水 $\delta^{18}O$ 值高于深层土壤水,而且 0~10 cm 土壤水同位素值从拔节期到成熟期的波动幅度也较大。油菜地 0~10 cm 土壤水 δD 变化范围为–13.8‰~–47.9‰,平均值为–28.3‰,$\delta^{18}O$ 变化范围为–1.53‰~–6.49‰,平均值为–3.69‰;而燕麦地 0~10 cm 土壤水 δD 变化范围为–8.41‰~–48.7‰,平均值为–26.8‰,$\delta^{18}O$ 变化范围为–1.16‰~–7.16‰,平均值为–3.35‰。植物 $\delta^{18}O$ 值在物候期内呈现不同的变化特征,拔节期油菜和燕麦 $\delta^{18}O$ 值高于抽穗期和成熟期。同时,燕麦的同位素组成要明显高于油菜,前者 δD 变化范围为–13.4‰~–49.2‰,平均值为–34.4‰,$\delta^{18}O$ 变化范围为–2.13‰~–7.23‰,平均值为–4.57‰;后者 δD 变化范围为–27.1‰~–45.6‰,平均值为–36.0‰,$\delta^{18}O$ 变化范围为–2.47‰~–6.46‰,平均值为–4.69‰;它们之间的同位素差异与根系利用不同深度的土壤水密切相关,这与华北平原农田植物水的同位素变化规律相似(王鹏等,2013)。

3.5.2 农田植物水分利用来源

由图 3.9 和图 3.10 可以看出,油菜和燕麦植物水 $\delta^{18}O$ 值在物候期内主要在 0~30 cm 土壤层之间波动,可以推断二者的根系均主要吸收 0~30 cm 的土壤水。应用多源混合模型计算油菜和燕麦对不同土层土壤水的利用比例,结果显示(表 3.6):拔节期(6 月)油菜根系主要吸收利用 0~10 cm 土壤水,利用比例为 95.1%;开花期(7 月中上旬)油

表 3.5　油菜地和燕麦地植物水和土壤水同位素变化（‰）

	深度/cm	δD	$\delta^{18}O$	δD		$\delta^{18}O$		样品数
				最大值	最小值	最大值	最小值	
油菜地	0~10	−28.3±9.22	−3.69±1.42	−13.8	−47.9	−1.53	−6.49	33
	20~30	−39.5±3.95	−5.31±0.56	−33.5	−47.9	−4.71	−6.53	33
	30~60	−44.5±3.54	−6.47±0.52	−39.6	−50.4	−5.73	−7.28	33
	植物	−36.0±7.26	−4.69±1.19	−27.1	−45.6	−2.47	−6.46	33
燕麦地	0~10	−26.8±12.2	−3.35±1.78	−8.41	−48.7	−1.16	−7.16	39
	20~30	−40.5±9.19	−5.52±1.42	−23.7	−57.9	−3.75	−8.73	39
	30~60	−46.6±4.79	−6.50±0.80	−40.3	−59.1	−5.22	−8.36	39
	植物	−34.4±10.4	−4.57±1.53	−13.4	−49.2	−2.13	−7.23	39

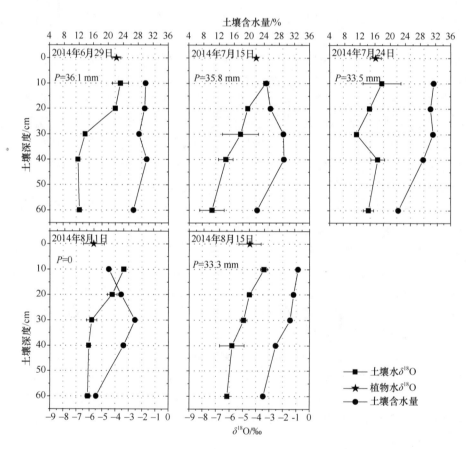

图 3.9　油菜地植物水和土壤水 $\delta^{18}O$ 变化

菜对 0~10 cm 土壤水利用比例仍然较大（>40%）；灌浆期（8 月上旬）经历短暂的干旱后，油菜对 0~10 cm 土壤水的利用比例明显减小，对 30~60 cm 土壤水的利用量显著增加（69.9%）；在成熟末期（8 月中下旬），油菜根系对 0~30 cm 土壤水的利用比例较为均匀。燕麦在分蘖期（6 月）和拔节期（7 月中上旬）主要利用 0~10 cm 土壤水，在孕穗期（7月末）根系主要吸收0~30 cm土壤水，在抽穗期（8月中旬）其均匀利用0~30 cm的土壤水，在成熟早期（9月中上旬）主要利用0~10 cm土壤水（62%）。

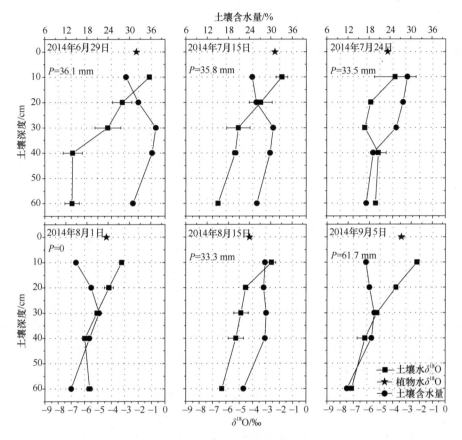

图3.10 燕麦地植物水和土壤水 $\delta^{18}O$ 变化

表3.6 油菜和燕麦生长季对不同土层土壤水的利用比例（%）

植物类型	日期（年/月/日）	浅层（0~10 cm）	中层（10~30 cm）	深层（30~60 cm）
油菜	2014/6/29	95.1（91~98）	3.6（0~9）	1.3（0~4）
	2014/7/15	68.0（54~80）	21.9（0~46）	10.1（0~21）
	2014/7/24	44.8（16~70）	16.3（0~36）	38.9（0~84）
	2014/8/1	7.9（0~17）	22.2（0~48）	69.9（52~85）
	2014/8/15	38.8（16~60）	40.9（0~84）	20.3（0~42）
燕麦	2014/6/29	72.8（61~84）	18.9（0~39）	8.3（0~17）
	2014/7/15	83.1（78~88）	10.6（0~22）	6.3（0~13）
	2014/7/24	65.4（55~74）	13.6（0~29）	20.9（0~45）
	2014/8/1	37.9（17~58）	40.4（0~83）	21.7（0~45）
	2014/8/15	34.8（20~49）	39.6（0~80）	25.5（0~53）
	2014/9/5	62.0（49~74）	24.9（0~51）	13.1（0~27）

油菜和燕麦水分利用来源存在明显差异，这与它们的根系特征和可利用水分状况有关。在整个生长季内，油菜和燕麦的根系长度、植株高度均伴随时间推移逐渐增加，燕麦的植株高度高于油菜，同时其根系长度的增加速率也快于油菜。油菜和燕麦拔节期时根系都分布在土壤表层，此时二者均主要利用表层土壤水。油菜在开花期对表层（0~10 cm）土壤水的利用比例从 68%降低到 7.9%，而对深层（30~60 cm）土壤水的利用比例从 10.1%增加到 69.9%，说明油菜根系能够改变吸水范围来保证充足水分满足自身生长需要。8 月初为油菜的灌浆期，而表层土壤水分含量较低，油菜能最大限度地吸收其他土层水分满足灌浆需求，从而避免影响产量。Araki 和 Iijima（2005）通过室内对照实验研究发现水稻在受到水分胁迫时，尽管土壤形成板结层，却没能限制其根系吸水范围，水分利用方式转向大量利用深层土壤水，根系吸水表现出很强的可塑性，确保自身正常的光合作用。

燕麦生长季内水分利用深度与油菜具有不同的变化特征，从拔节期到成熟期其根系主要吸收利用 0~30 cm 土壤水，主要因为燕麦根系以须根形式分布在表层土壤中，保证了其能高效地吸收利用浅层土壤水，加之养分主要分布在表层土壤中，这样有利于燕麦地上部分生长和孕穗期的充分灌浆。Sekiya 和 Yano（2002）研究发现在同一农田系统内木豆能灵活地利用浅层土壤水，这与其根组织释放水分至表层土壤以缓解水分胁迫密切相关，而田菁在很大程度上依赖深层地下水。

尽管同一生境下油菜和燕麦具有相同的潜在水源，但它们在整个物候期内水分利用来源存在差异，说明二者在不同的水分条件下具有不同的适应策略以满足自身的生长发育需要。Sekiya 和 Yano（2004）对农田混作的玉米和大豆水分利用来源的研究发现，大豆多利用深层水分，而玉米主要利用表层水分。王鹏等（2013）在华北农田的研究也发现，夏玉米的水分利用来源在拔节期、开花期和成熟期存在差异，表现出先由浅变深，然后再由深变浅的规律，而且夏玉米对灌溉水的利用比例不高。青海湖流域农业是高寒雨养农业，农作物主要依靠降水补给土壤水而生长。然而，生长季内的干旱势必引起油菜和燕麦受到不同程度的水分胁迫，进而影响作物产量。虽然油菜和燕麦是浅根系植物，但它们能够改变根系吸水深度以利用有效的土壤水分，从而减轻水分胁迫的影响。

3.6 沙地水分利用特征

3.6.1 沙地植物水和潜在水源同位素特征

沙地生态系统不同植物 $\delta^{18}O$ 值表现出明显的季节变化（图 3.11）。除 2014 年 9 月 3 日外，肋果沙棘 $\delta^{18}O$ 值均小于其他植物（沙蒿、青藏苔草和斜茎黄芪），其变化范围为 –2.91‰~–6.89‰，平均值为–5.33‰，这与肋果沙棘的根系吸水深度有关。沙蒿 $\delta^{18}O$ 值变化范围为–0.53‰~–6.38‰，平均值为–4.09‰，略高于青藏苔草（–4.28‰）和斜茎黄芪（–4.92‰）。土壤水 $\delta^{18}O$ 值呈"S"形变化，即受蒸发作用影响，表层土壤水 $\delta^{18}O$ 值明显高于深层土壤水，但降水入渗又可能降低了不同土壤层之间 $\delta^{18}O$ 值的差异程度（Wu et al.，2016a）。

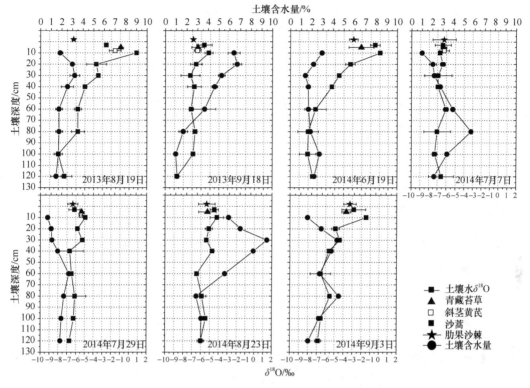

图 3.11 沙地生态系统植物水和土壤水 $\delta^{18}O$ 变化

3.6.2 沙地植物水分利用来源

沙地植物对不同土层土壤水的利用比例呈现明显的季节变化，表明植物利用的水源深度也发生季节性变化（图 3.12）。2013 年 8~9 月，肋果沙棘 $\delta^{18}O$ 值小于浅层土壤水，并与深层土壤水具有较好的对应关系，说明此时其主要利用深层土壤水，比例达到 75%以上；其他原生植物（沙蒿、青藏苔草和斜茎黄芪） $\delta^{18}O$ 值在浅层土壤水（0~30 cm）之间变化，表明浅层土壤水是原生植物的主要水分利用来源，利用比例均在 45%以上，说明原生植物具有较强的气孔调节能力，使其能较好地适应缺水环境。植物根系吸水范围与土壤储水量变化之间具有明显的滞后性，2013 年 9 月 18 日采样前沙地生态系统没有降水发生，浅层土壤含水量很低，肋果沙棘主要利用深层土壤水；然而，此次采样时浅层土壤含水量显著增加，但肋果沙棘并未立即利用浅层土壤水。

在生长季初期（6 月），所有植物水 $\delta^{18}O$ 值均接近于浅层土壤水，说明所有植物主要依赖于浅层土壤水，这与多源混合模型计算结果一致。其他地区的研究也发现类似结果，Asbjornsen 等（2007）发现热带稀树草原的灌木在生长季初期主要利用 5~40 cm 土壤水，Song 等（2014）发现科尔沁沙地樟子松人工林在 4~5 月主要利用 20~40 cm 土壤水。青海湖流域在生长季初期浅层土壤含水量较高，而且植物蒸腾作用较弱，灌木和草本植物的根系也主要分布在浅层土壤，有利于其对浅层土壤水分和养分的吸收。

在生长旺盛期（7~8 月），降水同位素含量较贫化，浅层土壤水受降水影响明显，

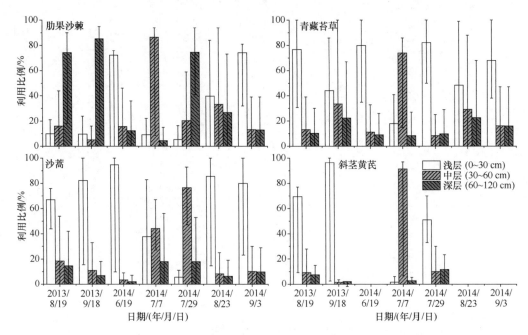

图 3.12 沙地生态系统不同植物水分利用来源变化

相应地,沙地植物的 $\delta^{18}O$ 值也较小。7 月沙地降水主要以<5 mm 为主,而且蒸发作用强烈,肋果沙棘根系吸水深度从浅层转向深层以获取更多水分。在其他干旱半干旱区,植物根系也具有相似的吸水功能,Ohte 等(2003)研究发现引种植物(旱柳)在不同的水分条件下能灵活地利用地下水和浅层土壤水以满足自身蒸腾需要,Sun 等(2015)对黑河流域中游河岸带柽柳的研究发现其根系吸水深度随着地下水位波动而在土壤水和地下水之间转换。2014 年 8 月 23 日采样前连续 5 d 的降水过程使得浅层土壤含水量明显增加,增强了肋果沙棘根系的吸水活性而较多地利用浅层土壤水,表明其根系具有二型态功能(根系吸水深度能够伴随土壤水分变化而发生转换)。因此,肋果沙棘能够较好地避免与其他浅根系植物竞争使用浅层土壤水,以使自身更好地适应干旱环境。

7~8 月原生灌木沙蒿和草本植物(青藏苔草和斜茎黄芪)主要利用浅层和中层土壤水,尽管沙蒿根系分布特征与肋果沙棘相似,但其在整个生长季根系吸水深度没有发生明显变化。一般而言,植物根系从浅层土壤吸收水分能够保证自身能量的最优化(Schenk, 2008),而沙蒿的根系主要分布在 0~40 cm,有利于其高效地吸收浅层土壤水。这种现象也出现在季节性干旱的热带雨林地区,前人研究发现一些木本植物在旱季主要依赖于浅层土壤水,根系吸水深度并未发生转变(Nippert and Knapp, 2007)。另外一种可能情况是,沙地土壤水分并未导致沙蒿出现水分胁迫而改变其根系吸水深度,说明沙蒿能像毛乌素沙地的油蒿一样具有其他的适应干旱环境的能力,例如地下碳分配、开花期、叶片更新速率和快速光合恢复能力(Angert et al., 2009)。

除了斜茎黄芪,9 月所有植物根系具有相似的水分利用方式,主要因为 8 月底出现一次长时间的连续降水事件,致使浅层土壤含水量显著增加,所有植物主要利用浅层土壤水,Eggemeyer 等(2009)的研究也发现 10 月干旱区入侵树木在浅层有效含水量增加时其主要利用浅层土壤水。

3.7 小　　结

本章通过分析青海湖流域金露梅灌丛、芨芨草草原、具鳞水柏枝灌丛、农田和沙地建群种植物水及其潜在水源的同位素特征，阐明了不同植物水分利用来源的变化规律，具体结果如下：

1) 金露梅灌丛的灌木和伴生草本植物在整个生长季主要利用 0～30 cm 的土壤混合水，利用比例平均高达 90%，原因在于水分不是金露梅灌丛生态系统植物生长的主要限制因子，0～30 cm 土壤含水量较高，而且其根系也主要分布在浅层土壤中。

2) 芨芨草根系吸水具有可塑性，其他伴生植物根系吸水的可塑性较弱，而且各植物对不同土层土壤水的利用比例呈现不一致的变化特征。芨芨草在生长季初期（5～6月）主要利用 0～10 cm 土壤水，利用比例为 79.8%±5.88%；生长旺盛期，随着浅层土壤含水量减少，芨芨草根系吸水深度由浅层土壤转向深层土壤（30～60 cm）。羊草在整个生长季主要利用 0～30 cm 土壤混合水，利用比例为 86.5%±2.89%。其他草本植物在整个生长季水分利用方式较为单一，主要依靠 0～10 cm 土壤水。

3) 在湿润季节（7～9月），距离河岸约 100 m 处的具鳞水柏枝较多地利用土壤水，而河岸边的具鳞水柏枝较多地依赖于地下水和河水。在相对干旱季节（6月），河岸边和距离河岸约 100 m 处的具鳞水柏枝都以地下水和河水为主要水源，以减轻干旱影响。在极度干旱的 5 月，土壤含水量和地下水位均较低，河岸边和距离河岸约 100 m 处的具鳞水柏枝利用浅层和深层土壤的混合水。

4) 农田生态系统的油菜根系吸水方式能够在不同土层之间转变，而燕麦根系用水方式较为单一。拔节期油菜和燕麦主要依靠 0～10 cm 土壤水，其利用比例平均分别为 84.8%和 60.5%。灌浆期油菜根系利用 30～60 cm 土壤水，燕麦从灌浆期到成熟期主要吸收利用 0～30 cm 土壤混合水。

5) 沙地生态系统的人工植物根系吸水具有可塑性，其他原生植物主要以 0～30 cm 土壤混合水为主，而且根系吸水没有明显的可塑性。生长季初期肋果沙棘主要吸收利用 0～30 cm 土壤水，利用比例为 72.2%；伴随不同程度的水分胁迫，肋果沙棘根系吸水转向 60～120 cm 土壤，而在表层土壤含水量增加时，其又主要利用 0～30 cm 土壤水。原生植物（沙蒿、青藏苔草和斜茎黄芪）的根系吸水深度在整个生长季主要集中在 0～30 cm，其利用比例为 86.5%±2.15%，根系吸水深度没有出现明显的转换现象。

参 考 文 献

王鹏, 宋献方, 袁瑞强, 等. 2013. 基于氢氧稳定同位素的华北农田夏玉米耗水规律研究. 生态学报, 30(14): 3717-3726.

吴华武, 李小雁, 蒋志云, 等. 2015. 基于 δD、$\delta^{18}O$ 的青海湖流域芨芨草水分利用来源变化研究. 生态学报, 35(24): 8174-8183.

张金霞, 曹广民, 周党卫, 等. 2001. 草毡寒冻雏形土 CO_2 释放特征. 生态学报, 21(4): 544-549.

Andrade J L, Meinzer F C, Goldstein G, et al. 2005. Water uptake and transport in lianas and co-occurring trees of a seasonally dry tropical forest. Trees, 19: 282-289.

Angert A L, Huxman T E, Chesson P, et al. 2009. Functional tradeoffs determine species coexistence via the storage effect. Proceedings of the National Academy of Sciences, 106: 11641-11645.

Araki H, Iijima M. 2005. Stable isotope analysis of water extraction from subsoil in upland rice(Oryza sativa L.) as affected by drought and soil compaction. Plant and Soil, 270: 147-157.

Asbjornsen H, Mora G, Helmers M J. 2007. Variation in water uptake dynamics among contrasting agricultural and native plant communities in the Midwestern US. Agriculture, Ecosystems & Environment, 121: 343-356.

Costelloe J F, Payne E, Woodrow I E, et al. 2008. Water sources accessed by arid zone riparian trees in highly saline environments, Australia. Oecologia, 156: 43-52.

Duan D Y, Ouyang H, Song M H, et al. 2008. Water sources of dominant species in three alpine ecosystems on the Tibetan Plateau, China. Journal of Integrative Plant Biology, 50: 257-264.

Eggemeyer K D, Awada T, Harvey F E, et al. 2009. Seasonal changes in depth of water uptake for encroaching trees Juniperus virginiana and Pinus ponderosa and two dominant C4 grasses in a semiarid grassland. Tree Physiology, 29(2): 157-169.

Leng X, Cui J, Zhang S, et al. 2013. Differential water uptake among plant species in humid alpine meadows. Journal of Vegetation Science, 24: 138-147.

Nippert J B, Knapp A K. 2007. Linking water uptake with rooting patterns in grassland species. Oecologia, 153: 261-272.

Ohte N, Koba K, Yoshikawa K, et al. 2003. Water utilization of natural and planted trees in the semiarid desert of Inner Mongolia, China. Ecological Applications, 13: 337-351.

Prechsl U, Burri S, Gilgen A, et al. 2015. No shift to a deeper water uptake depth in response to summer drought of two lowland and sub-alpine C3 grasslands in Switzerland. Oecologia, 177: 97-111.

Schenk H J. 2008. Soil depth, plant rooting strategies and species' niches. New Phytologist, 178: 223-225.

Schwinning S, Starr B I, Ehleringer J R. 2005. Summer and winter drought in a cold desert ecosystem(Colorado Plateau)part I: effects on soil water and plant water uptake. Journal of Arid Environments, 60: 547-566.

Sekiya N, Yano K. 2002. Water acquisition from rainfall and groundwater by legume crops developing deep rooting systems determined with stable hydrogen isotope compositions of xylem waters. Field Crops Research, 78(2-3): 133-139.

Sekiya N, Yano K. 2004. Do pigeon pea and sesbania supply groundwater to intercropped maize through hydraulic lift? Hydrogen stable isotope investigation of xylem waters. Field Crops Research, 86: 167-173.

Song L, Zhu J, Li M, et al. 2014. Water utilization of Pinus sylvestris var. mongolica in a sparse wood grassland in the semiarid sandy region of Northeast China. Trees, 28: 971-982.

Sun S J, Meng P, Zhang J S, et al. 2011. Variation in soil water uptake and its effect on plant water status in Juglans regia L. during dry and wet seasons. Tree Physiology, 31: 1378-1389.

Sun Z, Long X, Ma R. 2015. Water uptake by saltcedar(Tamarix ramosissima)in a desert riparian forest: responses to intra-annual water table fluctuation. Hydrological Processes, 30(9): 1388-1402.

Thorburn P J, Walker G R. 1994. Variations in stream water uptake by Eucalyptus camaldulensis with differing access to stream water. Oecologia, 100: 293-301.

West A G, Patrickson S J, Ehleringer J R. 2006. Water extraction times for plant and soil materials used in stable isotope analysis. Rapid Communications in Mass Spectrometry, 20: 1317-1321.

Wu H W, Li X Y, Jiang Z Y, et al. 2016a. Contrasting water use pattern of introduced and native plants in an alpine desert ecosystem, Northeast Qinghai-Tibet Plateau, China. Science of the Total Environment, 542: 182-191.

Wu H W, Li X Y, Li J, et al. 2016b. Differential soil moisture pulse uptake by coexisting plants in an alpine Achnatherum splendens grassland community. Environmental Earth Sciences, 75: 914-926.

Xu Q, Li H, Chen J, et al. 2011. Water use patterns of three species in subalpine forest, Southwest China: the deuterium isotope approach. Ecohydrology, 4: 236-244.

第4章 青海湖水体水热交换与蒸发量

青海湖地处我国东部季风区、西北部干旱区和西南部高寒区的交汇地带，同时受东亚季风和西风影响，近年来水位波动明显，已有研究结果显示影响青海湖水位波动的主要因素是自然因素（Li et al., 2007），而湖面蒸发是青海湖最主要的水分支出项。目前对于青海湖湖面蒸发的研究主要采用蒸发皿蒸发量乘以折算系数（Li et al., 2007）、热力学模型模拟（Qin and Huang, 1998）和稳定同位素方法（Cui and Li, 2015），缺乏对湖面蒸发的直接观测及其内在机理的深入分析。本章借助于涡动相关技术和微气象学方法，对青海湖湖面的微气象条件、能量分配等进行直接观测，在此基础上分析高原湖泊水体与大气界面之间的水热交换特征，确定青海湖湖面蒸发量及其关键影响因素。

4.1 研究方法

4.1.1 观测点与观测系统

涡动相关和微气象观测系统安装于青海湖东南角二郎剑景区的中国鱼雷发射实验基地（36°35′28″N，100°30′06″E，海拔高度为 3198 m）。该基地距离最近的湖岸约 740 m，所在位置湖水深度约为 15 m，屋顶离水面高度约为 10 m（附图 6，Li et al., 2016）。

涡动相关系统安装于屋顶西北角的灯塔上，微气象观测系统安装于屋顶东南角的三脚架上，观测仪器具体信息见表 4.1。

表 4.1 青海湖湖面涡动相关和微气象观测仪器信息

仪器名称	仪器型号	距湖面高度/m	观测要素
三维超声风速仪	CSAT3, Campbell, USA	17.3	水平风速、垂直风速、虚温
开路式气体分析仪	EC150, Campbell, USA	17.3	水汽浓度、二氧化碳浓度
四分量辐射仪	CNR4, Kipp & Zonen, Netherlands	10	向下短波和长波辐射、向上短波和长波辐射
空气温湿度计	HMP155, Vaisala, Finland	12, 12.5	空气温度、相对湿度
风速风向仪	05103, R.M. Young, USA	12	风速、风向
热红外温度计	SI-111, Campbell, USA	10	湖面温度
水体温度计	109L, Campbell, USA	−0.2, −0.5, −1.0, −2.0, −3.0	水体温度
翻斗式雨量计	TE525, Campbell, USA	11	降雨量
称重式雨雪量计	T-200B, Campbell, USA	11	降水量

4.1.2 涡动相关技术基本原理

涡动相关技术基于雷诺分解而提出，用以测量大气边界层中物质、能量和动量通量。涡动相关法要求测量下垫面平坦且均质，测点上风向具有足够的风浪区，满足这些条件时认为地表和大气之间的湍流传输为一维垂直传输，垂直通量密度可以通过计算垂直风速与物质、能量或动量通量的协方差求得。

根据湍流理论，垂直通量 F 可以表示为

$$F = \overline{\rho_d w s} \tag{4.1}$$

式中，ρ_d 为干空气密度；w 为垂直风速；s 为研究气体的干摩尔比例。由雷诺分解，上式可以写为

$$F = \overline{(\overline{\rho_d} + \rho_d')(\overline{w} + w')(\overline{s} + s')} \tag{4.2}$$

展开后为

$$F = \overline{(\overline{\rho_d}\,\overline{w}\,\overline{s} + \overline{\rho_d}\,\overline{w}\,s' + \overline{\rho_d}\,w'\,\overline{s} + \overline{\rho_d}\,w's' + \rho_d'\,\overline{w}\,\overline{s} + \rho_d'\,\overline{w}\,s' + \rho_d'\,w'\,\overline{s} + \rho_d'\,w's')} \tag{4.3}$$

由于各物理量的平均偏差为零，即式中 $\overline{\overline{\rho_d}\,\overline{w}\,s'}$、$\overline{\overline{\rho_d}\,w'\,\overline{s}}$、$\overline{\rho_d'\,\overline{w}\,\overline{s}}$ 三项为 0，所以上式可以简化为

$$F = \overline{(\overline{\rho_d}\,\overline{w}\,\overline{s} + \overline{\rho_d}\,w's' + \rho_d'\,\overline{w}\,s' + \rho_d'\,w'\,\overline{s} + \rho_d'\,w's')} \tag{4.4}$$

假设空气密度脉动为零（即 $\overline{\rho_d'\,\overline{w}\,s'}$、$\overline{\rho_d'\,w'\,\overline{s}}$、$\overline{\rho_d'\,w's'}$ 三项为零），且均质平坦下垫面垂直风速忽略不计（即 $\overline{\rho_d}\,\overline{w}\,\overline{s}$ 为零），上式可以进一步简化为

$$F = \overline{\rho_d w's'} \tag{4.5}$$

因此，通过测定和计算垂直风速的脉动协方差即可求得相关物理量的湍流输送量，当下垫面均匀一致且大气处于中性层结时，近地层大气的显热通量和潜热通量可以分别表示为

$$H = \rho c_p \overline{w'T'} \tag{4.6}$$

$$\mathrm{LE} = L\overline{w'\rho_v'} \tag{4.7}$$

$$\rho = \frac{e}{(T+273.15)R_d} + \rho_v \tag{4.8}$$

式中，H 为显热通量；LE 为潜热通量；ρ 为空气密度；c_p 为空气定压比热；w'、T' 和 ρ_v' 分别为近地面大气湍流运动引起的垂直风速、温度和水汽密度的脉动；L 为水的汽化潜热；e 为水汽压；R_d 为干空气比体积常数。因此，如果能同时观测垂直方向上风速和空气温湿度的脉动，即可计算显热通量和潜热通量，进而求出蒸散发量。

4.1.3 观测数据处理

研究时段为 2013 年 5 月 11 日～2015 年 5 月 10 日，为了叙述方便，将其分为 2013/2014

年（2013年5月11日～2014年5月10日）和2014/2015年（2014年5月11日～2015年5月10日）。借助于EdiRe软件对涡动相关系统10 Hz原始数据进行处理，得到30 min通量数据，处理过程中进行野点去除、坐标旋转、频率损失修正、超声虚温修正、空气密度脉动修正等（Liu et al.，2013）。在上述处理基础上，进一步删除有问题的30 min通量数据进行质量控制，包括仪器故障期间数据、降雨期间及降雨前后1 h数据、原始数据缺失超过3%的数据、夜晚摩擦速度低于0.1 m/s的数据。最后，对于缺失的通量数据，采用查找表和平均日变化方法进行插补（Falge et al.，2001）。

按照能量平衡方法，计算青海湖水体的热储量变化：

$$S = R_n - \lambda E - H \quad (4.9)$$

式中，S为湖体热储量变化；R_n为太阳净辐射；λE为潜热通量；H为显热通量。

由于涡动相关系统安装位置距离湖岸较近，为了探究陆地对观测结果的潜在影响，需要对通量数据进行足迹分析。对于Monin-Obukhov稳定度参数介于–200～1，而且摩擦速度≥0.2 m/s的情形，采用Kljun等（2004）的足迹模型进行分析，其他情形均采用Kormann和Meixner（2001）的足迹模型进行分析。结果显示（图4.1）：90%通量来源的平均距离为1474 m，为了排除陆地信息对湖面观测结果的影响，删除来自180°～245°、足迹大于700 m的数据，最终2013/2014年和2014/2015年有效数据的比例分别为77.92%和82.08%。

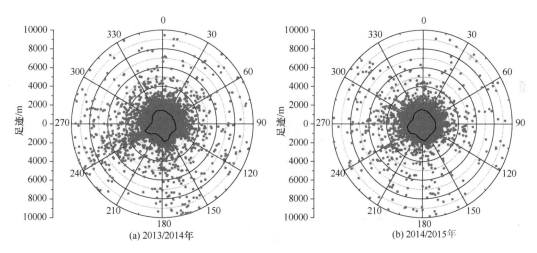

图4.1 青海湖湖面30分钟通量数据足迹分析结果
注：黑线表示每个方向的平均足迹

4.2 湖面微气象特征

研究时段内，青海湖湖面2013/2014年和2014/2015年的降水量分别为325 mm和409 mm（表4.2），低于刚察气象站同期观测结果。2013/2014年青海湖面12 m处年平均气温、大气压、水汽压和风速分别为3.61℃、68.88 kPa、0.52 kPa和3.94 m/s，而2014/2015年相应的数值分别为3.40℃、68.89 kPa、0.52 kPa和4.31 m/s，因此，2014/2015

年比 2013/2014 年湿冷且多风。受湖泊与陆地之间热力性质差异影响,观测点白天盛行东北风和西北风,由湖泊吹向陆地;而夜晚盛行西风和西南风,由陆地吹向湖泊。

表 4.2 青海湖湖面 30 分钟微气象数据统计

微气象参数	平均值		标准差	
	2013/2014 年	2014/2015 年	2013/2014 年	2014/2015 年
降水量/mm	325	409	—	—
气温/℃	3.61	3.40	8.54	7.95
大气压/kPa	68.88	68.89	0.38	0.38
水汽压/kPa	0.52	0.52	0.37	0.33
风速/(m/s)	3.94	4.31	2.98	3.50

观测结果显示,湖面和 0.2 m、0.5 m、1.0 m、2.0 m、3.0 m 深度湖水 5～9 月的平均温度分别为 6.28±8.07℃、7.49±7.50℃、7.50±7.49℃、7.48±7.50℃、7.45±7.49℃和 7.49±7.45℃,表明 3 m 深度范围内没有发生温度跃变。而前人的研究结果显示,观测点所在位置的湖水温度存在跃变层,深度约为 14 m(中国科学院兰州地质研究所等,1979)。不同深度之间的温度差异导致夏天湖水非常稳定,上下层之间热量交换较少,而冬天上下层之间热量交换频繁。

4.3 湖面能量分配特征

青海湖湖面 2013/2014 年平均净辐射为 121.26 W/m^2,显著高于 2014/2015 年(76.53 W/m^2,表 4.3)。两年之间潜热通量基本相同,占同期净辐射的比例分别为 52%和 83%。年平均显热通量非常低,2013/2014 年和 2014/2015 年分别为 12.35 W/m^2 和 8.03 W/m^2。根据能量平衡方程,计算得到 2013/2014 年和 2014/2015 年湖体热储量变化分别为 45.44 W/m^2 和 4.94 W/m^2,二者之间的显著差异可能是因为前者的空气温度显著高于后者,空气与水体之间较大的温度差异促进了能量传输。因此,从年尺度看,青海湖湖面接收的太阳辐射能量主要消耗于水体蒸发,湖体热储量变化对湖面能量分配的影响也较大。

表 4.3 青海湖湖面 30 min 能量分配数据统计

热量分配参数	平均值		标准差	
	2013/2014 年	2014/2015 年	2013/2014 年	2014/2015 年
净辐射/(W/m^2)	121.26	76.53	293.51	271.66
潜热通量/(W/m^2)	63.47	63.56	86.72	104.05
显热通量/(W/m^2)	12.35	8.03	37.40	46.21
湖体热储量变化/(W/m^2)	45.44	4.94	320.36	323.61

青海湖湖面能量分配具有明显的季节变化,总体而言净辐射在夏季最高、冬季最低,研究时段内逐日净辐射介于–32.39～275.66 W/m^2,平均值为 100.91 W/m^2(图 4.2)。潜热通量和显热通量在秋季和冬季早期较高,在冬季晚期和春季早期较低。同时,潜热通量显著高于同期的显热通量,研究时段内逐日潜热通量介于–84.04～318.82 W/m^2,平均

值为 64.33 W/m²；而逐日显热通量介于–47.89～145.31 W/m²，平均值为 12.10 W/m²；潜热通量和显热通量的负值主要出现在春季空气温度高于湖面温度之时。逐日湖体热储量变化介于–429.46～248.94 W/m²，平均值为 24.48 W/m²，湖体热储量变化的总体趋势与净辐射一致，夏季湖体吸收太阳辐射能量，湖水温度不断上升，湖体热储量变化为正，而冬季湖体向外释放热量，湖水温度不断下降，湖体热储量变化为负。逐日净辐射、潜热通量、显热通量之间互相关分析结果显示（图 4.3）：净辐射与 107 天之后潜热通量的相关系数最高，而与 77 天之后显热通量的相关系数最高，表明青海湖水体能量输出（潜热通量和显热通量）的最大值与能量输入（净辐射）的最大值相比存在 2.5～3.5 个月滞后，这主要是由观测点湖水较深、水体比热容很高引起的。

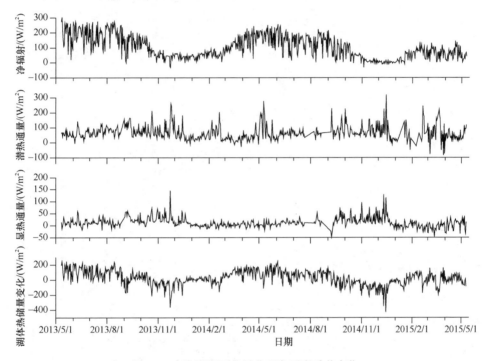

图 4.2　青海湖湖面能量分配各要素季节变化

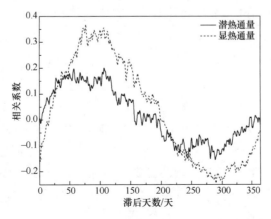

图 4.3　青海湖湖面能量分配互相关分析结果

季节尺度潜热通量、显热通量的变化均与风速、湖面-空气温度差呈现相似的变化趋势，尤其是潜热通量最大值都对应着大风事件、最高的湖面-空气温度差、最低的大气稳定度（图 4.4）。根据 Blanken 等（2003）的定义，本章将日平均潜热通量比 10 天滑动平均潜热通量高 50%以上的时段设定为蒸发脉冲。统计结果显示：2013/2014 年和 2014/2015 年分别有 43 次和 45 次蒸发脉冲，总天数分别为 52 天和 58 天，脉冲期间湖面蒸发量平均分别达到 4.10 mm/d 和 4.00 mm/d，显著高于当年没有发生脉冲期间的湖面蒸发量（1.98 mm/d 和 1.93 mm/d）。2013 年 11 月 1 日～2014 年 3 月 31 日和 2014 年 11 月 1 日～2015 年 3 月 31 日期间，青海湖面累积蒸发量分别为 278.76 mm 和 354.25 mm，其中，蒸发脉冲贡献比例分别为 38%和 40%。

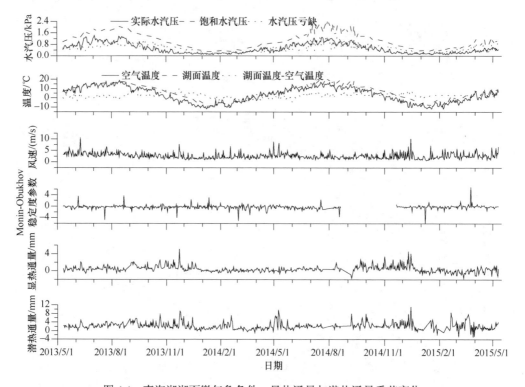

图 4.4　青海湖湖面微气象条件、显热通量与潜热通量季节变化

逐日尺度的净辐射和湖体热储量变化也呈现明显的波动特征，白天为正，夜晚为负；而潜热通量和显热通量的波动不明显，二者的变化与净辐射相比存在明显的滞后（图 4.5）。潜热通量总是高于显热通量，前者的最高值出现在下午而最低值出现在午夜，后者的最高值出现在凌晨而最低值出现在傍晚。

研究时段内白天和夜晚显热通量的平均值分别为 17.05 W/m^2 和 7.07 W/m^2，潜热通量平均值分别为 69.11 W/m^2 和 62.99 W/m^2（表 4.4），因此，夜晚显热通量和潜热通量占全天的比例分别为 29.3%和 47.7%，表明夜晚蒸发对湖面水分损失的贡献很大。另外，潜热通量和显热通量的逐月变化与风速、水汽压亏缺、湖面-空气温度差等呈现较好的一致性。

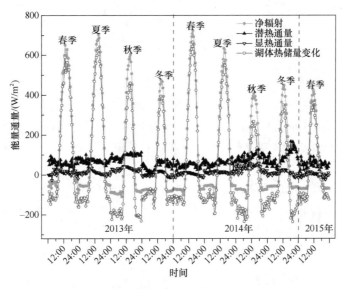

图 4.5 青海湖湖面能量分配各要素逐日变化

表 4.4 青海湖湖面逐月能量分配和微气象条件变化

年	月	显热通量/(W/m²)		潜热通量/(W/m²)		湖面温度−空气温度/℃		水汽压亏缺/kPa		风速/(m/s)	
		白天	夜晚	白天	夜晚	白天	夜晚	白天	夜晚	白天	夜晚
2013	5	14.85	4.28	50.03	64.43	1.15	1.74	0.51	0.54	3.92	3.59
2013	6	14.38	3.64	54.53	64.79	0.71	0.94	0.58	0.61	3.82	4.01
2013	7	18.53	10.65	73.75	66.38	1.69	1.99	0.72	0.72	3.74	3.13
2013	8	6.69	8.15	73.60	83.32	1.52	1.74	0.82	0.87	3.37	3.81
2013	9	31.03	34.47	103.72	85.28	4.23	4.73	0.87	0.89	3.93	3.68
2013	10	32.87	15.65	91.50	68.25	4.16	5.21	0.80	0.83	4.30	4.07
2013	11	42.78	21.82	100.28	104.38	5.46	6.34	0.57	0.59	5.07	5.04
2013	12	27.56	1.86	55.59	39.67	4.40	4.98	0.35	0.36	3.82	3.78
2014	1	9.40	−11.07	37.36	30.76	1.85	−0.13	0.23	0.17	3.41	3.67
2014	2	6.98	−1.96	75.76	32.62	1.80	−0.76	0.23	0.18	3.60	3.65
2014	3	7.68	−5.15	20.61	21.26	0.00	−1.26	0.27	0.27	3.75	3.74
2014	4	7.77	0.19	41.17	36.98	0.72	0.83	0.37	0.39	4.07	3.66
2014	5	5.71	−0.10	80.92	88.92	0.55	0.66	0.52	0.50	5.05	4.66
2014	6	12.81	9.76	60.67	49.98	2.06	1.35	0.68	0.53	3.80	3.42
2014	7	10.84	9.42	59.98	55.75	7.07	−0.66	1.71	0.44	3.51	3.28
2014	8	13.23	11.16	66.73	38.14	7.92	0.50	1.67	0.45	2.89	2.97
2014	9	21.54	23.98	63.95	104.74	5.43	1.98	1.09	0.58	—	—
2014	10	30.77	13.64	84.85	66.39	4.14	3.97	0.75	0.65	—	—
2014	11	42.09	20.60	89.13	70.30	4.76	5.59	0.57	0.57	6.26	5.43
2014	12	42.94	24.86	90.30	82.97	4.15	4.26	0.36	0.34	5.69	4.98
2015	1	5.91	−4.99	52.28	51.31	2.95	2.41	0.24	0.22	3.86	3.08
2015	2	6.72	−12.50	118.79	102.65	3.12	3.16	0.34	0.31	5.39	5.02
2015	3	−3.09	−12.45	70.23	78.91	2.97	3.00	0.43	0.45	4.33	4.32
2015	4	5.34	1.31	40.95	39.29	2.81	2.80	0.53	0.58	5.00	3.84
2015	5	10.85	9.47	71.10	47.19	2.73	2.75	0.60	0.55	5.76	5.57
平均值		17.05	7.07	69.11	62.99	3.13	2.32	0.63	0.50	4.28	4.02

4.4 湖面能量分配影响因素

根据涡动观测结果，2013/2014 年和 2014/2015 年青海湖湖面蒸发量分别为 832.5 mm 和 823.6 mm，分别为同期降水量的 2.5 倍和 2.0 倍。湖面能量分配与微气象条件之间关系的分析结果显示（图 4.6）：潜热通量、显热通量与净辐射之间均不存在显著的相关关系；潜热通量与风速呈现显著正相关关系，而显热通量与风速之间没有显著的相关关系。当水汽压亏缺低于 1.5 kPa 时，潜热通量波动明显，而当水汽压亏缺大于 1.5 kPa 时，潜热通量趋于稳定（约为 100 W/m^2）。当湖面与空气之间的温度差低于 15℃时，显热通量波动明显；而当湖面与空气之间的温度差高于 15℃时，显热通量趋于稳定（约为 13 W/m^2），而这段稳定时期主要出现在夏季。

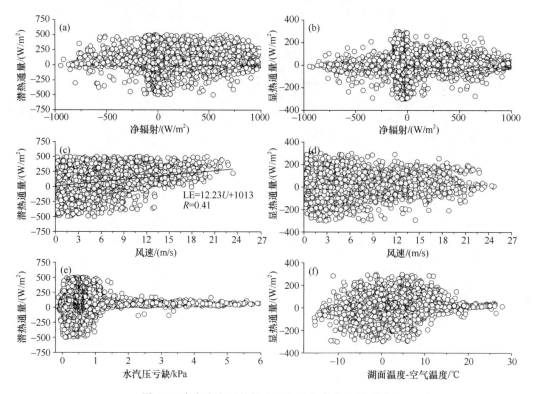

图 4.6 青海湖湖面能量分配与微气象条件的关系

相关分析结果显示（表 4.5）：潜热通量分别与风速、风速和水汽压亏缺乘积呈显著正相关关系，相关系数分别为 0.28 和 0.31。显热通量与除净辐射、Monin-Obukhov 稳定度参数之外的所有微气象参数均呈显著的相关关系，风速和湖面-空气温度差的乘积对其影响最大，相关系数达到 0.43。

从典型日来看，2013 年 11 月 23~25 日干冷气团过境并伴随大风天气，空气温度和潜热通量响应迅速，并与风速呈现相同的变化趋势，但水汽压和显热通量对风速的响应不明显（图 4.7）。这次大风天气共持续约 27 小时，开始 7 小时之内，风速由 1.20 m/s

表 4.5 青海湖湖面能量分配和微气象条件相关关系分析结果

气象参数	潜热通量		显热通量	
	相关系数	显著性水平	相关系数	显著性水平
湖面温度 T_s	0.082	0.03	−0.194	<0.001
空气温度 T_a	0.098	0.013	−0.202	<0.001
T_s-T_a	−0.037	0.199	0.338	<0.001
饱和水汽压 e_s	0.061	0.081	−0.189	<0.001
实际水汽压 e_a	0.086	0.024	−0.186	<0.001
e_s-e_a	0.056	0.101	−0.253	<0.001
风速 U	0.276	<0.001	0.27	<0.001
$U(e_s-e_a)$	0.307	<0.001	0.145	<0.001
$U(T_s-T_a)$	0.032	0.23	0.425	<0.001
稳定度参数	0.056	0.102	−0.038	0.196
净辐射	−0.106	0.008	−0.063	0.077

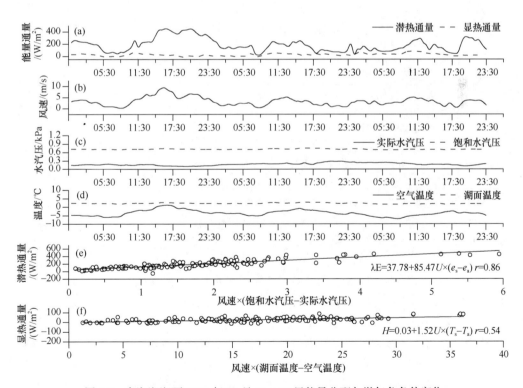

图 4.7 青海湖湖面 2013 年 11 月 23～25 日能量分配与微气象条件变化

上升到 17.55 m/s，空气温度由–4.76℃下降到–10.38℃，水汽压由 0.22 kPa 下降至 0.12 kPa，湖面温度显著高于空气温度，饱和水汽压明显高于实际水汽压，上述因素共同作用极大地增强了潜热通量和显热通量的湍流交换，潜热通量从 126 W/m² 增加到 547 W/m²，显热通量由 23 W/m² 增加到 248 W/m²。这次干冷气团过境过程中，潜热通量与风速和水汽压亏缺的乘积具有较好的线性关系，而显热通量则与风速和湖面-空气温度差的乘积具有较好的线性关系。与干冷气团影响明显不同，2014 年 7 月 18~20 日暖湿气团过境，潜热通量和显热通量分别显著下降了 28%和 90%，并与风速呈现负相关关系（图 4.8）。这次暖湿气团过境对饱和水汽压与湖面温度的影响较大，而对实际水汽压和空气温度的影响较小，潜热通量、显热通量与各气象要素及其组合之间均没有显著的相关关系。

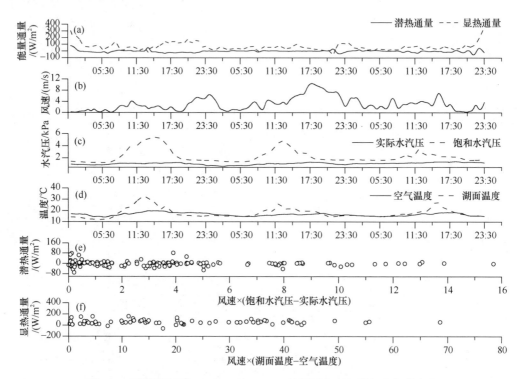

图 4.8　青海湖湖面 2014 年 7 月 18~20 日能量分配与微气象条件变化

为了进一步分析不同性质气团过境对青海湖湖面能量分配的影响，对不同季节不同风向条件下的潜热通量、显热通量和微气象条件进行统计，结果显示（图 4.9）：西北风主要与干冷气团相对应，东南风主要与暖湿气团相对应。西北风影响下的潜热通量和显热通量均显著高于东南风影响下的相应数值，二者的最大值都出现在秋季，而最小值均出现在夏季。两种气团对湖面-空气温度差和水汽压亏缺的影响在不同季节存在差异，东南风减小了春季湖面与空气之间的温度差异，相应的这段时期潜热通量和显热通量均为负值；而秋季的大风促使潜热通量显著增加。

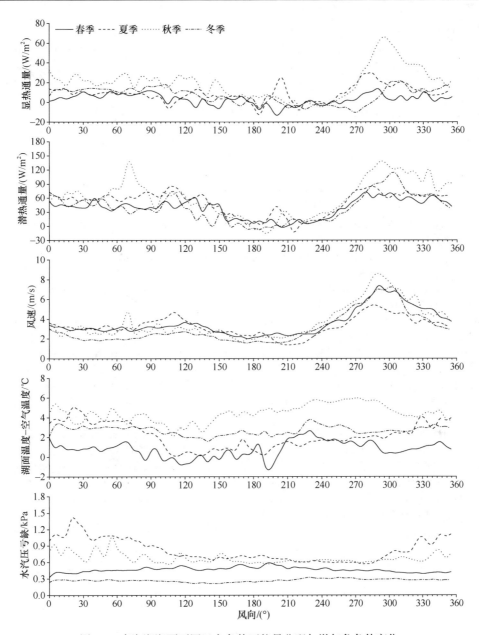

图 4.9 青海湖湖面不同风向条件下能量分配与微气象条件变化

4.5 小　　结

本章利用涡动相关技术研究了青海湖水体的水热交换特征,测算了湖面的蒸发量,主要结论如下。

1) 青海湖湖面净辐射夏季最高、冬季最低,湖体在夏季吸收太阳辐射,热储量变化数值为正,而在冬季不断向大气中释放热量,热储量变化数值为负。潜热通量和显热通量均在秋季和冬季早期最高、在冬季后期和春季早期最低,受青海湖水体热量调节的影响，湖体热量输出与输入相比存在 2~3 个月的滞后。

2）青海湖面 2013 年 5 月~2015 年 5 月的年平均蒸发量为 828 mm，夜间蒸发量占全天蒸发总量的 47.7%，湖面水热交换受风速、湖面与空气之间温度差的影响显著，干冷的西风气流能够显著增加湖面蒸发，而暖湿的东南季风气流则对湖面蒸发产生抑制作用，大风期间的湖面蒸发速率显著高于非大风期间。

参 考 文 献

中国科学院兰州地质研究所, 中国科学院水生生物研究所, 中国科学院微生物研究所, 等. 1979. 青海湖综合考察报告. 北京: 科学出版社.

Blanken P D, Rouse W R, Schertzer W M. 2003. Enhancement of evaporation from a large northern lake by the entrainment of warm, dry air. Journal of Hydrometeorology, 4: 680-693.

Cui B L, Li X Y. 2015. Stable isotopes reveal sources of precipitation in the Qinghai Lake Basin of the northeastern Tibetan Plateau. Science of the Total Environment, 527-528: 26-37.

Falge E, Baldocchi D D, Olson R, et al. 2001. Gap filling strategies for defensible annual sums of net ecosystem exchange. Agricultural and Forest Meteorology, 107: 43-69.

Kljun N, Calanca P, Rotach M W, et al. 2004. A simple parameterisation for flux footprint predictions. Boundary-Layer Meteorology, 112: 503-523.

Kormann R, Meixner F X. 2001. An analytical footprint model for non-neutral stratification. Boundary-Layer Meteorology, 99: 207-224.

Li X Y, Ma Y J, Huang Y M, et al. 2016. Evaporation and surface energy budget over the largest high-altitude saline lake on the Qinghai-Tibet Plateau. Journal of Geophysical Research: Atmospheres, 121: 10470-10485.

Li X Y, Xu H Y, Sun Y L, et al. 2007. Lake-level change and water balance analysis at Lake Qinghai, west China during recent decades. Water Resources Management, 21(9): 1505-1516.

Liu S M, Xu Z W, Zhu Z L, et al. 2013. Measurements of evapotranspiration from eddy-covariance systems and large aperture scintillometers in the Hai River Basin, China. Journal of Hydrology, 487: 24-38.

Qin B Q, Huang Q. 1998. Evaluation of the climatic change impacts on the inland lake-a case study of lake Qinghai, China. Climatic Change, 39: 695-714.

第 5 章 流域水文循环特征和水量转换

5.1 研究方法

5.1.1 样品采集及测试

1. 大气降水样品采集

在青海湖流域均匀布置降水采样点 14 处（附图 7），应用 GPS 记录采样点信息（经纬度、海拔高度、坡度、坡向等）。利用球封式装置采集降水样品，采样器上用漏斗收集降水，漏斗中放置乒乓球防止水分蒸发。降水时漏斗中的乒乓球浮起，使水流进采样器，没有降水时乒乓球落下盖住漏斗底部。每月收放一次采样器，取水时测量降水量，并将降水样品转移到 100 mL 塑料水样瓶内，采用 PARAFILM 封口膜封口，防止蒸发或外漏。如若降水为雪或冰雹，则将雪或冰雹装入塑封袋中，在室温下融化后测量降水量，并转移到水样瓶封口保存。2009 年 7 月～2010 年 6 月期间，共收集降水样品 124 个，包含 75 个降雨样品和 49 个雪或雨夹雪样品。

2. 河水样品采集

在青海湖流域主要河流的干支流上布置河水采集点 38 处（附图 7），应用 GPS 记录采样点信息（经纬度、海拔、干支流名称等）。采样时将取样器置于距河岸 5～10 m 的流动水面 20 cm 以下采集河水，现场记录 pH、电导率（EC）、水温等。水样通过孔径为 0.45 μm 的滤膜过滤后分别存入 100 mL 和 500 mL 高密度聚乙烯瓶，用 PARAFILM 封口膜封口，防止蒸发或外漏，采样时利用现场滴定方法测定 HCO_3^- 的含量。其中，100 mL 样品用于氢氧稳定同位素测试，500 mL 样品用于水化学组分测试，收集的样品在测试前采用 4℃低温保存。2009 年 7 月在整个流域共采集 38 个河水样品，2009 年 7 月～2010 年 6 月，在主要河流入湖口处（A1、B1、C1、D1、E1、F1、G1 处）于每月（采样时间与降水样品采集同期）采集河水样品进行同位素特征分析，用于探究河水对青海湖的补给特征。

3. 环湖地下水样品采集

在环青海湖地区布置地下水采集点 5 处（附图 7），应用 GPS 记录采样点信息（经纬度、海拔、井深等）。地下水样品采集前首先对采样井进行连续抽水，应用多参数便携式水质监测仪测试水体 pH、电导率后进行取样。水样通过孔径为 0.45 μm 的滤膜过滤后分别存入 100 mL 和 500 mL 高密度聚乙烯瓶，用 PARAFILM 封口膜封口，防止蒸发或外漏，现场记录 pH、电导率、水温和水位，并利用现场滴定方法测定 HCO_3^- 的含量。

100 mL 用于氢氧稳定同位素测试，500 mL 用于水化学组分测试，收集的样品在测试前采用 4℃低温保存。每月采集一次（采样时间与降水样品采集同期），2009 年 7 月～2010 年 6 月共收集地下水样品 60 个。

4. 湖水样品采集

在青海湖及周边小湖泊均匀布置湖水采样点 8 处（附图 7），其中，在青海湖内布置 5 处，在海晏湾、尕海、耳海 3 个子湖泊各布置 1 处，应用 GPS 记录采样点信息（经纬度、海拔、采样位置等）。采样时将取样器置于距湖岸 5～10 m 的水面 20 cm 以下采集湖水，现场记录 pH、电导率、水温等，并利用现场滴定方法测定 HCO_3^- 的含量。水样通过孔径为 0.45 μm 的滤膜过滤后分别存入 100 mL 和 500 mL 高密度聚乙烯瓶，用 PARAFILM 封口膜封口，防止蒸发或外漏。100 mL 用于氢氧稳定同位素测试，500 mL 用于水化学组分测试，收集的样品在测试前采用 4℃低温保存。每月采集一次（采样时间与降水样品采集同期），2009 年 7 月～2010 年 6 月共收集湖水样品 68 个。

5. 样品同位素及水化学测试

氢氧稳定同位素在中国科学院地质与地球物理研究所水同位素与水岩反应实验室采用 Picarro L1102-i 液态水同位素分析仪测定，以 VSMOW 作为标准，δ^2H 和 $\delta^{18}O$ 的测试精度分别为±0.5‰和±0.1‰。水化学离子含量在北京核工业地质分析测试中心测试，阳离子采用 Leeman Labs Profile 单道扫描等离子发射光谱仪 ICP-AES 测定，测试误差在 2%以内；阴离子采用 Dionex-600 离子色谱仪测定，平均重复抽样误差为 0.5%～1%。

5.1.2 分析计算

1. 水样品氢氧稳定同位素 δ 值

在自然界中，稳定同位素组成的变化很小，因此，一般用 δ 值来表示元素的同位素含量。δ 值是指样品中两种稳定同位素的比值相对于标准样品同位素比值的千分差值，即

$$\delta‰ = \frac{R_{样品} - R_{标准}}{R_{标准}} \times 1000 \tag{5.1}$$

式中，R 为同位素比值，表示采集样品和标准样品中稳定氢同位素（$^2H/^1H$）或稳定氧同位素（$^{18}O/^{16}O$）的比例。

2. 氘盈余（d-excess）计算

$$d = \delta^2H - 8\delta^{18}O \tag{5.2}$$

式中，d 为氘盈余；δ^2H 为氢稳定同位素值；$\delta^{18}O$ 为氧稳定同位素值。

3. 同位素年值特征

$$\bar{\delta}_W = \sum_{i=1}^{n} P_i \delta_i / \sum_{i=1}^{n} P_i \tag{5.3}$$

式中，$\bar{\delta}_W$ 为 δ^2H 或 $\delta^{18}O$ 的年特征值；δ_i 为每月降水中的 δ^2H 或 $\delta^{18}O$ 值；P_i 为月降水量，$i=1,2,3,\cdots,12$。

4. 湖面蒸发水汽对流域降水的贡献模型

应用氘盈余的二元混合模型，结合上风向 GNIP 站点的降水同位素数据，计算青海湖湖面蒸发对流域降水的贡献率（Kong et al.，2013）。

$$f_c = \frac{d_c - d_{adv}}{d_{evap} - d_{adv}} \tag{5.4}$$

式中，f_c 为湖面蒸发水汽对流域降水的贡献比例；d_c 为降水中的氘盈余（去除云下蒸发）；d_{adv} 和 d_{evap} 分别为上风向水汽和湖面蒸发水汽中的氘盈余（Kong et al.，2013）。蒸发水汽 d_{evap} 通过 Craig-Gordon 模型计算（Craig and Gordon，1965）：

$$\delta_E = \frac{\alpha\delta_L - h\delta_A - \varepsilon}{1 - h + \Delta\varepsilon} \tag{5.5}$$

式中，α 为瑞利分馏系数；δ_L 和 δ_A 分别为当地地表水体（湖水）和大气水汽中稳定同位素的含量；h 为水面大气相对湿度；ε 为总的富集系数，包括平衡富集系数 ε^* 和动力富集系数 $\Delta\varepsilon$。瑞利分馏系数 α 与温度（T）的关系可用下式来描述。

$$\alpha(^{18}O) = e^{1.137T^{-2}\times10^3 - 0.4156T^{-1} - 2.0667\times10^{-3}} \tag{5.6}$$

$$\alpha(^2H) = e^{24.844T^{-2}\times10^3 - 76.248T^{-1} + 52.612\times10^{-3}} \tag{5.7}$$

$$\Delta\varepsilon(^{18}O) = 14.2(1-h)\text{‰} \tag{5.8}$$

$$\Delta\varepsilon(^2H) = 12.5(1-h)\text{‰} \tag{5.9}$$

$$\delta_A = \delta_P - \varepsilon^* \tag{5.10}$$

$$\varepsilon = \varepsilon^* + \Delta\varepsilon \tag{5.11}$$

$$\varepsilon^* = \begin{cases} \alpha - 1 \text{ 或 } 1 - \dfrac{1}{\alpha} & \alpha > 1 \\ 1 - \alpha \text{ 或 } \dfrac{1}{\alpha} - 1 & \alpha < 1 \end{cases} \tag{5.12}$$

5. 河川径流分割模型

河川径流分割采用同位素和水化学质量守恒法，例如应用环境同位素（^2H 和 ^{18}O）、氯离子浓度和电导率等（Ryu et al.，2007；Kong and Pang，2012），计算公式为

$$Q_t = \sum_{m=1}^{n} Q_m \tag{5.13}$$

$$Q_t \cdot C_t^j = \sum_{m=1}^{n} Q_m \cdot C_m^j \tag{5.14}$$

式中，Q_t 为总径流量；Q_m 为第 m 个组分的径流量；C_t^j 为总径流中 j 示踪剂浓度；C_m^j 为第 m 个组分的 j 示踪剂浓度。

6. 地下水补给高程

$$H = \frac{\delta_G - \delta_P}{K} + h \tag{5.15}$$

式中，H 为补给高度；δ_G 和 δ_P 分别为地下水（泉水）和本地大气降水的 $\delta^{18}O$（或 δ^2H）值；K 为大气降水 $\delta^{18}O$（或 δ^2H）值的高程效应梯度；h 为取样点（井、泉）海拔。

7. 湖泊水量平衡

对于一个湖泊，水量平衡方程为

$$\frac{dV}{dt} = I_S + I_G + P - O_S - O_G - E \tag{5.16}$$

式中，V 为湖泊体积；I_S、I_G、O_S 和 O_G 分别为地表径流流入量、地下径流流入量、地表径流流出量和地下径流流出量；P 为湖面降水量；E 为湖面蒸发量。

在稳定情况下，湖水稳定同位素质量平衡方程可以写成（Gat and Carmi, 1970）：

$$\frac{d(\delta_L V)}{dt} = \delta_{IS} I_S + \delta_{IG} I_G + \delta_P P - \delta_{OS} O_S - \delta_{OG} O_G - \delta_E E \tag{5.17}$$

式中，δ_L、δ_{IS}、δ_{IG}、δ_P、δ_{OS}、δ_{OG} 和 δ_E 分别为湖水、地表径流流入水、地下径流流入水、湖面降水、地表径流流出水、地下径流流出水和湖面蒸发水汽同位素的比率。

在湖水充分混合的情况下，式（5.17）中地下径流流出水和地表径流流出水的同位素组分与湖水的同位素组分相等（$\delta_L = \delta_{OS} = \delta_{OG}$）。同时，如果湖泊系统的水文学要素或同位素组成处于稳定状态，即有 $d\delta_L/dt = 0$，$dV/dt = 0$，则上式可以简化为

$$I_S + I_G + P - O_S - O_G - E = 0 \tag{5.18}$$

$$\delta_{IS} I_S + \delta_{IG} I_G + \delta_P P - \delta_L O_S - \delta_L O_G - \delta_E E = 0 \tag{5.19}$$

联合两式可以求解出任何两个变量，例如在其他变量都已知，或者可用长期平均值代替时，可以通过如下方程求解 I_G 和 O_G：

$$I_G = I_S \left(\frac{\delta_{IS} - \delta_L}{\delta_L - \delta_{IG}} \right) + P \left(\frac{\delta_P - \delta_L}{\delta_L - \delta_{IG}} \right) + E \left(\frac{\delta_L - \delta_E}{\delta_L - \delta_{IG}} \right) \tag{5.20}$$

$$O_G = I_S + I_G + P - O_S - E \tag{5.21}$$

8. 流域水量平衡

$$\Delta V = P_{陆} + P_{湖} - E_{陆} - E_{湖} \tag{5.22}$$

$$\Delta V_{陆} = P_{陆} - O_S - O_G - E_{陆} \tag{5.23}$$

式中，ΔV、$\Delta V_{陆}$ 分别为青海湖流域和流域内陆地上的储水量变化；P、$P_{陆}$、$P_{湖}$ 分别为青海湖流域、流域内陆地和湖面上的降水量；E、$E_{陆}$、$E_{湖}$ 分别为青海湖流域、流域内陆地和湖面上的蒸发量；O_S 和 O_G 分别为陆地上通过地表径流和地下径流流入青海湖的水量。在长期平均情况下，ΔV 表现为青海湖水量变化，$\Delta V_{陆}$ 为 0。

5.2 流域水文空间格局

水汽团由低海拔向高海拔运移过程中，绝热冷凝（通过扩散）时出现地形降水，从而使得降水量随地形变化存在一定的规律性。2009 年 7 月～2010 年 6 月获取的降水数据与各站点海拔之间的关系显示（图 5.1）：降水量的高程效应为 0.029 mm/m（显著性水平在 0.001 以上），即随着海拔增加，降水量逐渐增加，增加幅度为 2.9 mm/100 m。

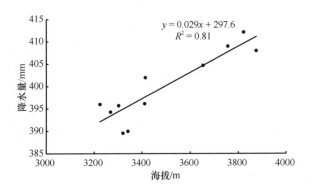

图 5.1 青海湖流域降水量与海拔的关系

根据青海湖流域 1∶5 万 DEM 对流域内不同海拔的面积进行统计，并结合降水量与海拔的关系，获得青海湖流域 2009 年 7 月～2010 年 6 月的降水空间分布，该段时间内青海湖流域总降水量为 120.52 亿 m³。根据同时期观测的降水量和青海湖面积数据，计算得到湖面上的降水量为 16.20 亿 m³，由此可知青海湖流域陆地上的降水量为 104.32 亿 m³。

5.3 大气降水同位素特征及水汽来源

大气降水是自然界水循环中的一个重要环节，大气降水稳定同位素组成特征研究是利用同位素技术研究全球及局地水循环的前提，对于深入了解水循环过程具有重要意义。水体在相变过程中稳定同位素发生分馏，使得大气降水中的 ^2H 和 ^{18}O 不仅受大尺度气候变化的影响，而且还受局地微气象和地理条件的影响，其组成在时间和空间上呈现出一定的规律性，从而使得降水中的 ^2H 和 ^{18}O 成为自然界水循环的天然示踪剂。

青海湖流域位于亚欧大陆腹地、青藏高原东北部，地处东亚季风区、西北部干旱区和青藏高原高寒区的交汇地带，降水的水汽来源复杂。冬季盛行干冷的西北气流，降水少；夏季，其受西太平洋副热带高压位置和强度控制，来自西太平洋的东南暖湿气流对西北地区的影响在年际和季节上的变化十分明显（王宝鉴等，2004；王可丽等，2006）；由于青藏高原的阻隔，来自印度洋的西南海洋气流很难到达青海湖流域。同时，青海湖对整个流域产生一定的湖泊效应，多种因素交互影响使得青海湖流域降水来源及其时空分布复杂多样。因此，借助于同位素手段对降水水汽来源及输送规律进行研究，有利于明晰青海湖流域的水循环特征。

5.3.1 大气降水同位素特征

青海湖流域大气降水中的 δ^2H 介于–180.80‰~–11.54‰，平均值为–77.15‰；$\delta^{18}O$ 介于–24.40‰~–2.80‰，平均值为–11.72‰。二者均处于我国大气降水氢氧稳定同位素的波动范围之内（我国大气降水中 δ^2H 分布范围为–280.0‰~24.0‰，$\delta^{18}O$ 分布范围为–35.5‰~2.5‰（Tian et al.，2001））。大气降水中 δ^2H 和 $\delta^{18}O$ 的关系构成青海湖流域的本地大气降水线（LMWL），如图 5.2 所示，这条大气降水线略微偏离全球大气降水线（GMWL），主要因为局地环流系统在时空尺度上的水汽来源和蒸发模式不同。青海湖流域降水线斜率与青海湖湖区降水拟合的大气降水线 [$\delta^2H=7.30\delta^{18}O+18.70$（中国科学院兰州分院和中国科学院西部资源环境研究中心，1994）]、我国西北地区大气降水线 [$\delta^2H=7.05\delta^{18}O–2.17$（柳鉴容等，2008）]，以及我国西部大气降水线 [$\delta^2H=7.56\delta^{18}O+5.05$（黄天明等，2008）] 相近，均低于全球大气降水线的斜率，表明流域内的降水过程受到了二次蒸发的影响，即内陆干旱区空气湿度低，雨滴在降落过程中产生蒸发，发生部分分馏，致使大气降水线斜率变小。

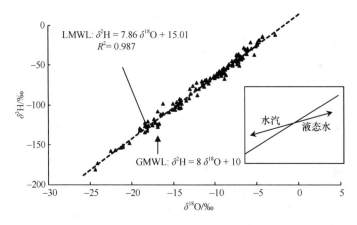

图 5.2　青海湖流域大气降水氢氧稳定同位素及本地大气降水线

δ^2H 和 $\delta^{18}O$ 在时间上的分布规律相似，均呈现 1~7 月逐渐富集，7~12 月逐渐贫化（图 5.3）。对比刚察气象站和天峻气象站的气温资料显示，同位素与气温的变化趋势一致，表明青海湖流域内大气降水氢氧稳定同位素存在较强的温度效应，这在我国西部的德令哈、乌鲁木齐和张掖等地及亚洲中部其他干旱地区的降水中均较明显（Tian et al.，2007；Yu et al.，2008；柳鉴容等，2008）。

氘盈余（d）定义为大气降水线斜率（$\delta^2H/\delta^{18}O$）为 8 时的截距值，任何降水的 d 值计算为 $d=\delta^2H–8\delta^{18}O$（Dansgaard，1964）。$d$ 值主要受水汽来源地水体蒸发时周围空气相对湿度的影响，风速和水体表面温度等对 d 值的影响相对较小，大部分陆地上降水的氘盈余接近 10‰。图 5.2 右下角插图显示了水体蒸发后剩余部分和蒸发水汽中的氢氧稳定同位素组分特征，蒸发水汽位于原水体的左下方，剩余部分位于原水体的右上方。

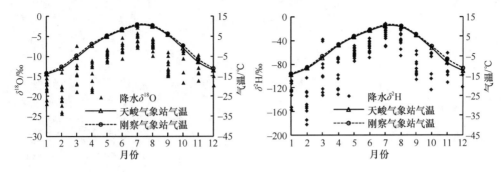

图 5.3 青海湖流域大气降水同位素年内变化

青海湖流域大气降水点大部分位于全球大气降水线的左上方，各点降水的氘盈余在 4.38‰~24.27‰（图 5.4），只有少量的降水 d 值小于 10‰。与东地中海、里海、咸海和美国五大湖地区的降水氘盈余相似，其主要原因是大面积地表水体蒸发水汽与大气水汽（上风向水汽）混合参与降水过程（Kreutz et al.，2003）。由此表明，青海湖流域内的降水受到青海湖湖面蒸发水汽的影响，其降水来源和降水条件较为复杂。

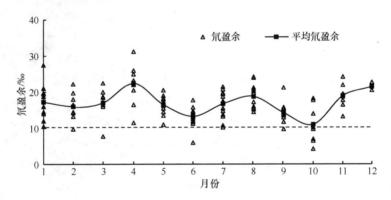

图 5.4 青海湖流域大气降水的氘盈余特征

5.3.2 大气降水同位素地理效应

1. 高程效应

高程（高度）效应，指在地形起伏较大的地区，当水汽团从地面升起发生绝热冷凝（通过扩散）时都会出现地形降水，从而使得大气降水的 $\delta^{18}O$ 和 $\delta^{2}H$ 值随着高程增加而降低（Bortolami et al.，1979）。青海湖流域大气降水中 $\delta^{18}O$ 与高程的关系显示（表 5.1），在年尺度上，降水同位素 $\delta^{18}O$ 的高程效应较显著，表明青海湖流域降水中的 ^{18}O 随海拔升高而逐渐贫化，贫化幅度为 –0.2‰/100 m，即海拔每升高 100 m，降水中的 ^{18}O 贫化 –0.2‰，与天山地区和全球降水同位素的高程效应相近（Pang et al.，2011；Bowen and Wilkinson，2002）。从年内各月降水中 $\delta^{18}O$ 与高程之间的关系来看，除 8 月以外，各月降水均表现出高程效应，其中 1 月、3 月、5 月和 9 月降水 $\delta^{18}O$ 的高程效应显著性水平在 0.02 以上。

表 5.1　青海湖流域大气降水中 $\delta^{18}O$ 的高程效应

时间尺度	方程	样点数	R^2	显著性水平
全年	$\delta^{18}O = -0.002\ \text{Alt} - 1.03$	14	0.430	$p<0.01$
1月	$\delta^{18}O = -0.0066\ \text{Alt} + 4.53$	10	0.470	$p<0.02$
2月	$\delta^{18}O = -0.00001\ \text{Alt} - 20.21$	10	0.000	—
3月	$\delta^{18}O = -0.014\ \text{Alt} + 34.36$	9	0.479	$p<0.02$
4月	$\delta^{18}O = -0.005\ \text{Alt} + 2.90$	10	0.175	
5月	$\delta^{18}O = -0.003\ \text{Alt} + 0.61$	14	0.484	$p<0.01$
6月	$\delta^{18}O = -0.0018\ \text{Alt} - 1.73$	14	0.098	—
7月	$\delta^{18}O = -0.001\ \text{Alt} - 1.99$	14	0.027	
8月	$\delta^{18}O = 0.0018\ \text{Alt} - 13.66$	13	0.130	
9月	$\delta^{18}O = -0.0056\ \text{Alt} + 6.76$	12	0.419	$p<0.02$
10月	$\delta^{18}O = -0.0051\ \text{Alt} + 6.99$	8	0.154	
11月	$\delta^{18}O = -0.0009\ \text{Alt} - 9.87$	8	0.008	
12月	$\delta^{18}O = -0.0069\ \text{Alt} + 7.11$	2	—	

2. 青海湖效应

青海湖效应指青海湖水面不断蒸发,湖面上空形成的云汽团在向四周高海拔山区运移过程中,不断形成降水,每次降水都会形成重同位素优先凝结,造成大气降水中的 $\delta^{18}O$ 和 δ^2H 值由青海湖向四周山区越来越低。本章应用各降水采样点到青海湖中心的距离作为青海湖效应的衡量标准,即伴随距离增加,降水中的稳定同位素逐渐贫化。

11月至翌年3月,青海湖湖面结冰封冻,湖面蒸发对降水的贡献较弱,因此,主要分析 4～10 月降水中同位素的青海湖效应(表 5.2)。青海湖流域大气降水中 $\delta^{18}O$ 的湖泊效应在 4～10 月非常显著,表明随着与青海湖的距离增加,降水的 $\delta^{18}O$ 逐渐贫化,贫化幅度为 –0.0116‰/km。从年内各月降水的 $\delta^{18}O$ 与距离之间的关系来看,5月、6月和 10月降水 $\delta^{18}O$ 的湖泊效应显著性水平均在 0.05 以上。以上结果显示青海湖效应在流域内大气降水中表现明显,即青海湖使流域内呈现明显的区域小气候特点,甚至使流域形成相对独立的区域水循环系统,说明在青海湖流域的水循环研究中,青海湖湖面蒸发不仅是重要的水分支出项,其对流域内大气降水的影响也不可忽视。

表 5.2　青海湖流域大气降水中 $\delta^{18}O$ 的青海湖效应

时间尺度	方程	样点数	R^2	显著性水平
全年	$\delta^{18}O = -0.0116\ \text{Dis} - 7.65$	14	0.510	$p<0.01$
4月	$\delta^{18}O = -0.0221\ \text{Dis} - 12.63$	10	0.181	
5月	$\delta^{18}O = -0.0132\ \text{Dis} - 8.53$	14	0.428	$p<0.01$
6月	$\delta^{18}O = -0.0144\ \text{Dis} - 6.65$	14	0.277	$p<0.05$
7月	$\delta^{18}O = -0.0058\ \text{Dis} - 4.97$	14	0.040	
8月	$\delta^{18}O = 0.0054\ \text{Dis} - 7.77$	13	0.051	
9月	$\delta^{18}O = -0.0216\ \text{Dis} - 10.85$	12	0.246	
10月	$\delta^{18}O = -0.0445\ \text{Dis} - 6.73$	8	0.530	$p<0.02$

5.3.3 青海湖流域大气降水来源

美国国家环境预报中心/美国国家大气研究中心（NCAR/NCEP）的再分析数据可还原过去时段不同位势高度的风速、风向、相对湿度和可降水量等，其空间分辨率为 2.5°×2.5°（资料来源：http://www.cdc.noaa.gov/cdc/reanalysis/）。利用 NCAR/NCEP 的再分析数据，再现 2009 年 7 月~2010 年 6 月青海湖及周边地区 600 hPa 位势高度的月平均风速风向场、湿度场和可降水量，辨析青海湖流域大气降水的水汽来源和运移路径，结合降水中氢氧稳定同位素的时空变化特征揭示流域大气降水来源。结果显示（附图8）：10 月~翌年 5 月，青海湖流域及周边地区气流主要受控于西风环流，同时期的相对湿度（小于 2 g/kg）和可降水量（小于 5 kg/m^2）均很低，主要因为此时段青藏高原 80°~90°E 形成高压脊中心，干冷空气从高原向北、东和南 3 个方向运移（Araguás-Araguás et al., 1998）。7~8 月青海湖流域上空气流受控于东亚季风，主要因为此时段青藏高原 70°~80°E 形成低压中心，致使来源于海洋上空的湿热水汽向青藏高原运移，从而在青海湖流域及周边地区上空产生相对较高的湿度和可降水量（附图9）。6 月和 9 月东亚季风与西风交替控制青海湖流域上空水汽，6 月东亚季风增强、西风减弱，9 月则相反。同时，受到唐古拉山的阻挡，西南季风携带的印度洋水汽无法到达青藏高原北部。

为了更准确地分辨青海湖流域大气降水水汽来源，选取不同季风区内 GNIP 站点的降水同位素进行对比分析（图 5.5）。选取的站点中香港和长沙位于研究区的东南方向，受控于东南季风；拉萨位于研究区的西南方向，湿季受控于西南季风，干季受控于西风；乌鲁木齐和张掖位于研究区的西北和北部方向，受控于西风；兰州位于研究区的东南方向，湿季受控于东南季风，干季受控于西风。香港和长沙夏秋季节降水 $\delta^{18}O$ 相对贫化，冬春季节降水 $\delta^{18}O$ 相对富集，原因在于冬季降水水汽主要来源于近海域和本地的蒸发水汽，而夏季温度高、降水量大，水汽受季风影响主要来源于较远海域的蒸发水汽（Xie et al., 2011）。拉萨夏季降水水汽主要来源于西南季风携带的印度洋水汽，水汽在运移过程中因山体抬升作用在喜马拉雅山南侧产生大量降水，沿运移路径降水 $\delta^{18}O$ 逐渐贫化，导致拉萨夏季降水中 $\delta^{18}O$ 相对较低（Tian et al., 2007），而在西风控制时段，拉萨的冬季降水较少，降水中 $\delta^{18}O$ 相对富集。乌鲁木齐和张掖降水中的 $\delta^{18}O$ 与气温变化呈正相关，表现为夏季相对富集，冬季相对贫化（Yao et al., 2013）。

10 月~翌年 5 月，青海湖流域降水中 $\delta^{18}O$ 与乌鲁木齐、张掖、拉萨和兰州大气降水中 $\delta^{18}O$ 的变化趋势相似，此时间段各站点降水受控于西风。6~8 月青海湖流域降水中 $\delta^{18}O$ 与香港和长沙降水中 $\delta^{18}O$ 的变化趋势相似，主要受控于东南季风。与之相反，青海湖流域降水中的 $\delta^{18}O$ 在 6~9 月与受控于西南季风的拉萨降水相反，在 9 月~翌年 5 月与受控于东亚季风的香港和长沙降水相反，因此，各站点降水 $\delta^{18}O$ 的对比结果与 NCEP/NCAR 再分析数据结果相吻合，表明青海湖流域的降水水汽 6~8 月受控于东南季风，9 月~翌年 5 月受控于西风，因唐古拉山阻挡，流域降水不受西南季风影响。另外，青海湖流域降水中氘盈余在 4~10 月明显高于长沙、兰州、乌鲁木齐和张掖，加之流域降水 $\delta^{18}O$ 的湖泊效应显著，说明青海湖水面蒸发水汽与流域大气水汽混合形成降水，且蒸发水汽对流域降水的贡献不可忽视（Kreutz et al.，2003）。

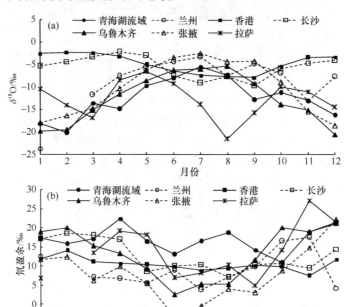

图 5.5　青海湖流域及相关站点降水中 $\delta^{18}O$ 及氘盈余年内变化特征

5.3.4　青海湖水面蒸发对流域降水的贡献

11 月～翌年 3 月，青海湖处于封冻期，因此，湖面蒸发计算时间段为 4～10 月。采用氘盈余的二元混合模型计算青海湖湖面蒸发对流域降水的贡献率，其中，4 月、5 月、9 月和 10 月（受控于西风）上风向降水的氘盈余采用张掖站降水氘盈余值，6～8 月（受控于东南季风）上风向降水氘盈余采用兰州站降水氘盈余值。湖面蒸发水汽的氘盈余采用 Craig-Gordon 模型计算，其他气象数据来源于刚察气象站。

降水过程中的云下蒸发会降低所测降水中的氘盈余，特别是在干旱区。Froehlich 等（2008）通过模型估算了云下蒸发对雨滴降落过程中 $\delta^{2}H$ 和 $\delta^{18}O$ 的影响程度，并对真实降水中的氘盈余进行了修正。由于青海湖流域内缺乏较全面的气象参数（流域内仅有两个气象站点），该模型无法在青海湖流域进行应用。但青海湖流域内降水中的氘盈余与高程存在很好的相关性（表 5.3），特别是 6～8 月，表现为高海拔地区的降水氘盈余值也相对较高（图 5.6），说明青海湖流域夏季降水的云下蒸发程度伴随海拔升高而逐渐降低。同时，当海拔大于 3700 m 以后，降水中氘盈余变化微弱，即由于高海拔处温度低、湿度大，云下蒸发对青海湖流域降水中氘盈余的影响可以忽略不计。这种现象在阿尔卑斯山区海拔高于 1600 m 的地区也存在，云下蒸发对降水中氘盈余的影响小于 1%（Froehlich et al.，2008）。因此，6～8 月降水中氘盈余值采用海拔高于 3700 m 的 3 个站点氘盈余的平均值。而在 4 月、5 月、9 月和 10 月，降水中的氘盈余与海拔相关性不明显，各方程的斜率明显小于夏季降水中氘盈余与海拔高度的方程；同时，这 4 个月气温均低于5℃，各月云下蒸发对降水中氘盈余的影响可以忽略不计，整个流域降水中氘盈余值采用各站点降水中氘盈余的平均值。

表 5.3 青海湖流域大气降水中氘盈余与高程的关系

月份	方程	样点数	R^2	显著性水平
4	$d = 0.0008\ \text{Alt} + 19.69$	10	0.001	—
5	$d = 0.0048\ \text{Alt} - 0.07$	14	0.213	—
6	$d = 0.0069\ \text{Alt} - 11.04$	14	0.364	$p<0.01$
7	$d = 0.0082\ \text{Alt} - 11.73$	14	0.261	$p<0.05$
8	$d = 0.0123\ \text{Alt} - 23.94$	13	0.773	$p<0.001$
9	$d = 0.0037\ \text{Alt} + 1.46$	12	0.094	—
10	$d = 0.0058\ \text{Alt} + 31.75$	8	0.084	—

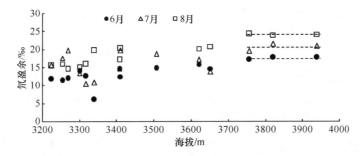

图 5.6 青海湖流域 6~8 月大气降水氘盈余与海拔的关系

基于氘盈余二相混合模型的计算结果，在月尺度上，青海湖水面蒸发对流域降水的贡献率介于 3.03%（10月）~37.93%（8月），夏季较高（表 5.4）。结合每月的降水量，计算得到青海湖水面蒸发对流域降水的年贡献率平均为 23.42%，贡献的降水量约为 90.54 mm/a。计算结果与其他湖泊区域的相关研究结果相近（表 5.5），说明大量的青海湖面蒸发水汽与流域大气水汽混合形成降水，并导致降水中的氘盈余值升高。

表 5.4 青海湖水面蒸发对流域降水的贡献

时间段	4月	5月	6月	7月	8月	9月	10月	4~10月
贡献率/%	16.32	14.59	12.96	24.03	37.93	26.87	3.03	23.42
贡献量/mm	0.46	7.41	7.45	26.62	34.29	13.86	0.45	90.54
月降水量/mm	2.80	50.80	57.50	110.80	90.40	51.60	14.70	2.80

表 5.5 类似区域水面蒸发对局地降水的贡献

研究区	贡献率/%	数据来源
Amazon Basin	20~40	Gat and Matsui，1991
North American Great Lakes	5~16	Gat et al.，1994
Kasumigaura Lake，Japan	10~20	Yamanaka and Shimizu，2007
Ihorty Lake，Madagascar	16~50	Vallet-Coulomb et al.，2008
Michigan Lake	10~18	Bowen et al.，2012
纳木错	28.4~31.1	Xu et al.，2011

5.4 河水同位素特征及径流过程

青海湖流域由于山地面积大，降水、地形和地质构造的时空变化使得整个流域内各水体（降水、河水、地下水、湖水）之间的相互转化非常复杂，构成多个不同尺度的水循环系统。环境同位素作为自然水体中的重要组成部分，尽管所占比例很小，却能敏感地响应环境的变化，记载水循环演化的历史信息，被称为水循环的天然示踪剂，并被广泛应用在水循环研究中。同时，水体中的化学组分对水循环研究往往也具有很好的示踪意义。因此，应用氢氧稳定同位素技术，结合传统的水化学分析方法研究青海湖流域河川径流的产汇流过程，对于理解流域水资源的转化机制和数量关系等具有重要的科学意义和实践价值。

5.4.1 青海湖流域河水同位素特征

青海湖流域河水样品中 $\delta^{18}O$ 和 δ^2H 分别变化在 –9.78‰~–3.9‰、–63.62‰~–32.58‰（2009 年 7 月，图 5.7 和表 5.6）。河水中 $\delta^{18}O$ 和 δ^2H 分布在青海湖流域大气降水线附近，并多位于大气降水线下方，其蒸发线（LEL）斜率（5.70）小于本地大气降水线（7.86），表明河水主要来源于大气降水，并在产汇流过程中经历了一定的蒸发（Paul and Wanielista，2000）。从河水氢氧稳定同位素的空间分布来看，大部分河流上游河水的 $\delta^{18}O$ 和 δ^2H 偏低，下游河水的 $\delta^{18}O$ 和 δ^2H 偏高，这主要是由降水同位素的高程效应导致的。高海拔区域河水主要受同位素相对贫化的冰雪融水和降水补给；低海拔区域河水则受同位素相对富集的降水补给，而且低海拔地区河水蒸发比高海拔地区河水强烈进一步导致同位素相对富集。特别是靠近青海湖的倒淌河、甘子河、泉吉河等，主要补给源为同位素相对富集的降水，同时，流域面积小，河床比降小，致使河水径流慢，且蒸发强烈，造成同位素相对富集。各子流域在同一海拔上，干流河水中的稳定同位素比支流河水更贫化，表明支流河水的蒸发强度高于干流河水。

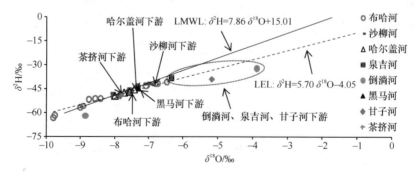

图 5.7 青海湖流域河水氢氧稳定同位素特征

表 5.6 青海湖流域河水氢氧稳定同位素及水化学特征

采样点编号	河流类型	$\delta^{18}O$/‰	δ^2H/‰	TDS/(mg/L)	Ca^{2+}/(mg/L)	Mg^{2+}/(mg/L)	Na^+/(mg/L)	K^+/(mg/L)	HCO_3^-/(mg/L)	Cl^-/(mg/L)	SO_4^{2-}/(mg/L)	控制面积/km^2
A1	干流	−7.52	−46.69	375.65	69.9	14.6	18.5	1.55	219	18.1	34	14611.15
A2	支流	−6.49	−41.29	346.55	59.7	12.7	16.9	1.35	218	17.6	20.3	994.54
A3	干流	−7.6	−47.27	355.53	61.4	13.6	17.4	1.63	209	17.7	34.8	13303.95
A4	支流	−7.08	−43.56	327.99	64.1	11.4	10.8	1.16	209	9.63	21.9	1116.31
A5	支流	−6.74	−42.39	336.48	62.8	11.9	10.1	1.08	215	12.1	23.5	1832.59
A6	支流	−6.82	−42.21	355.05	68	12.2	10.2	0.95	225	11.9	26.8	1439.49
A7	干流	−7.85	−49.38	367.2	63	14.8	19.6	1.8	204	20.3	43.7	8658.61
A8	干流	−8.01	−50.08	380.45	70.7	16	21.3	1.75	205	19.2	46.5	8318.65
A9	支流	−7.5	−47.14	332.36	57.8	12.5	24.6	1.66	178	28.1	29.7	1309.28
A10	支流	−7.56	−47.07	488.13	92.2	22.1	26.3	2.03	229	40	76.5	276.30
A11	干流	−8.91	−56.05	389.91	73.9	15.5	21.3	2.21	215	17.7	44.3	5891.38
A12	干流	−9.78	−63.62	401.94	78.2	13	21.4	3.04	230	20.5	35.8	3309.21
A13	干流	−9.73	−62.21	401.82	74.7	13.5	24	3.22	224	22.6	39.8	2733.23
A14	干流	−8.43	−51.84	327.68	62	13.7	9.95	2.16	196	7.67	36.2	2179.43
A15	干流	−8.58	−51.83	308.61	60.4	12.7	9.99	1.65	187	5.17	31.7	1454.69
A16	支流	−7.32	−44.29	257.95	55.3	7.4	6.06	0.8	168	8.89	11.5	338.76
A17	干流	−8.76	−52.41	302.77	56.9	12.9	10.4	1.46	181	4.81	35.3	1023.44
B1	干流	−6.96	−41.97	344.73	57.4	12.5	14.8	1.4	232	4.93	21.7	1446.17
B2	干流	−7.04	−41.53	325.89	54.1	12.1	12	1.32	220	4.67	21.7	1252.66
B3	支流	−6.38	−38.65	356.08	63.7	10.5	9.63	2.08	250	7.27	12.9	138.25
B4	支流	−7.35	−44.41	226.27	40.9	6.5	5.46	1.13	157	3.78	11.5	136.17
B5	干流	−7.14	−42.35	321.43	52.1	12.5	13.4	1.28	218	4.65	19.5	917.93
B6	支流	−7.02	−42.36	329.11	51.9	15.2	7.35	1.29	229	5.87	18.5	351.24
B7	干流	−7.38	−43.08	314.75	49.1	10.5	16.5	1.27	211	3.98	22.4	517.84
B8	支流	−7.06	−42.13	359.29	45.8	11.1	30.5	1.82	236	4.87	29.2	108.14
B9	干流	−7.61	−45.05	291.7	48.3	10.1	12.1	1.09	197	3.61	19.5	297.92
B10	干流	−8.11	−47.96	303.05	39.3	11.4	22.5	1.64	196	3.41	28.8	104.91
C1	干流	−7.73	−47.71	378.51	65.40	22.10	10.80	1.83	248.00	5.98	24.40	1495.56
C2	干流	−7.57	−47.24	384.63	63.70	23.40	10.50	1.99	254.00	5.84	25.20	—
C3	支流	−8.00	−49.75	328.38	69.10	15.80	6.84	1.00	186.00	4.64	45.00	—
C4	干流	−7.44	−45.71	514.96	89.00	25.60	12.40	3.09	352.00	7.47	25.40	—
D1	干流	−3.90	−32.58	1014.11	39.30	53.00	225.00	5.81	353.00	239.00	99.00	740.07
D2	干流	−8.84	−62.07	527.74	69.20	26.00	45.90	3.14	327.00	29.00	27.50	—
E1	干流	−5.19	−38.99	441.72	63.80	30.40	19.50	0.92	286.00	20.80	20.30	429.94
E2	干流	−7.83	−49.89	314.1	61.40	14.40	9.54	1.26	201.00	6.00	20.50	—
F1	干流	−6.35	−38.84	342.06	64.90	10.30	8.98	1.73	230.00	8.35	17.80	589.08
G1	干流	−7.31	−44.98	437.76	91.70	15.50	21.30	3.26	254.00	28.20	23.80	120.13
H1	干流	−7.79	−48.57	443.33	87.20	15.50	24.80	2.63	260.00	27.00	26.20	562.62

针对青海湖流域各河流河水的年内变化特征，选取每月在 A1、B1、C1、D1、E1、F1、G1、H1 处采集的水样进行氢氧稳定同位素特征分析，其中，布哈河（A1）、沙柳河（B1）、哈尔盖河（C1）和黑马河（G1）4 条较大河流采集数据满一年，其他河流数据不足一年。各河流河口处河水的 δ^2H 和 $\delta^{18}O$ 在年内分别在 –50.91‰～–32.07‰、–8.27‰～–3.90‰变化（图 5.8）。δ^2H-$\delta^{18}O$ 分布在流域大气降水线附近，并多位于大气降水线下方，表明不同季节的河水均主要来源于大气降水，并在产汇流过程中经历了一定的蒸发。布哈河、沙柳河、哈尔盖河等较大河流的 δ^2H-$\delta^{18}O$ 点分布较为集中，且距大气降水线较近；倒淌河、甘子河、泉吉河等较小河流的 δ^2H-$\delta^{18}O$ 点分布较为分散，且距大气降水线较远，因为较小河流多分布在湖区周围，流域面积小，蒸发分馏作用对河水的影响较大。

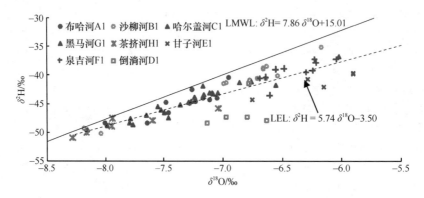

图 5.8　青海湖流域河水氢氧稳定同位素与大气降水线比较

青海湖流域各河流河水中的 $\delta^{18}O$ 在年内均呈波动变化（图 5.9），变化趋势较为一致，$\delta^{18}O$ 低值出现在春季末（5 月）和夏季初（6 月），其他时间变化较为平稳。其中，布哈河、沙柳河和黑马河的 $\delta^{18}O$ 最低值均出现在 6 月，分别为–8.0‰、–8.18‰和–7.65‰，表明 5~6 月河水中有中上游冰雪融水补给的组分；7 月伴随温度升高而逐渐富集的大气降水补给河流，致使各河水中的 $\delta^{18}O$ 逐渐升高。较小河流的 $\delta^{18}O$ 在大部分月份都高于较大河流，进一步表明较小河流易受蒸发作用的影响，下游有小湖泊的倒淌河、甘子河更为明显。

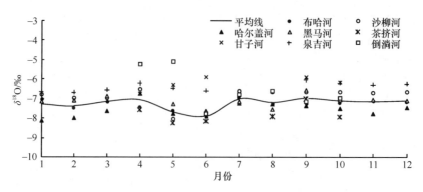

图 5.9　青海湖流域河水 $\delta^{18}O$ 年内变化特征

5.4.2 青海湖流域河水水化学特征

青海湖流域大部分河水的总溶解固体（TDS）变化在 226.27~488.13 mg/L，平均值为 341.79 mg/L，属于低矿化度淡水。从水化学离子的 piper 三线图看（图 5.10），青海湖流域河水的水化学类型主要为 Ca^{2+}-Mg^{2+}-HCO_3^- 型，不同河流的水化学组成有差异。Ca^{2+} 和 Mg^{2+} 的含量占阳离子的 77%，表明青海湖流域的河水水化学主要受控于碳酸盐岩风化溶解作用（Cui and Li，2014）。仅倒淌河下游河水中的 TDS 较高，达到 1014.11 mg/L，水化学类型为 Na^+-Cl^- 型，这可能是因为倒淌河下游存在小湖泊，水流缓慢，强烈的蒸发作用使水中的 TDS 比一般河水高。

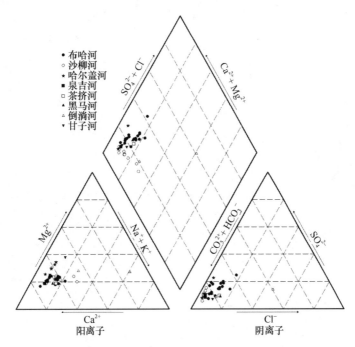

图 5.10 青海湖流域河水水化学离子 piper 三线图

Gibbs（1970）通过对世界地表水化学组成进行分析，将控制地表水元素组成的因素划分为 3 个端元，即岩石风化主控端元、大气降水主控端元、蒸发/结晶主控端元（Machender et al.，2014），并利用 TDS-Na^+/(Na^++Ca^{2+}) 图和 TDS-Cl^-/(Cl^-+HCO_3^-) 图划分 3 种主要控制因素下天然水体的特征区域。图 5.11 显示，青海湖流域河水水化学组成几乎全部落在 Gibbs 模型内的中上部，靠近岩石风化主控端元，表明青海湖流域河水的水化学组成主要受岩石风化的影响。同时，倒淌河下游的河水水化学组成落在蒸发/结晶主控端元，表明该水体经历了较为强烈的蒸发作用。因此，河水的 TDS、水化学类型和吉布斯图分布特征均说明青海湖流域的河水水化学特征主要受控于岩石风化溶解、离子交换和降水输入。

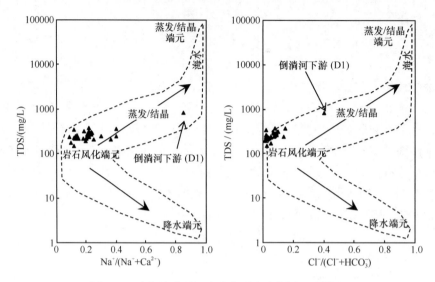

图 5.11 青海湖流域河水水化学吉布斯图分布模式

5.4.3 青海湖流域河川径流过程

1. 布哈河径流过程

布哈河河水 $\delta^{18}O$ 由下游河口向上游逐渐递减,干流河水中的 $\delta^{18}O$ 递减最为明显(图 5.12、表 5.7)。河水中 $\delta^{18}O$ 值的空间分布特征与大气降水的空间分布完全对应,即降水 $\delta^{18}O$ 的高值区对应的河水 $\delta^{18}O$ 也为高值区域,反之亦然,表明大气降水是布哈河河水的主要补给来源。布哈河河水的 TDS 在 257.95~488.13 mg/L 变化,属于低矿化度水,水化学类型主要为 $Ca^{2+}-Mg^{2+}-HCO_3^-$ 型。TDS 和 EC 整体上呈现从上游向下游逐渐升高的变化特征,这主要是因为河水在径流过程中不断溶解围岩及土壤中的溶解性盐类,致使河水的溶解固体物质不断增加,电导率升高。

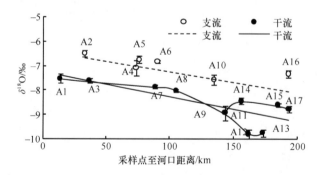

图 5.12 布哈河干支流河水 $\delta^{18}O$ 沿河道变化

根据河川径流分割方法采用同位素和水化学质量守恒法,计算布哈河干支流的水量比例,两项流混合模型中的示踪剂采用 $\delta^{18}O$,三项流混合模型中的示踪剂采用 $\delta^{18}O$ 和 Cl^-,计算过程中没有考虑较小支流对干流的补给量以及河水在径流过程中的蒸发。假设

A1 处（鸟岛布哈河大桥）的河水为 100%，干流 A3（吉尔孟布哈河大桥）和支流 A2（吉尔孟河）的径流量分别占布哈河总径流量的 92.8%和 7.2%；干流 A7（天峻县城北布哈河大桥）、支流 A4（夏日哈曲）和支流 A5（峻曲）的径流量分别占布哈河总径流量的 67.6%、14.0%和 11.2%；江河（A4 和 A5 汇合后的河流）占布哈河总径流量的 25.20%，夏日哈曲和峻曲分别占江河径流量的 55.7%和 44.3%；干流 A9（夏日格曲）和 A11（阳康曲和希格尔曲汇合后的河流）的径流量分别占布哈河总径流量的 9.8%和 57.9%；干流 A12（阳康曲）和 A14（希格尔曲）的径流量分别占布哈河总径流量的 32.9%和 25.0%；干流 A17（希格尔曲上游）和支流 A16 的径流量分别占布哈河总径流量的 21.8%和 3.1%。A11（阳康曲和希格尔曲汇合后的河流）以上区域的径流量占布哈河总径流量的 57.9%，表明中上游区域是布哈河的主要产水区，即径流量多来源于中上游地区的产流。

表 5.7 布哈河干支流径流量占总径流量的比例

采样点	干支流	径流比例/%	控制面积/km²	面积比例/%
A1	干流	100.0	14611.2	100.0
A2	支流	7.2	994.5	6.8
A3	干流	92.8	13304.0	91.1
A4	支流	14.0	1116.3	7.6
A5	支流	11.2	1832.6	12.5
A7	干流	67.6	8658.6	59.3
A9	支流	9.8	1309.3	9.0
A11	干流	57.9	5891.4	40.3
A12	干流	32.9	3309.2	22.6
A14	干流	25.0	2179.4	14.9
A16	支流	3.1	338.8	2.3
A17	干流	21.8	1023.4	7.0

青海湖流域内的冰川面积为 13.29 km²，主要分布在布哈河流域的上游地区。然而每年冰川消融产生的径流量为 0.1 亿 m³，仅占布哈河径流量的 1.24%（中国科学院兰州分院和中国科学院西部资源环境研究中心，1994），说明冰川融水对布哈河径流量的影响非常微弱，布哈河的河水主要受降水补给。通过计算布哈河河水同位素的蒸发线（$\delta^2H=6.55\delta^{18}O+2.53$）与青海湖流域大气降水线（$\delta^2H=7.86\delta^{18}O+15.01$）的交叉值，获取降水补给布哈河河水的氢氧稳定同位素初始值平均为 –9.53‰（$\delta^{18}O$）和 –59.89‰（δ^2H）（图 5.13）。根据青海湖流域大气降水同位素的高程效应，计算出该初始值的降水高度为海拔 4250 m 左右，布哈河流域的平均海拔为 3970 m，进一步说明布哈河的径流多来源于中上游地区的降水补给。

2. 沙柳河径流过程

沙柳河河水的 $\delta^{18}O$ 由河口向上游逐渐递减，干流河水的 $\delta^{18}O$ 递减最为明显，B1 处河水的 $\delta^{18}O$ 为 –6.96‰，向上游到 B10 处递减为 –8.11‰，沿河道的递减率为 –0.018‰/km。与流域大气降水同位素空间分布特征类似：高海拔处的降水 $\delta^{18}O$ 值较低，对应的河水

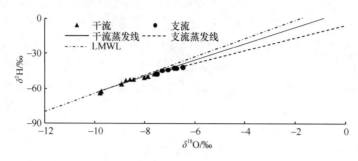

图 5.13 布哈河干支流河水同位素蒸发线

$\delta^{18}O$ 值也较低；反之亦然。沙柳河河水的 TDS 变化在 226.27～359.29 mg/L，比布哈河河水的变化范围小，属于低矿化度淡水，水化学类型主要为 Ca^{2+}-Mg^{2+}-HCO_3^- 型。TDS 在干流呈现从上游向下游逐渐升高的趋势，主要因为河水在径流过程中不断溶解围岩及土壤中的溶解性盐类所致，但升高幅度不大。上游支流 B8 处河水的 TDS 较高，可能是受 Na^+ 和 SO_4^{2-} 离子含量较高的地下水补给的影响。

以 B2 为起点（B1 和 B2 之间无支流水样），设定 B2 处（沙柳河干流下游）的河水为 100%，沙柳河干支流的水量比例计算结果显示（表 5.8）：干流 B5（沙柳河干流中游）、支流 B3 和 B4（鄂乃曲）的径流量分别占沙柳河总径流量的 79.4%、5.7% 和 14.9%；干流 B7（伊克乌兰河）和支流 B6（瓦音曲）的径流量分别占沙柳河总径流量的 51.2% 和 28.1%；干流 B9（伊克乌兰河中游）和支流 B8 的径流量分别占沙柳河总径流量的 36.2% 和 15.0%。伊克乌兰河（B7）和瓦音曲（B6）对沙柳河总径流量的贡献最大，占总径流量的 79.4%，表明沙柳河径流量主要来源于中上游地区的产流。在高寒地区的河流源区，相对较高的降水量和较低的蒸发量使其成为河流的主要产流区，例如发源于祁连山的黑河流域，50% 以上的径流量来源于中上游山区（Qin et al., 2013）。同时，青海湖流域中上游地区的主要覆被为高寒沼泽，从而致使中上游区域的产流系数较高，这也是流域内河水主要来源于中上游山区的另一个原因。

表 5.8 沙柳河干支流径流量占总径流量的比例

采样点	B2	B3	B4	B5	B6	B7	B8	B9
干支流	干流	支流	支流	干流	支流	干流	支流	干流
径流比例/%	100.0	5.7	14.9	79.4	28.1	51.2	15.0	36.2
控制面积/km²	1252.7	138.3	136.2	917.9	351.2	517.8	108.1	297.9
面积比例/%	100.0	11.0	10.9	73.3	28.0	41.3	8.6	23.8

3. 其他河流径流过程

青海湖流域其他河流（包括哈尔盖河、倒淌河、甘子河、泉吉河、黑马河、茶挤河 6 条河流）的河水样品采集点大部分位于各河流中下游干流河道内，各河水 $\delta^{18}O$ 值的高低与大气降水 $\delta^{18}O$ 空间分布特征相对应，即高海拔处的降水 $\delta^{18}O$ 值较低，对应的河水 $\delta^{18}O$ 值也较低，反之亦然。同时，各河水样品的 δ^2H 和 $\delta^{18}O$ 均分布在大气降水线附近，并位于大气降水线下方，表明河水多来源于大气降水，并在产汇流过程中经历了一定的蒸发。倒淌河和甘子河的下游由于小湖泊的存在，蒸发作用强烈导致同位素富集，致使河水中 δ^2H 和 $\delta^{18}O$ 较高，其他河流河水的 δ^2H 和 $\delta^{18}O$ 与布哈河、沙柳河的下游河水相近。

各河流河水样品的 TDS 大部分变化在 378.5～527.7 mg/L，属于低矿化度淡水；仅倒淌河下游河水的 TDS 较高，为 1014.1 mg/L，属于矿化度较低的微咸水。大部分河水的水化学类型为 $Ca^{2+}\text{-}Mg^{2+}\text{-}HCO_3^-$ 型。与布哈河、沙柳河相比，各河流下游河水的 TDS 和 EC 均较高，主要因为倒淌河、甘子河、黑马河、茶挤河等流域面积小，地形比降小，河水流动缓慢，径流过程中蒸发作用强烈，并不断溶解围岩及土壤中的溶解性盐类，导致 TDS 较高。

5.4.4 青海湖流域地表产流特征

根据青海湖流域降水分布的高程效应，计算得到整个流域 2009 年 7 月～2010 年 6 月的降水总量为 120.52 亿 m^3，其中，湖面降水量为 16.2 亿 m^3、陆地降水量为 104.32 亿 m^3。通过水文站观测的径流数据计算得到地表径流入湖水量为 19.89 亿 m^3，由此可知青海湖流域内陆面平均径流深为 77.8 mm，高于流域多年平均径流深 55 mm（刘小园，2004），径流系数约为 0.190，略高于我国西北干旱内流区的平均径流系数 0.165。

根据布哈河流域、沙柳河流域和哈尔盖河流域的地形数据，获得各流域 2009 年 7 月～2010 年 6 月的大气降水总量分别为 61.81 亿 m^3、6.7 亿 m^3、6.38 亿 m^3，根据各河流的径流量计算出径流系数分别为 0.214、0.622、0.522（图 5.14）。各流域之间的差别

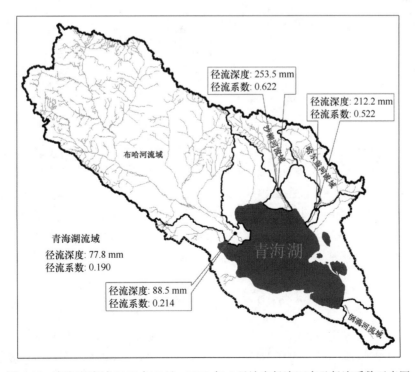

图 5.14 青海湖流域 2009 年 7 月～2010 年 6 月地表径流深度及径流系数示意图

在于布哈河流域面积大、地形比降小、蒸发作用强、产流慢、径流系数低；沙柳河和哈尔盖河流域面积小、地形比降大、蒸发作用弱、产流快、径流系数高。王宁练等（2009）的研究也发现，黑河干流上游山区的径流系数为 0.347，高山冰雪冻土带的径流系数为 0.425，中低山植被带的径流系数为 0.198，表明寒旱区高山地带的地形与气候对山区径流的形成演化具有重要影响。

5.5 环湖地下水同位素特征及补给来源

5.5.1 环湖地下水同位素特征

环湖地下水（G1～G5）的 δ^2H 介于$-66.79‰$～$-39.61‰$，平均为$-51.51‰$；$\delta^{18}O$ 介于$-10.20‰$～$-6.45‰$，平均为$-8.09‰$（图5.15）。与青海湖流域大气降水氢氧稳定同位素相比，地下水的 δ^2H、$\delta^{18}O$ 波动范围小于降水，δ^2H-$\delta^{18}O$ 均落在流域大气降水线上或附近。同时，地下水同位素蒸发线的斜率（6.63）小于青海湖流域本地的大气降水线斜率，表明环湖地下水的补给来源主要为大气降水，而且降水在补给地下水之前经历了较弱的蒸发作用。

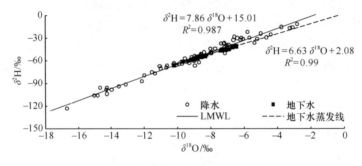

图 5.15　环湖地下水氢氧稳定同位素特征

G1、G2、G4、G5 的 $\delta^{18}O$ 在年内各月波动幅度不大（图5.16），表明受外界影响较小，补给来源稳定且更新周期较长。G3 的 $\delta^{18}O$ 值波动范围相对较大（最低为$-10.2‰$，最高为$-8.25‰$），夏秋季节贫化，冬春季节相对富集，表明其在不同时期有不同的补给源。根据地质构造图可知（图5.17），G3、G4 位于宗务隆山—青海南山大断裂带上，G3 和 G4 的井水是否由断裂带的裂隙水补给需要进一步研究。总体上，各采样点水中的 $\delta^{18}O$ 大小为 $\delta_1>\delta_5>\delta_2>\delta_3>\delta_4$，平均值分别为$-6.59‰$、$-7.28‰$、$-8.62‰$、$-8.95‰$、$-8.99‰$，表明虽然环湖地下水的补给来源均为大气降水，但各自的补给高程存在差异。

5.5.2 环湖地下水水化学特征

环湖地下水的 pH 变化范围为 7.05～7.61，平均为 7.35，表现为弱碱性（表5.9）。地下水 G1、G3、G4、G5 的 TDS 变化范围为 438.1～621.3 mg/L，平均为 544.1 mg/L，属于低矿化度淡水。环湖地下水的 TDS 及各离子含量均高于河水，表明地下水在径流

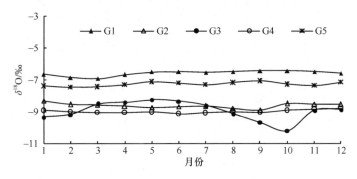

图 5.16　环湖地下水 $\delta^{18}O$ 值年内变化

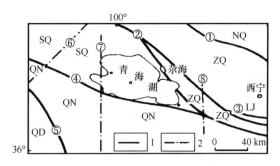

图 5.17　青海湖地区大地构造位置图

NQ 北祁连造山带，ZQ 中祁连地块，LJ 拉脊山裂谷，SQ 南祁连早古生代裂陷槽，QN 青海南山晚古生代、中生代复合裂陷槽，QD 柴达木地块。①中祁连地块北缘深断裂带；②中祁连地块南缘深断裂带；③拉脊山深断裂带；④宗务隆山—青海南山大断裂带；⑤鄂拉山大断裂带；⑥祁连—茶卡—治多断裂带；⑦黑马河—达日大断裂带；⑧海晏—年保玉则断裂带。1 大断裂；2 遥感和地球物理资料解译的大断裂

资料来源：边千韬等，2000

过程中与围岩和土壤中的溶解性盐类相互作用时间长于河水，致使地下水溶解的固体物质高于河水。地下水的阴阳离子 piper 三线图显示（图 5.18），G1、G3、G4、G5 的水化学类型为 Ca^{2+}-Mg^{2+}-HCO_3^- 型，与河水的水化学类型相近；Ca^{2+} 和 Mg^{2+} 离子占阳离子 60%以上，表明环湖地下水化学特性主要受控于碳酸盐岩溶解作用。G2 的 TDS 为 2264.3 mg/L，Na^+、Mg^{2+}、Cl^- 和 SO_4^{2-} 离子含量明显高于其他地点，水化学类型倾向于 Na^+-Cl^--HCO_3^- 型，属于微咸水，原因有可能是该地地下水运移路径及水岩相互作用时间长，使得 TDS 和 EC 升高。同时，G2 距离青海湖较近（3.6 km），井内水面海拔与青海湖水面相近，可能受到青海湖湖水的逆向补给而使离子含量增加；但其离子含量、TDS 和 EC 均仍远低于青海湖湖水，Ca^{2+} 明显高于青海湖湖水，若存在青海湖湖水补给，其补给量也较小。

环湖地下水水化学吉布斯图分布显示（图 5.19），环湖地下水水化学组成都落在 Gibbs 模型内的中上部，位于岩石风化主控端元与蒸发/结晶主控端元之间，并略靠近岩石风化主控端元，表明地下水水化学组成主要受岩石风化溶解、离子交换和降水输入的影响。

表 5.9 环湖地下水的水化学特征

参数	单位	G1	G2	G3	G4	G5
$\delta^{18}O$	‰	−6.54	−8.66	−8.61	−9.08	−7.32
δ^2H	‰	−41.28	−54.91	−53.57	−58.09	−45.99
Ca^{2+}	mg/L	84.3	148	75	50.8	81.2
Mg^{2+}	mg/L	29.8	107	38	15.5	26.1
Na^+	mg/L	49.4	464	59.4	49	34.7
K^+	mg/L	2.9	8.9	4.5	2.2	2.6
HCO_3^-	mg/L	331	733	335	287	330
Cl^-	mg/L	43.5	390	63.6	17	22.1
SO_4^{2-}	mg/L	40.9	328	37.1	14.3	29.3
NO_3^-	mg/L	3.6	85.4	8.7	2.3	5.5
TDS	mg/L	585.4	2264.3	621.3	438.1	531.5
TH	mg/L	210.8	370	187.5	127	203
pH	—	7.57	7.61	7.05	7.16	7.38
深度	m	8.1	5.2	6.4	1.3	8.9

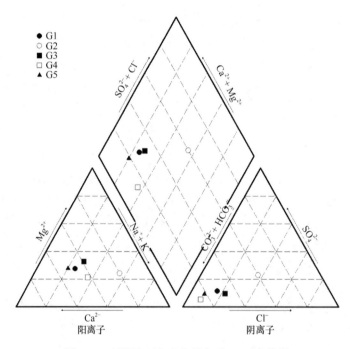

图 5.18 环湖地下水水化学离子 piper 三线图

进一步计算地下水化学离子的不同来源贡献率（大气输入、碳酸盐岩风化、硅酸盐岩风化和蒸发岩溶解），结果表明（图 5.20）：碳酸盐岩风化、蒸发岩溶解、硅酸盐岩风化和大气输入对地下水阳离子的平均贡献率分别为 41.8%、24.5%、22.4%、11.3%，说明环湖地下水水化学成分主要受控于碳酸盐岩溶解。同时，蒸发岩溶解对 G2 处地下水阳离子的贡献率为 48%，表明 G2 处地下水的高盐度主要是因为蒸发岩溶解而产生的。

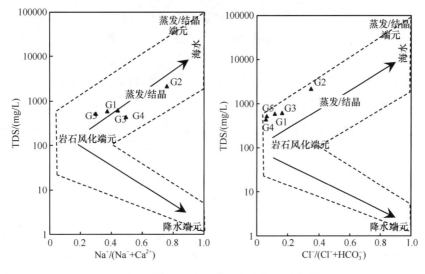

图 5.19　环湖地下水水化学吉布斯图分布模式

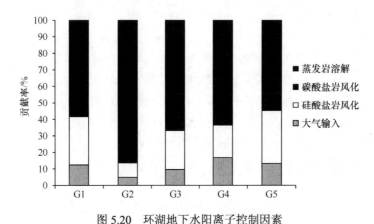

图 5.20　环湖地下水阳离子控制因素

5.5.3　环湖地下水补给来源

环湖地下水的 δ^2H、$\delta^{18}O$ 波动范围小于降水，δ^2H-$\delta^{18}O$ 均落在流域大气降水线上或附近，表明环湖地下水的补给来源主要为大气降水，且降水在补给地下水之前经历了较弱的蒸发作用。青海湖流域大气降水同位素的高程效应显著，降水中 ^{18}O 随海拔升高逐渐贫化，贫化幅度为–0.2‰/100 m，即海拔每升高 100 m，降水中 ^{18}O 贫化–0.2‰。各处地下水的蒸发线斜率变化在 3.0~7.32，均小于本地大气降水线斜率，表明降水在补给地下水之前经历了一定的蒸发过程。为了消除蒸发作用的影响，对各地下水的 δ^2H-$\delta^{18}O$ 进行拟合，获取各点地下水的蒸发线，求出与大气降水线的交点，交点处的 $\delta^{18}O$ 和 δ^2H 值即为各地下水补给来源的初始同位素值，进一步根据高程效应获得各地下水的补给区高程（表 5.10）。青海湖北岸地下水（G1、G5）的补给高程相对较低，主要分布在海拔 3400 m 左右的丘陵区域。青海湖南岸地下水 G4 的补给高程为 3900 m 左右，由于其 TDS 和 EC 均较小，所以运移路径较短，由此可以推断主要为青海南山 3900 m 以上的大气降水补给。地下水 G3 的 $\delta^{18}O$ 在年内波动较大,由不同月份的 $\delta^{18}O$ 获得其补给高程变化为 3500 m（5 月）~4300 m（10 月）,平均补给高程为 3900 m 左右,该地下水周围海拔在 4000 m 以上的区域极少,由此推断该点的补给来源较为复杂,除受本地降水补给外,还有可能受到断裂带裂隙水或流域越流补给。青海湖西岸地下水 G2 主要来源于布哈河流域海拔 3700 m 左右的降水。

表 5.10　地下水蒸发线、补给初始 $\delta^{18}O$ 值及补给高程

采样点	蒸发线	初始 $\delta^{18}O$/‰	补给高程/m
G1	$\delta^2H = 4.86\, \delta^{18}O - 11.18$	–8.24	3441
G2	$\delta^2H = 3.00\, \delta^{18}O - 28.85$	–8.72	3707
G3	$\delta^2H = 7.32\, \delta^{18}O + 8.50$	–9.22	3988
G4	$\delta^2H = 3.91\, \delta^{18}O - 22.56$	–9.13	3935
G5	$\delta^2H = 4.06\, \delta^{18}O - 17.92$	–8.26	3464

结合青海湖流域的地势和子流域分布图,青海湖北侧地下水 G1、G5 均未在 3 条主要河流（布哈河、沙柳河、哈尔盖河）的流域范围之内,其周围多分布着海拔为 3400 m（补给高程）左右的丘陵,表明这两个地方地下水的补给来源多为局地大气降水。青海湖南侧的青海南山海拔为 4000 m 左右,与地下水 G4 的补给高程相近。地下水 G2 在布哈河流域内,其补给高程在布哈河流域的中游区域。地下水 G3 的补给高程变化较大（3500~4300 m）,由流域地形数据可知其补给来源较为复杂,是否有断裂带裂隙水或流域越流补给需要进一步研究。因此,未分布在断裂带上的环湖浅层地下水均由流域上游或局地降水补给,不存在由青海湖流域由外向内的越流补给；分布在断裂带上的环湖浅层地下水补给来源较为复杂,需要结合其他方法进行判定。

5.6　湖水同位素特征及演化过程

5.6.1　青海湖及周边小湖泊湖水同位素特征

青海湖湖水（L1~L5）$\delta^{18}O$ 和 δ^2H 分别介于 0.43‰~1.95‰、0.25‰~9.59‰（图 5.21 和表 5.11）,平均分别为 1.28‰、5.63‰。海晏湾湖水的 δ^2H 和 $\delta^{18}O$ 平均值明显高于青海湖湖水,分别为 2.92‰和 13.10‰,表明海晏湾湖水蒸发比青海湖湖水更强烈。尕海湖水的 $\delta^{18}O$ 和 δ^2H 分别为 0.84‰、–4.40‰,耳海湖水的 $\delta^{18}O$ 和 δ^2H 分别为 0.14‰、–8.13‰,均低于青海湖湖水。耳海是由于倒淌河径流注入,倒淌河河水具有相对较低的 $\delta^{18}O$ 和 δ^2H 值,分别为–3.90‰和–32.58‰；而尕海没有地表径流注入,蒸发过程应该使其氢氧稳定同位素比青海湖湖水更加富集,然而其 $\delta^{18}O$ 和 δ^2H 相对较低可能是因为存在重同位素较贫化的地下水注入。同时,尕海和耳海的 δ^2H 相对于青海湖和海晏湾更加贫化,这可能是因为在湖水蒸发分馏过程中含盐量不同。

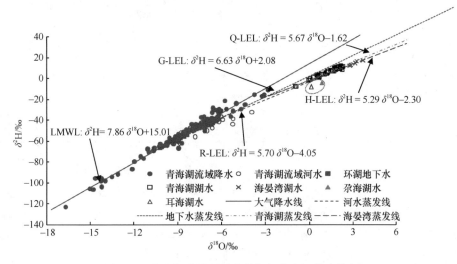

图 5.21 青海湖流域不同水体氢氧稳定同位素特征

表 5.11 青海湖及周边湖泊湖水氢氧稳定同位素及水化学特征

参数	单位	L1	L2	L3	L4	L5	L6	L7	L8
		青海湖	青海湖	青海湖	青海湖	青海湖	海晏湾	尕海	耳海
$\delta^{18}O$	‰	1.95	0.92	1.68	1.46	0.43	2.92	0.84	0.14
$\delta^{2}H$	‰	9.59	3.69	7.85	6.75	0.25	13.10	−4.40	−8.13
Ca^{2+}	mmol/L	0.3	0.4	0.3	—	0.3	0.2	0.5	0.4
Mg^{2+}	mmol/L	31.2	30.4	34.8	36.2	32	56.9	51.7	3.7
Na^{+}	mmol/L	164.2	159.8	182.7	194.6	169.3	316	403	11.7
K^{+}	mmol/L	3.7	3.5	4	4.3	3.7	7.1	12.1	0.4
HCO_3^-	mmol/L	26.9	25.3	28.2	29.9	27.3	38.4	29.5	3.9
Cl^-	mmol/L	170.8	167	182.1	179.9	170.6	268.8	379	7.5
SO_4^{2-}	mmol/L	24.3	22.2	25	24.5	23.2	35.7	65.7	1.2
TDS	g/L	14.7	14.2	15.8	16.1	14.8	24.2	32.6	1

青海湖及周边小湖泊水中的 $\delta^{2}H$ 和 $\delta^{18}O$ 均明显高于降水、河水和地下水。青海湖和海晏湾湖水的 $\delta^{2}H$-$\delta^{18}O$ 点位于河水的斜上方，其蒸发线与河水蒸发线几乎重合（表5.12）；湖水蒸发线斜率明显低于地下水蒸发线斜率和本地大气降水线斜率。同时，青海湖湖水蒸发线与流域大气降水线交叉点的 $\delta^{2}H$ 和 $\delta^{18}O$ 值分别为−44.65‰和−7.59‰，该值位于青海湖流域大气降水（$\delta^{18}O$：−24.40‰～−2.80‰；$\delta^{2}H$：−180.80‰～−11.54‰）、河水（$\delta^{18}O$：−9.78‰～−3.9‰；$\delta^{2}H$：−63.62‰～−32.58‰）及地下水（$\delta^{18}O$：−10.20‰～−6.45‰；$\delta^{2}H$：−66.79‰～−39.61‰）的同位素波动范围之内。同时，青海湖流域是封闭流域，以上几点均表明青海湖湖水来源于湖面降水、周围入湖地表河流和地下水的补给，在入湖后经历强烈蒸发。海晏湾湖水的 $\delta^{2}H$-$\delta^{18}O$ 点位于青海湖湖水的斜上方，其蒸发线斜率低于青海湖湖水蒸发线斜率，表明其蒸发作用更强烈，高于青海湖的蒸发强度。

表 5.12 青海湖流域大气降水线及各水体蒸发线

线型	方程	样品数	R^2	显著性水平
流域大气降水线	$\delta^2H = 7.86\,\delta^{18}O + 15.01$	124	0.99	$p<0.001$
流域河水蒸发线	$\delta^2H = 5.70\,\delta^{18}O - 4.05$	38	0.86	$p<0.001$
环湖地下水蒸发线	$\delta^2H = 6.63\,\delta^{18}O + 2.08$	60	0.98	$p<0.001$
青海湖湖水蒸发线	$\delta^2H = 5.67\,\delta^{18}O - 1.62$	60	0.98	$p<0.001$
海晏湾湖水蒸发线	$\delta^2H = 5.29\,\delta^{18}O - 2.30$	6	0.96	$p<0.001$

计算相同时期青海湖湖水中 $\delta^{18}O$ 和 δ^2H 的平均值，获得青海湖湖水的年内氢氧稳定同位素变化特征（图 5.22），湖水 $\delta^{18}O$ 和 δ^2H 均呈波动变化，2～7 月呈递减趋势，7 月～翌年 2 月呈递增趋势（高值出现在冬末春初，低值出现在夏季）。春季（3～5 月），青海湖流域温度升高，青海湖湖面解冻，蒸发量逐渐增加，湖水氢氧稳定同位素在此状况下应该呈富集趋势。但 3 月湖面处于封冻期，流域降水稀少，4～5 月湖面解冻，同时重同位素贫化的降水及少量冰雪融水补给河流并注入青海湖，从而使得湖水的 $\delta^{18}O$ 和 δ^2H 逐渐降低，二者分别由 3 月的 2.03‰和 8.36‰降低至 5 月的 1.06‰和 4.40‰。夏季（6～8 月），青海湖流域大气降水较多，河流径流也主要集中在此时间段，同位素相对贫化的河水注入青海湖，致使夏季湖水中 $\delta^{18}O$ 和 δ^2H 较低，最低值出现在 7 月。7 月以后，富集重同位素的河水注入青海湖，同时强烈的蒸发作用使湖水的 $\delta^{18}O$ 和 δ^2H 逐渐富集。秋季（9～11 月），注入青海湖的河流径流量减少，湖水蒸发富集重同位素的程度大于河水稀释，青海湖湖水 $\delta^{18}O$ 和 δ^2H 呈现升高趋势，11 月二者分别达到 1.61‰和 7.71‰。冬季（12～2 月），青海湖湖面处于封冻期，湖水 $\delta^{18}O$ 和 δ^2H 在此期间较为平稳，但因上下层湖水相互混合（在接收河水补给后，表层湖水 $\delta^{18}O$ 和 δ^2H 低于深层湖水（中国科学院兰州分院和中国科学院西部资源环境研究中心，1994）），致使湖水氢氧稳定同位素表现出波动状态。

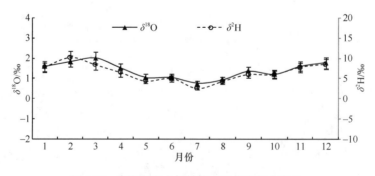

图 5.22 青海湖湖水氢氧稳定同位素年内变化

5.6.2 青海湖及周边小湖泊湖水水化学特征

青海湖湖水的 TDS 在 14.2～16.1 g/L 变化，平均值为 15.1 g/L，属于矿化度较高的咸水。湖水的 TDS 明显高于青海湖流域的大气降水（0.07 g/L；Hou et al.，2009）、河水（0.34 g/L；Cui and Li，2015）及地下水（0.54 g/L；Cui and Li，2014）中的 TDS。湖水

的阳离子含量 $Na^+>Mg^{2+}>K^+>Ca^{2+}$，阴离子含量 $Cl^->SO_4^{2-}>HCO_3^-$。与海水相比，除 SO_4^{2-} 含量接近于海水、pH 和 HCO_3^- 含量高于海水外，TDS、EC 和其他主要成分含量均低于海水，尤其是 Ca^{2+} 离子明显偏低（约为 0.3 mmol/L），湖水中 $CaCO_3$ 饱和形成沉淀（Sun et al.，2002）。结合湖水采样点的分布，青海湖西侧和北侧水体的 TDS 相对较低（L1、L2、L5），东南侧水体 TDS 较高，原因是青海湖西侧和北侧有较大河流注入（布哈河、沙柳河、哈尔盖河等），河水对青海湖湖水的 TDS 起到稀释作用，而东南侧陆地面积相对较小，河流发育不强，因而湖水保持较高的 TDS。

青海湖周边小湖泊的水化学特征显示，海晏湾和尕海湖水的 TDS 均高于青海湖水，分别为 24.2 g/L 和 32.6 g/L，而且湖水中 Na^+ 和 Cl^- 的增加幅度较大，均为矿化度高的盐水，表明海晏湾和尕海在与青海湖分离后，在没有地表河水注入的情况下，湖水经历强烈的蒸发过程，各离子浓度增加，咸化趋势明显。同时，尕海的 Ca^{2+} 离子明显高于其他湖水，表明其有可能受到地下水补给。耳海的 TDS 为 1.01 g/L，略高于倒淌河下游河水，但明显低于其他湖泊水，这是由于耳海有离子含量相对较低的倒淌河河水补给。

青海湖及周边小湖泊的阴阳离子 piper 三线图显示（图 5.23），青海湖、海晏湾及尕海湖水的水化学类型均为 Na^+-Cl^- 类型，属于矿化度较高的咸水湖泊；耳海湖水的水化学类型为 Na^+-Cl^--HCO_3^- 类型，属于矿化度较低的微咸水湖。

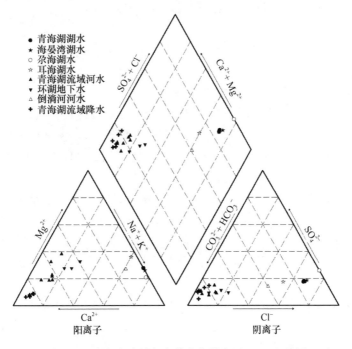

图 5.23 青海湖流域各水体水化学离子 piper 三线图

青海湖及周边湖泊湖水水化学的吉布斯图分布显示（图 5.24），青海湖、海晏湾和尕海湖水水化学组成都落在 Gibbs 模型内的右上部，靠近蒸发/结晶主控端元，具有较高的 TDS 和 $Na^+/(Na^++Ca^{2+})$ 及 $Cl^-/(Cl^-+HCO_3^-)$ 比值。耳海湖水水化学组成都落在 Gibbs 模型内的中上部，位于岩石风化主控端元与蒸发/结晶主控端元之间，说明青海湖及周边小湖泊虽然接收离子含量相对较低的地表水、地下水和降水的补给，但在干旱环境下蒸发强烈，仍然使其浓缩为离子浓度较高的咸水，强烈的蒸发及结晶作用成为湖水水化学的主控因素。

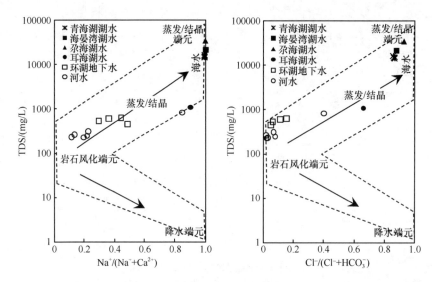

图 5.24　青海湖及周边湖泊湖水水化学吉布斯图分布模式

5.6.3　青海湖湖水演化过程

青海湖流域各湖泊湖水中 TDS 含量顺序为：尕海＞海晏湾＞青海湖＞耳海（表 5.13）。1961～2009 年，各湖泊水体中的 TDS 及水化学离子含量呈上升趋势。研究表明，当水体中的 Mg/Ca 比值超过 12∶1 时，则会有霰石析出（Jones and Deocampo, 2003）。除耳海外，青海湖及周边小湖泊水体中的 Mg/Ca 比值超过 90∶1（图 5.25），因此，这些湖泊水体中的 $CaCO_3$ 均呈饱和状态，并不断有霰石析出。

从青海湖湖水 TDS 与湖水位关系看（图 5.26），TDS 与湖水位呈负相关关系，显著性水平在 0.001 以上。拟合方程表明湖水位下降 1 m，湖水的 TDS 将上升 1.01 g/L，反之亦然。众所周知，丰富的降水和径流促使青海湖水位上升，进而降低湖水盐度；而强烈的蒸发使得青海湖水位下降，进而升高湖水的盐度，并可能进一步促使湖水析出霰石和水菱镁矿。

结合以上对青海湖流域降水、河水、湖水氢氧稳定同位素和水化学特征的分析，可以推断，青海湖湖水开始形成时为湖面降水、外围河水及地下水的混合体。经历长期的蒸发浓缩，水体中的氢氧稳定同位素富集，水化学离子含量升高。同时，河水及地下水携带水化学离子源源不断地注入青海湖。在生物化学作用和化学作用共同影响下，碳酸盐（主要是 $CaCO_3$）逐渐与碎屑物质一起沉淀，使湖水中的 Ca^{2+} 和 HCO_3^- 不断减少。由于海晏湾和尕海长期脱离青海湖主体，在没有地表水注入的情况下，相对于青海湖主体而言，其蒸发浓缩更为强烈，化学离子浓度增加，咸化趋势明显，并不断析出水菱镁矿（Xu et al., 2010）。另外，倒淌河的注入使耳海湖水的盐度相对较低，如果耳海的补给

表 5.13　青海湖及周边湖泊 1961~2009 年水化学特征变化

湖泊	年份	湖水位/m	Ca^{2+}/(mmol/L)	Mg^{2+}/(mmol/L)	Na^+/(mmol/L)	K^+/(mmol/L)	HCO_3^-/(mmol/L)	Cl^-/(mmol/L)	SO_4^{2-}/(mmol/L)	TDS g/L	数据来源
Q	1961	3196.17	0.2	36.2	133.7	3.6	17.2	146.9	20.4	12.3	①
Q	1962	3195.99	0.2	33.7	142.9	3.6	16.9	144.1	21.0	12.6	①
Q	1985	3193.91	0.3	40.8	172.6	4.0	19.7	155.9	24.8	14.5	②
Q	1989	3193.96	0.3	32.6	177.7	3.6	19.0	155.7	24.4	14.5	②
Q	1990	3194.24	0.3	32.9	170.9	4.1	19.7	146.6	24.5	14.2	孙大鹏等（1995）
Q	2006	3193.25	0.3	32.3	176.7	5.8	23.5	179.2	26.1	15.4	Jin 等（2010）
Q	2009	3193.38	0.3	32.9	174.1	3.8	27.5	174.1	23.9	15.1	本研究
G	1961	—	0.3	58.4	300.1	8.0	18.5	251.6	46.8	24.9	①
G	1962	—	0.4	66.2	365.8	9.3	18.4	251.1	53.7	27.6	①
G	1989	—	0.3	57.7	421.0	11.6	20.3	307.6	64.4	31.9	②
G	1990	—	0.3	56.3	411.3	11.3	19.8	293.9	62.9	31.9	孙大鹏等（1995）
G	2006	—	0.5	57.4	427.8	17.4	22.8	399.7	70.8	34.3	Jin 等（2010）
G	2009	—	0.5	51.7	403.0	12.1	29.5	379.0	65.7	32.6	本研究
H	1989	—	0.3	40.8	221.7	5.1	19.2	155.5	30.8	18.0	②
H	1990	—	0.3	40.4	218.3	5.1	21.2	149.9	30.3	17.8	孙大鹏等（1995）
H	2009	—	0.2	56.9	316.0	7.1	38.4	268.8	35.7	24.2	本研究
E	1961	—	0.3	3.6	11.7	0.5	4.3	5.7	2.2	1.2	①
E	1989	—	0.2	4.1	12.4	0.4	4.7	6.5	1.9	1.2	②
E	2006	—	0.4	4.3	13.9	0.6	9.1	9.7	1.9	1.6	Jin 等（2010）
E	2009	—	0.4	3.7	11.7	0.4	3.9	7.5	1.2	1.0	本研究

①中国科学院兰州地质研究所等，1979；②中国科学院兰州分院和中国科学院西部资源环境研究中心，1994。

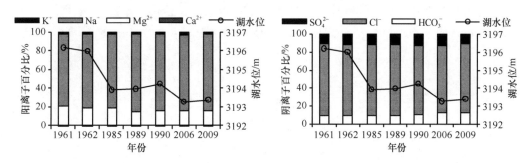

图 5.25　青海湖 1961~2009 年水化学离子百分比与湖水位变化

水源减少，耳海湖水的同位素及水化学特征势必逐渐接近于青海湖湖水，即青海湖湖水化学组成将是耳海湖水进一步演化的必经途径。同理，补给青海湖的地表水和地下水减少后，青海湖湖水的同位素及水化学特征将会向海晏湾和尕海湖水的方向演化。

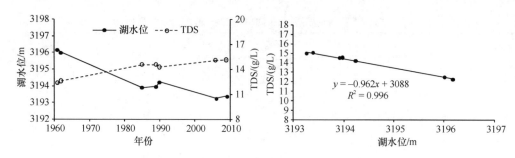

图 5.26　青海湖 1961～2009 年 TDS 与水位关系

5.7　湖水位变化原因初探

湖泊水位变化不仅与地表径流注入量、湖面降水量和湖面蒸发量存在密切联系，与地下径流注入量也密不可分，特别是山地区域。在高海拔、人口稀少地区，利用传统的水文学方法很难获取有关于降水、地表径流、湖面蒸发的数据信息，特别是地下径流补给湖水的数据。氢氧稳定同位素作为自然界水体的天然示踪剂，在水体相变过程中发生平衡分馏和动力分馏，致使不同来源的水体具有不同的同位素组成，因此，可以通过研究湖水、降水、河水及地下水的稳定同位素（δ^2H 和 $\delta^{18}O$）特征，用以反映湖泊蒸发强度、流域水文状况和湖水滞留时间等。

青海湖水位在 1961～2012 年总体呈波动下降趋势（图 5.27），水位下降年份有 33 个，上升年份有 17 个，水位（海拔）最高值和最低值分别出现在 1961 年（3196.08 m）和 2004 年（3192.77 m）。湖水位变化大体可以分为两个阶段：1961～2004 年为下降阶段，平均每年下降 7.6 cm；2004～2012 年为上升阶段，平均每年上升 14 cm。从年代上看，青海湖水位的下降过程具有间隔性，水位在 20 世纪 60 年代、80 年代及 21 世纪前 10 年的波动性较强，下降趋势不明显，20 世纪 60 年代和 80 年代的下降速率分别为 2.09 cm/a 和 0.64 cm/a，21 世纪前 10 年的上升速率为 3.43 cm/a；水位在 20 世纪 70 年代和 90 年代的下降趋势明显，下降速率分别为 13.07 cm/a 和 8.51 cm/a。

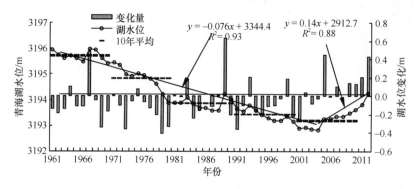

图 5.27　青海湖水位年际变化

青海湖水位年内变化表现为 5～9 月呈上升趋势，10 月～翌年 4 月呈下降趋势（图 5.28）。最大上升速率出现在 8 月，达到 7.1 cm；最大下降速率出现在 11 月，为 9.5 cm。

各气象要素的年内变化特征显示,气温、降水和相对湿度变化趋势相近,均为夏季高、冬季低;蒸发表现为春季末至夏季相对较高(4~8月),冬季相对较低(12~2月);风速表现为春季高(3~5月),夏季和秋季低(8~10月)。

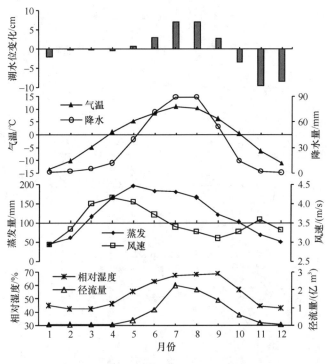

图 5.28 青海湖水位及气象要素年内变化

青海湖输入水量和输出水量的差值决定着水位的变化,输入水量主要包括湖面降水、河流注入和地下水注入,输出水量主要包括湖面蒸发及少量的人类用水。为了揭示青海湖水位变化的原因,需要对输入和输出水量及其影响因素进行详细分析。采用刚察气象站观测数据对青海湖周围的气候因素进行分析。1961~2012 年,气温表现为上升趋势,上升速率为 0.03℃/a;降水量、蒸发量和相对湿度表现为波动变化,没有明显的上升或下降趋势(图 5.29),其中,降水量在 20 世纪 80 年代和 21 世纪前 10 年较高(表 5.14),20 世纪 70 年代和 90 年代较低,蒸发量在 20 世纪 80 年代较低,20 世纪 70 年代较高;风速呈下降趋势,由 1969 年的 4.27 m/s 下降至 2012 年的 2.77 m/s。

选取青海湖流域内最大的布哈河作为研究对象(布哈河和其他河流径流量在年际和年内变化特征一致),分析注入青海湖的地表河流水量的变化特征。1961~2012 年,布哈河径流量呈波动变化,年径流量变化在 1.99 亿~19.47 亿 m^3/a,变化趋势不明显,在 20 世纪 60 年代和 21 世纪前 10 年较高,在 20 世纪 70 年代和 90 年代较低。变化过程大体可以分为 3 个阶段:波动减少阶段(1961~1980 年),平均每年减少 0.34 亿 m^3;波动阶段(1981~1995 年),变化趋势不明显;波动上升阶段(1996~2012)。布哈河径流量年内分配特征显示,年径流量主要集中在 6~10 月,占年总径流量的 90%以上。

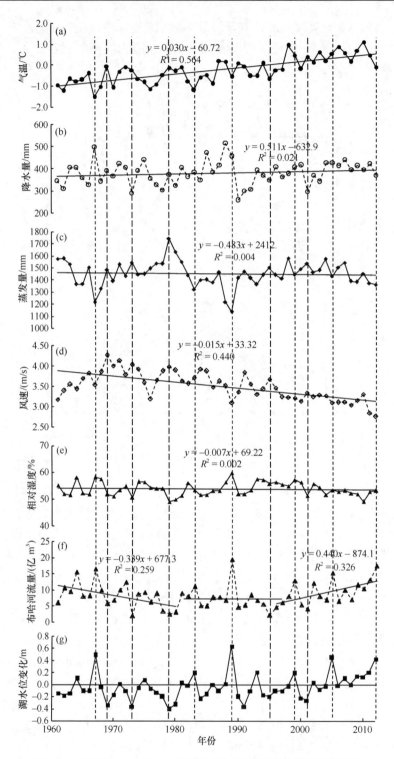

图 5.29 青海湖 1961~2012 年湖水位、河流径流和气候要素变化

表 5.14 青海湖水位、气象要素及河流径流年代际变化特征

要素	1961~2012 年	1960s	1970s	1980s	1990s	2000s
湖水位变化/m	−0.03	−0.06	−0.16	0.01	−0.09	0.09
气温/℃	−0.22	−0.82	−0.48	−0.39	−0.06	0.50
降水量/mm	382.37	377.04	365.13	402.11	370.93	394.26
蒸发量/mm	1451.23	1433.46	1533.82	1372.50	1456.73	1455.25
风速/(m/s)	3.51	3.68	3.81	3.59	3.42	3.14
相对湿度/%	53.83	53.96	53.30	53.83	55.60	52.69
径流量/亿 m^3	8.41	9.71	6.67	8.49	6.56	10.25

在年际尺度上，较高蒸发量对应的降水量和相对湿度均较低，气温和风速均较高，例如 1969 年、1979 年、1995 年和 2001 年；较低蒸发量对应的降水量和相对湿度均较高，气温和风速均较低，例如 1967 年、1983 年、1989 年、2005 年和 2012 年。较高径流量对应高降水量和低蒸发量，例如 1967 年、1983 年、1989 年、1999 年、2005 年；较低径流量对应低降水量和高蒸发量，例如 1969 年、1973 年、1979 年、1995 年、2001 年。相关分析结果表明（表 5.15）：蒸发量与降水和相对湿度呈显著的负相关关系，表明干暖条件有助于湖面蒸发。3~4 月，尽管温度相对较低，月蒸发量依然较大，主要因为这段时期风速较大。径流量与降水和相对湿度呈正相关，与蒸发和风速呈负相关。由于青海湖流域为封闭流域，流域内河流径流主要受控于降水量。

表 5.15 青海湖水位变化与气象要素及河流径流的相关系数

要素	湖水位变化/m	气温/℃	降水量/mm	蒸发量/mm	风速/(m/s)	相对湿度/%	径流量/亿 m^3
湖水位变化/m	1						
气温/℃	0.05	1					
降水量/mm	0.57***	0.11	1				
蒸发量/mm	−0.64***	0.21	−0.43**	1			
风速/(m/s)	−0.57***	−0.40**	−0.21	0.21	1		
相对湿度/%	0.48***	−0.26	0.35*	−0.53***	−0.26	1	
径流量/亿 m^3	0.86***	−0.02	0.45***	−0.55***	−0.43**	0.40**	1

***表示显著性水平在 0.001 以上；**表示显著性水平在 0.01 以上；*表示显著性水平在 0.05 以上。

青海湖水位与降水和径流在年代际和年际尺度上的变化趋势一致，而与蒸发呈相反趋势，如在 1967 年、1983 年、1989 年、1999 年、2005 年和 2012 年等年份，青海湖水位上升，相应的降水量、相对湿度和径流量较高，蒸发量和风速较低；在 1969 年、1973 年、1979 年、1995 年和 2001 年等年份，青海湖水位下降，相应的降水量、相对湿度和径流量较低，蒸发量和风速较高。相关分析结果同样表明，青海湖水位变化与降水量、相对湿度和河流径流量呈正相关，与蒸发量和风速呈负相关，在月尺度上，青海湖水位在 11~12 月下降较多，这主要是由湖面结冰引起的；而在 7~8 月上升较多，是由于丰富的降水和径流出现在夏季。

结合青海湖流域水汽来源特征(6~8 月受控于东南季风,9 月~翌年 5 月受控于西风)，

获得青海湖水位在两个时段（东南季风时段和西风环流时段）均与降水量、相对湿度和径流量呈显著正相关，与蒸发量和风速呈显著负相关，与气温相关性不显著（表5.16）。

表5.16 青海湖水位变化与气象要素和河流径流的相关系数

研究时段	气温	降水量	蒸发量	风速	相对湿度	径流量
6～8月（东亚季风时段）	−0.04	0.61***	−0.67***	−0.040**	0.64***	0.74***
9～5月（西风环流时段）	−0.05	0.66***	−0.61***	−0.49***	0.51***	0.68***

***表示显著性水平在0.001以上；**表示显著性水平在0.01以上；*表示显著性水平在0.05以上。

基于1961～2012年青海湖水位、气象和河川径流数据，采用PCA主成分分析法，对青海湖水位变化的影响因素进行分析。结果显示：东亚季风（6～8月）和西风环流（9月～翌年5月）控制时段的气象因素对湖水位变化的影响比重分别为49.8%和27.8%，气温、降水量、蒸发量和风速对湖水位变化的贡献分别为13.8%、36.3%、27.1%和18.4%。因此，湖水位主要受控于东亚季风控制时段的降水量和蒸发量。

5.8 小 结

本章通过氢氧稳定同位素和水化学方法研究了青海湖流域降水-地表水-地下水-湖水之间的水量转换关系，主要结论如下。

1）建立了青海湖流域本地大气降水线：$\delta^2H = 7.86\delta^{18}O + 15.01$。通过分析大气降水同位素的高程效应、湖泊效应，结合NCEP/NCAR再分析数据，对比分析GNIP网点的同位素及氘盈余值，阐明了青海湖流域的水汽来源特征：6～8月受控于东南季风，9月～翌年5月受控于西风，因唐古拉山阻挡，流域降水不受西南季风的影响。运用氘盈余二元混合模型计算出青海湖湖面蒸发对流域降水的贡献率分别为：4～10月贡献率变化在3.03%～37.93%，夏季较高；年贡献率约为23.42%，贡献量为90.54 mm。

2）河水主要来源于同时期的大气降水，并在产汇流过程中经历了一定的蒸发；大部分河水属于低矿化度淡水，水化学类型主要为Ca^{2+}-Mg^{2+}-HCO_3^-型。布哈河有57.9%的流量来源于中上游的阳康曲和希格尔曲，沙柳河有79.4%的流量来源于伊克乌兰河和瓦音曲，表明青海湖流域内的河川径流主要来源于中上游地区的降水产流。流域2009年7月至2010年6月期间地表径流深平均为77.8 mm，径流系数为0.190。

3）大部分环湖地下水来源于流域内的大气降水，并对湖水有一定的补给作用。在青海湖南岸，分布在断裂带的地下水氢氧稳定同位素较其他地下水贫化，且年内波动性较大，表明其可能受到裂隙水补给。

4）青海湖湖水在形成初期主要来自于湖面降水和外围的河水及地下水，在其发展过程中，湖水的氢氧稳定同位素不断富集，Ca^{2+}、Mg^{2+}、HCO_3^-、SO_4^{2-}离子含量减少，Na^+、K^+、Cl^-离子含量不断增加，即形成δ^2H和$\delta^{18}O$均大于0、水化学类型为Na^+-Cl^-型的高矿化度咸水。海晏湾及尕海在与青海湖分离后，地表补给水源减少，湖水蒸发强烈使各离子浓度增加。耳海因倒淌河河水注入使得δ^2H和$\delta^{18}O$、离子浓度及电导率均明显低于其他湖泊。

5）应用稳定同位素技术估算青海湖水位变化具有一定的可行性，但应在计算过程中考虑青海湖湖水盐度对分馏系数的影响，青海湖水位的变化主要受控于东亚季风控制时段的降水量和蒸发量。

参 考 文 献

边千韬, 刘嘉麒, 罗小全, 等. 2000. 青海湖的地质构造背景及形成演化. 地震地质, 22(1): 20-26.
黄天明, 聂中青, 袁利娟. 2008. 西部降水氢氧稳定同位素温度及地理效应. 干旱区资源与环境, 22(8): 76-81.
刘小园. 2004. 青海湖流域水文特征. 水文, 24(2): 60-61.
柳鉴容, 宋献方, 袁国富, 等. 2008. 西北地区大气降水 $\delta^{18}O$ 的特征及水汽来源. 地理学报, 63(1): 12-22.
王宝鉴, 黄玉霞, 何金海, 等. 2004. 东亚夏季风期间水汽输送与西北干旱的关系. 高原气象, 23(6): 912-918.
王可丽, 江灏, 赵红岩. 2006. 中国西北地区水汽的平流输送和辐合输送. 水科学进展, 17(2): 164-169.
王宁练, 张世彪, 贺建桥, 等. 2009. 祁连山中段黑河上游山区地表径流水资源主要形成区域的同位素示踪研究. 科学通报, 54: 2148-2152.
中国科学院兰州地质研究所, 中国科学院水生生物研究所, 中国科学院微生物研究所, 等. 1979. 青海湖综合考察报告. 北京: 科学出版社.
中国科学院兰州分院, 中国科学院西部资源环境研究中心. 1994. 青海湖近代环境的演化和预测. 北京: 科学出版社.
Araguás-Araguás L, Froehlich K, Rozanski K. 1998. Stable isotope composition of precipitation over southeast Asia. Journal of Geophysical Research, 103: 28721-28742.
Bortolami G C, Ricci B, Susella G F. 1979. Isotope hydrology of the Val Corsaglia, Maritime Alps, Piedmont, Italy. In: Isotope Hydrology, Neuherberg, Germany.
Bowen G J, Kennedy C D, Henne P D, et al. 2012. Footprint of recycled water subsidies downwind of Lake Michigan. Ecosphere, 3(6): 1-16.
Bowen G J, Wilkinson B H. 2002. Spatial distribution of $\delta^{18}O$ in meteoric precipitation. Geology, 30(4): 315-318.
Craig H, Gordon L. 1965. Deuterium and Oxygen-18 variation in the ocean and the marine atmosphere. In: Proceedings of the Conference on Stable isotopes in Oceanographic studies and Paleotemperatures, Spoleto, Italy.
Cui B L, Li X Y. 2014. Characteristics of stable isotope and hydrochemistry of the groundwater around Qinghai Lake, NE Qinghai-Tibet Plateau, China. Environmental Earth Sciences, 71: 1159-1167.
Cui B L, Li X Y. 2015. Runoff processes in the Qinghai Lake Basin, Northeast Qinghai-Tibet Plateau, China: insights from stable isotope and hydrochemistry. Quaternary International, 380-381: 122-132.
Dansgaard W. 1964. Stable isotopes in precipitation. Tellus, 16(4): 436-468.
Froehlich K, Kralik M, Papesch W, et al. 2008. Deuterium excess in precipitation of Alpine regions-moisture recycling. Isotopes in Environmental and Health Studies, 44(1): 61-70.
Gat J R, Bowser C J, Kendall C. 1994. The contribution of evaporation from the Great Lakes to the continental atmosphere: estimate based on stable isotope data. Geophysical Research Letter, 21(7): 557-560.
Gat J R, Carmi I. 1970. Evolution of the isotopic composition of atmospheric waters in the Mediterranean Sea area. Journal of Geophysical Research, 75: 3039-3048.
Gat J R, Matsui E. 1991. Atmospheric water balance in the Amazon Basin: an isotopic evapotranspiration model. Journal of Geophysical Research-Atmosphere, 96: 13179-13188.
Gibbs R J. 1970. Mechanisms controlling world water chemistry. Science, 170: 1088-1090.

Hou Z H, Xu H, An Z S. 2009. Major ion chemistry of waters in Lake Qinghai catchment and the possible controls. Earth & Environment, 37(1): 11-19.

Jones B F, Deocampo D M. 2003. Geochemistry of Saline Lakes. In: Treatise on Geochemistry.

Kong Y, Pang Z. 2012. Evaluating the sensitivity of glacier rivers to climate change based on hydrograph separation of discharge. Journal of Hydrology, 434-435: 121-129.

Kong Y L, Pang Z H, Froehlich K. 2013. Quantifying recycled moisture fraction in precipitation of an arid region using deuterium excess. Tellus B, 65: 19251.

Kreutz K J, Wake C P, Aizen V B, et al. 2003. Seasonal deuterium excess in a Tien Shan ice core: influence of moisture transport and recycling in Central Asia. Geophysical Research Letters, 30(18): 1922.

Machender G, Dhakate R, Reddy M N, et al. 2014. Hydrogeochemical characteristics of surface water(SW)and groundwater(GW)of the Chinnaeru River basin, northern part of Nalgonda District, Andhra Pradesh, India. Environmental Earth Sciences, 71: 2885-2910.

Pang Z, Kong Y, Froehlich K, et al. 2011. Processes affecting isotopes in precipitation of an arid region. Tellus B, 63(3): 352-359.

Paul G, Wanielista M. 2000. Effects of evaporative enrichment on the stable isotope hydrology of a central Florida(USA)river. Hydrological Processes, 14: 1465-1484.

Qin J, Ding Y J, Wu J K, et al. 2013. Understanding the impact of mountain landscapes on water balance in the upper Heihe River watershed in northwestern China. Journal of Arid Land, 5(3): 366-383.

Ryu J S, Lee K S, Chang H W. 2007. Hydrogeochemical and isotopic investigations of the Han River basin, South Korea. Journal of Hydrology, 345: 50-60.

Sun D P, Li B X, Ma Y H, et al. 2002. An investigation on evaporating experiments for Qinghai Lake water, China. Journal of Salt Lake Research, 10(4): 1-12.

Tian L D, Yao T D, MacClune K, et al. 2007. Stable isotopic variations in west China: a consideration of moisture sources. Journal of Geophysical Research, 112: D10112.

Tian L D, Yao T D, Sun W Z, et al. 2001. Relationship between δD and $\delta^{18}O$ in precipitation from north to south of the Tibetan Plateau and moisture cycling. Science in China, 44(9): 789-796.

Vallet-Coulomb C, Gasse F, Sonzogni C. 2008. Seasonal evolution of the isotopic composition of atmospheric water vapour above a tropical lake: deuterium excess and implication for water recycling. Geochimica Et Cosmochimica Acta, 72: 4661-4674.

Xie L H, Wei G J, Deng W F, et al. 2011. Daily $\delta^{18}O$ and δD of precipitations from 2007 to 2009 in Guangzhou, South China: implications for changes of moisture sources. Journal of Hydrology, 400: 477-489.

Xu H, Hou Z H, An Z S, et al. 2010. Major ion chemistry of waters in Lake Qinghai catchments, NE Qinghai-Tibet plateau, China. Quaternary International, 212: 35-43.

Xu Y W, Kang S C, Zhang Y L, et al. 2011. A method for estimating the contribution of evaporative vapor from Nam Co to local atmospheric vapor based on stable isotopes of water bodies. Chinese Science Bulletin, 56(14): 1511-1517.

Yamanaka T, Shimizu R. 2007. Spatial distribution of deuterium in atmospheric water vapor: diagnosing sources and the mixing of atmospheric moisture. Geochimica Et Cosmochimica Acta, 71: 3162-3169.

Yao T D, Masson-Delmotte V, Gao J, et al. 2013. A review of climatic controls on $\delta^{18}O$ in precipitation over the Tibetan Plateau: observations and simulations. Reviews of Geophysics, 51: 525-548.

Yu W S, Yao T D, Tian L D, et al. 2008. Relationships between $\delta^{18}O$ in precipitation and air temperature and moisture origin on a south-north transect of the Tibetan Plateau. Atmospheric Research, 87: 158-169.

第6章 陆地生态系统和流域水分收支

第2章通过实验观测分别研究了青海湖流域各陆地生态系统的生态水文过程及其影响因素，本章将从水量平衡的角度对比不同生态系统水分收支的差异性规律，并结合遥感方法分析整个流域的水分收支特征。

6.1 研究方法

6.1.1 陆地生态系统水量平衡分析

水量平衡是生态系统水分收支研究的基础。降水到达冠层表面，一部分被冠层截留，直接消耗于蒸发；一部分沿树干到达地面，形成树干茎流；其余部分透过冠层到达地表，形成穿透雨。到达地表的树干茎流和穿透雨一部分以地表径流或壤中流的形式流出，一部分渗漏到深层地下水中，还有一部分被土壤蒸发到大气中或由植物根系吸收，并通过植物蒸腾到达大气中，这些部分共同引起土壤含水量的增加或减少（统称土壤含水量变化）。因此，生态系统水量平衡方程可以表示为（余新晓和陈丽华，1996）

$$P + S_d = (E + T + I_c + I_l) + (R_s + R_{ss}) + F_d + \Delta W_s + \Delta W_p \tag{6.1}$$

式中，P 为大气垂直降水量；S_d 为地下深层补给量；E 为植被蒸腾量；T 为土壤蒸发量；I_c 为植被冠层截留量；I_l 为枯枝落叶层截留量；R_s 为地表径流量；R_{ss} 为壤中流量；F_d 为深层渗漏量；ΔW_s 为根区土壤含水量变化；ΔW_p 为植被体内含水量变化。在长时间尺度上（如年尺度），通常忽略植被体内含水量变化、地下深层补给量和深层渗漏量。植被冠层截留量和枯枝落叶层截留量最终消耗于蒸散发，因此，可将植被冠层截留量、枯枝落叶层截留量、植被蒸腾量和土壤蒸发量统称为蒸散发量（ET）。同时地表径流量（R_s）和壤中流量（R_{ss}）可以统称为径流量（R），因此，上式可以简化为

$$P = ET + R + \Delta W_s \tag{6.2}$$

式（6.2）的物理意义为，到达生态系统的降水将消耗于土壤和植被的蒸散发、地表和地下径流，以及土壤含水量的变化。在第2章观测结果基础上，根据式（6.2）计算青海湖流域不同生态系统的水分收支。

6.1.2 基于同位素方法的青海湖水量平衡分析

青海湖为封闭内陆湖泊，水面蒸发是水量平衡方程中唯一的支出项，因此，不考虑流出水量的影响，湖水水量平衡方程和稳定同位素质量平衡方程可以分别简化为

$$\frac{dV}{dt} = I_S + I_G + P - E \tag{6.3}$$

$$\frac{d(\delta_L V)}{dt} = \delta_{IS} I_S + \delta_{IG} I_G + \delta_P P - \delta_E E \tag{6.4}$$

式中，V 为湖泊体积；I_S、I_G、P 和 E 分别为地表径流流入量、地下径流流入量、湖面降水量和湖面蒸发量；δ_L、δ_{IS}、δ_{IG}、δ_P 和 δ_E 分别为湖水、地表径流流入水、地下径流流入水、湖面降水和湖面蒸发水汽同位素的比率。

取湖水稳定同位素的平均状态，得

$$E = \frac{(\delta_L - \delta_{IG})\dfrac{dV}{dt} + (\delta_{IG} - \delta_P)P + (\delta_{IG} - \delta_{IS})I_S}{\delta_{IG} - \delta_E} \tag{6.5}$$

$$I_G = \frac{(\delta_L - \delta_E)\dfrac{dV}{dt} + (\delta_E - \delta_P)P + (\delta_E - \delta_{IS})I_S}{\delta_{IG} - \delta_E} \tag{6.6}$$

6.1.3 土壤水分和蒸散发反演

为了研究大尺度的水分收支特征，需要借助于遥感方法对土壤水分和蒸散发进行反演。已有研究表明，地表温度和归一化植被指数（NDVI）的关系能够更加直观地反映地表土壤水分状况（Friedl and Davis，1994），在此基础上 Sandholt 等（2002）提出了温度植被干旱指数（TVDI）：

$$\text{TVDI} = \frac{T_s - T_{s\min}}{T_{s\max} - T_{s\min}} \tag{6.7}$$

式中，T_s 为某一像元的地表温度；$T_{s\min}$ 为特定 NDVI 对应的最低地表温度，$T_{s\min} = a_1 + b_1 \times \text{NDVI}$，$a_1$ 和 b_1 分别为地表温度-归一化植被指数空间中湿边的拟合参数；$T_{s\max}$ 为特定 NDVI 对应的最高地表温度，$T_{s\max} = a_2 + b_2 \times \text{NDVI}$，$a_2$ 和 b_2 分别为地表温度-归一化植被指数空间中干边的拟合参数。如果计算得到的 TVDI 与不同深度的土壤含水量之间存在显著的相关关系，则其可以用于反演对应深度的土壤含水量（Wang et al.，2010）。

为了反演青海湖流域的土壤含水量，在流域范围内均匀布置 50 个土壤水分采样点，涵盖主要的地形、土壤和植被类型（图 6.1）。2015 年 7~8 月，每个月测量各采样点的土壤含水量，测量深度分别为 0~5 cm、5~10 cm、10~20 cm、20~30 cm 和 30~50 cm，每个测量重复 3 次。进一步建立 2015 年 8 月各采样点 TVDI 与不同深度土壤含水量的关系，结果显示 TVDI 与 30 cm 以上的土壤含水量具有显著的线性关系。进一步利用建立的关系反演 2015 年 7 月的土壤含水量，并与实测数据进行对比验证，结果表明反演效果良好。因此，TVDI 方法可以用于反演青海湖流域 30 cm 深度范围内的土壤含水量，并为流域尺度水分收支研究提供了数据支撑。

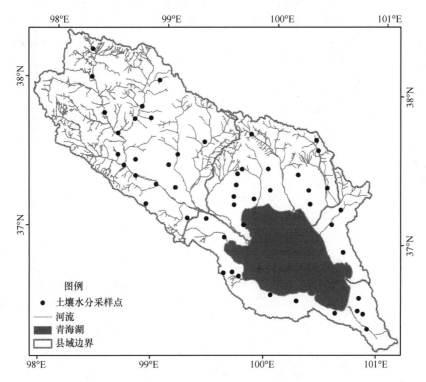

图 6.1 青海湖流域土壤水分采样点分布

采用三温模型反演青海湖流域蒸散发,其核心公式为(Qiu et al., 1996; Xiong and Qiu, 2011)

$$
\begin{aligned}
\text{LE}_s &= R_{ns} - G_s - (R_{nsd} - G_{sd})\frac{T_s - T_a}{T_{sd} - T_a} \quad (\text{NDVI} \leqslant \text{NDVI}_{\min}) \\
\text{LE}_c &= R_{nc} - R_{ncp}\frac{T_c - T_a}{T_{cp} - T_a} \quad (\text{NDVI} \geqslant \text{NDVI}_{\max}) \\
\text{LE}_m &= \left[R_{nm} - G_m - (R_{nsdm} - G_{sdm})\frac{T_{sm} - T_a}{T_{sdm} - T_a} \right] \times (1 - f) \\
&\quad + \left[R_{nm} - R_{ncpm}\frac{T_{cm} - T_a}{T_{cpm} - T_a} \right] \times f \quad (\text{NDVI}_{\min} \leqslant \text{NDVI} \leqslant \text{NDVI}_{\max})
\end{aligned}
\tag{6.8}
$$

式中,LE_s 为纯净土壤像元的蒸发;R_{ns} 为土壤吸收的太阳净辐射;G_s 为土壤热通量;R_{nsd} 为参考土壤吸收的净辐射;G_{sd} 为参考土壤的土壤热通量;T_s 为土壤表面温度;T_a 为气温;T_{sd} 为参考土壤表面温度;LE_c 为纯净植被像元的蒸腾;R_{nc} 为植被吸收的太阳净辐射;R_{ncp} 为参考植被吸收的净辐射;T_c 为植被冠层温度;下标 m 表示混合像元的对应参数。$\text{NDVI}_{\min}$ 和 $\text{NDVI}_{\max}$ 分别为判别纯净土壤像元、纯净植被像元和混合像元的阈值,采用覃志豪等(2004)的研究结果设定 $\text{NDVI}_{\min}=0.05$、$\text{NDVI}_{\max}=0.70$。

进一步从生态系统和流域两个尺度对蒸散发遥感反演结果进行验证,在生态系统尺度,对比嵩草草甸、金露梅灌丛和芨芨草草原样地涡动观测结果与对应像元的反演结果,

3个生态系统2014～2015年逐月蒸散发的平均绝对误差介于5.16～12.60 mm,均方根误差介于5.87～15.82 mm;在流域尺度,对比根据水量平衡计算的陆地蒸散发和遥感反演的陆地蒸散发,2014年和2015年全年蒸散发的相对误差分别为0.57%和–3.97%。因此,无论是生态系统尺度,还是流域尺度,青海湖流域遥感反演的蒸散发均具有较高的准确性,能够用于水分收支研究。

6.2 陆地生态系统水分收支

6.2.1 不同生态系统水分收支对比

1. 降水对比

2014～2016年,青海湖流域典型生态系统的年降水量均在400～700 mm,但不同生态系统之间具有一定差异(表6.1)。嵩草草甸、金露梅灌丛和芨芨草草原在2014年和2015年具有同步观测,降水空间分布均表现为嵩草草甸＞金露梅灌丛＞芨芨草草原,而这3个生态系统的海拔也具有相同规律,因此,青海湖流域在一定范围内降水量与海拔呈现正相关关系,伴随海拔增加,降水量逐渐增大。同时,各生态系统降水量在年内分配不均,生长季的降水量占全年总降水量的70%～90%,最大月降水量均出现在6～8月,最小月降水量均出现在12月～次年2月。从次降水看,各生态系统小降水事件所占比重均较大,次降水量频率最高的均为小于1 mm降水,小于5 mm降水占总降水次数的70%以上。

表6.1 青海湖流域不同生态系统水分收支要素对比

生态系统	年份	气温/℃	降水/mm	蒸散发/mm	土壤蓄水量变化/mm	径流深/mm
嵩草草甸	2014	–0.89	659.00	486.67	45.86	126.47
	2015	–0.61	514.37	474.48	–26.36	66.25
金露梅灌丛	2014	–1.37	573.00	537.77	–18.90	54.13
	2015	–1.21	434.60	439.28		
芨芨草草原	2014	1.27	571.90	533.04	21.70	17.15
	2015	0.67	423.10	465.13	–33.34	–8.69
紫花针茅草原	2016	–0.48	552.60	421.54	29.83	101.23
农田	2014	0.28	506.40	404.61		

2. 蒸散发对比

不同生态系统的年蒸散发量均在400～600 mm,但不同生态系统之间存在差异。2014年芨芨草草原和金露梅灌丛蒸散发量接近,分别为533.04 mm和537.77 mm,嵩草草甸蒸散发量(486.67 mm)相对较低;而2015年嵩草草甸蒸散发量较高(474.48 mm),其次分别为芨芨草草原(465.13 mm)和金露梅灌丛(439.28 mm)。Zhang等(2016)基于波文比能量平衡法对2012～2013年3个相同站点蒸散发的研究发现，嵩草草甸年蒸散发量为 493.2 mm，金露梅灌丛为 507.9 mm，均高于同期芨芨草草原的 413.7 mm，该研究结果与本章 2015 年的数据接近。和其他地区相比，本章嵩草草甸 2014 年和 2015 年的蒸散发量略低于青藏高原中部海拔 4333 m 的嵩草草甸蒸散发量（496 mm，Hu et al.，2009），而高于 Reverter 等（2010）在西班牙研究得到的高寒灌丛 2007 年的蒸散发量（386 mm），这一方面与蒸散发的年际变化有关，另一方面也可能由不同站点间的环境条件差异引起。本章获得的金露梅灌丛年蒸散发量介于郑涵等（2013）基于涡动相关法得到的海北金露梅灌丛 2003~2011 年蒸散发量的变化范围之间（451.3~681.3 mm）；Hu 等（2009）模拟得到的金露梅灌丛年蒸散发量（483~543 mm）与本章得到的 2014 年金露梅灌丛年蒸散发量接近；李英年等（2007）研究得到的金露梅灌丛年蒸散发量为 506 mm，处于本章 2014 年和 2015 年金露梅灌丛蒸散发量之间。因此，本章所得各生态系统的蒸散发与其他地区相同生态系统的研究结果具有可比性。

虽然 2014~2015 年嵩草草甸、金露梅灌丛和芨芨草草原蒸散发量的相对大小有所变化，但嵩草草甸蒸散发量年际变化最小，而金露梅灌丛和芨芨草草原蒸散发量的年际变化较大。结合两年降水量的变化可知，3 个生态系统降水量从 2014~2015 年均显著降低，但嵩草草甸的蒸散发量减少较小，金露梅灌丛和芨芨草草原的蒸散发量则显著减小，表明金露梅灌丛和芨芨草草原蒸散发量受水分的影响要明显大于嵩草草甸。

3. 土壤蓄水量对比

不同生态系统土壤含水量变化受冻融作用影响显著，完全冻结期土壤水主要以固态形式存在，实测含水量（液态）很低；完全溶解期土壤水则全部以液态形式存在，实测含水量显著高于完全冻结期。对比嵩草草甸、金露梅灌丛、芨芨草草原和紫花针茅草原 2014~2015 年土壤冻融起止日期发现（表 6.2），不同深度的冻结和消融时间差异明显，均表现为伴随深度增加不断推后，即深层土壤的冻结时间和消融时间均晚于浅层土壤。各生态系统从表层开始冻结到整个土层完全冻结所需时间有所不同，由快到慢依次为嵩草草甸（42 d）＜金露梅灌丛（44 d）＜芨芨草草原（60 d）＜紫花针茅草原（61 d）；从表层开始消融到整个土层完全消融所需时间也有所不同，由快到慢依次为紫花针茅草原（34 d）＜芨芨草草原（35 d）＜金露梅灌丛（49 d）＜嵩草草甸（57 d）。结合不同生态系统的海拔可知，伴随海拔升高，土壤由表层至深层的冻结时间逐渐缩短，而消融时间逐渐延长，由此形成高海拔地区土层冻结快而消融慢，低海拔地区土层冻结慢而消融快的格局。研究时段内各生态系统土壤开始冻结时间差异不大，表层 0~20 cm 大约在 2014 年 11 月中旬，底层 60~100 cm 大约在 2015 年 1 月中上旬，但完全消融时间存在较大差异，芨芨草草原各土层消融时间最早，其次分别为紫花针茅草原和金露梅灌丛，嵩草草甸各土层消融时间最晚，并由此形成各生态系统冻结天数的差异，各生态系统不同土层平均冻结天数由长至短依次为嵩草草甸（203 d）＞金露梅灌丛（191 d）＞紫花针茅草原（126 d）＞芨芨草草原（123 d），总体表现为伴随海拔升高，冻融天数不断增加。

表 6.2　不同生态系统 2014～2015 年冻融起止时间及冻结天数

生态系统	土层深度/cm	开始冻结日期	完全消融日期	冻结天数/天
嵩草草甸	0～20	2014/11/21	2015/5/29	189
	20～40	2014/11/16	2015/6/26	222
	40～60	2014/12/31	2015/7/15	196
	60～100	2015/1/2	2015/7/25	204
金露梅灌丛	0～20	2014/11/1	2015/5/17	197
	20～40	2014/11/23	2015/5/27	185
	40～60	2014/12/10	2015/6/6	178
	60～100	2014/12/15	2015/7/5	202
芨芨草草原	0～20	2014/11/1	2015/3/31	136
	20～40	2014/12/5	2015/4/6	122
	40～60	2014/12/16	2015/4/16	121
	60～100	2015/1/14	2015/5/5	111
紫花针茅草原	0～20	2015/11/16	2016/4/3	139
	20～40	2015/12/2	2016/4/11	131
	40～60	2015/12/20	2016/4/21	123
	60～100	2016/1/16	2016/5/7	112

2014～2015 年冻融前后不同生态系统土壤含水量变化显示（图 6.2）：嵩草草甸和金露梅灌丛各土层土壤含水量均有所增加；芨芨草草原表层（0～40 cm）土壤含水量有所减少，而深层（40～100 cm）土壤含水量有所增加；紫花针茅草原表层 0～20 cm 土壤含水量保持不变，以下各层土壤含水量均略有增加。由此可见，土壤冻结能够将各生态系统的土壤水分以固态形式封存于土壤中，有效减少了土壤水分在冬季的蒸散发损失，并通过第二年的消融过程将封存的土壤水分释放，为生长季初期的植物生长提供了水源。同时，经过一个冻融循环，各生态系统深层（40～100 cm）土壤含水量均有所增加，这主要是由冻融过程中土壤水分的迁移引起的。大量研究表明（Brouchkov，2000；李元寿等，2010；付强等，2016），土壤冻结阶段大量液态水发生冻结，冻结锋面处土壤水势降低，冻结锋面下部的液态土壤水在水势梯度作用下向冻结锋面处迁移（向上迁移）；而在土壤消融阶段，上层土壤中冰融化产生的液态水、地表积雪融水及降水入渗等则会在重力作用下逐渐向下层土壤迁移，且迁移量明显大于冻结阶段土壤水分的向上迁移量，并由此导致冻融循环后土壤水分整体向下迁移的趋势。

由于土壤冻融期间实测土壤含水量仅为土壤中的液态水含量，尚有大量固态水无法探测，而各生态系统冻融期间土壤含水量变化很小，因此，在进行不同生态系统水分收支分析时，为了获取各生态系统真实的土壤含水量变化情况，剔除冻融阶段的土壤含水量，主要关注生长季期间（5～9 月）的土壤含水量变化。生长季期间，青海湖流域不同生态系统的土壤蓄水量年际变化不大（表 6.3），土壤蓄水量大小依次为嵩草草甸（429.23 mm）＞芨芨草草原（361.35 mm）＞金露梅灌丛（296.87 mm）＞紫花针茅草原（160.58 mm）。结合野外调查可知，嵩草草甸具有较厚的草毡层和腐殖质层，能够起到

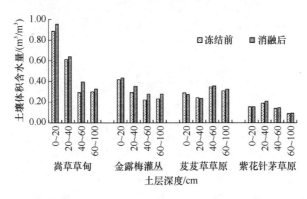

图 6.2 典型生态系统 2014~2015 年不同深度土壤冻结前后含水量变化

很好的吸水保水作用。金露梅灌丛降水量大于芨芨草草原,但其土壤含水量却低于芨芨草草原,结合二者的土壤剖面特征可知,金露梅灌丛土层 55 cm 以下即为母质层,多含棱角分明的砾石,土壤蓄水保水能力差;而芨芨草草原土层相对深厚,110 cm 以下才为母质层,土壤蓄水能力强于金露梅灌丛。2014 年各生态系统降水量普遍大于蒸散发量,土壤含水量有所增加,嵩草草甸增加最多;2015 年各生态系统降水量减少,且多小于蒸散发量,土壤含水量有所降低,芨芨草草原减少最多。

表 6.3 不同生态系统年平均与生长季平均土壤蓄水量

生态系统	年份	年平均土壤蓄水量/mm	生长季平均土壤蓄水量/mm
嵩草草甸	2014	320.76	437.37
	2015	302.35	421.10
金露梅灌丛	2014	232.24	296.87
芨芨草草原	2014	305.77	373.81
	2015	289.48	348.90
紫花针茅草原	2016	130.99	160.58

4. 径流深对比

生态系统的径流深(R)根据水量平衡原理计算,由降水量(P)减去蒸散发量(ET)和土壤蓄水量变化(ΔW)得到。由表 6.3 可知,嵩草草甸 2014~2015 年降水量差异较大,但始终高于蒸散发量,每年均有径流生成,而且径流深始终高于其他生态系统。金露梅灌丛和芨芨草草原仅在降水丰沛的 2014 年有产流,而且金露梅灌丛的径流深高于芨芨草草原。紫花针茅草原在观测时段内产流量较大(101.23 mm),2016 年 7 月 10 日及 8 月 25 日的两次暴雨(降水量之和为 151.00 mm)对其径流形成的作用较大。农田生态系统因为观测时段内土壤含水量数据缺测,因此没有对其进行径流深计算。

根据水量平衡原理计算的芨芨草草原 2015 年径流深为负值,这可能是因为芨芨草根系较为发达,能够利用深层土壤水,进而使得观测的土壤蓄水量变化小于蒸散发引起的土壤蓄水量变化。另外,土壤蓄水量存在较大的空间异质性,但本章观测得到的仅为点尺度的土壤含水量变化,当与生态系统尺度蒸散发进行比较时可能存在一定偏差。同时，翻斗式雨量计无法有效观测固态降水，观测获得的降水量可能比实际降水量偏低。

6.2.2 不同生态系统水分收支年内变化

1. 年内变化特征

嵩草草甸 2014～2015 年逐月水分收支对比结果显示（图 6.3）：2014 年 6～8 月和 2015 年 5～9 月降水量均大于蒸散发量与土壤蓄水量变化之和，有径流产生；二者差值在 2014 年 8 月最大，达到 131.97 mm，由此形成大量径流，这主要与该月降水量较大有关。研究时段内每年 10 月～次年 4 月，降水量均小于蒸散发量与土壤蓄水量变化之和，没有径流生成。降水和蒸散发是控制生态系统水分收支的主导因素，虽然在对嵩草草甸的研究中，二者的逐月变化规律基本相同，但二者的相对大小决定了生态系统的水分盈亏。每年 10 月至翌年 4 月（非生长季期间），生态系统水分收支以蒸散发为主导，降水量很小，整体表现为水分亏缺；而在每年 5～9 月（生长季期间），降水量普遍高于蒸散发量，生态系统水分有所盈余。土壤蓄水量变化在生态系统水分收支中具有一定作用，其变化主要受降水和蒸散发控制，基本表现为当月降水量明显大于蒸散发量时，土壤蓄水量有所增加；而当降水量明显小于蒸散发量时，土壤蓄水量则因补给蒸散发而有所减少。

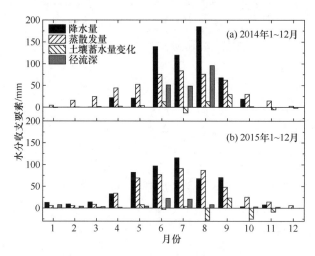

图 6.3 嵩草草甸 2014 年 1 月～2015 年 12 月逐月水分收支变化

金露梅灌丛每年 10 月～次年 5 月降水量均小于蒸散发量，生态系统水分亏缺，亏缺量最小值出现在 2014 年 5 月，达–58.28 mm（图 6.4），此时降水较少，而土壤表层已经消融，且含水量较高，有利于地表蒸散发的进行，由此导致降水量与蒸散发量的差值较大。每年生长季（5～9 月）的降水量多大于蒸散发量，生态系统水分盈余，有径流生成。2014 年降水量与蒸散发量差值的最大值出现在 8 月（103.79 mm），较多的降水在产生大量径流的同时也对土壤水分进行补给（土壤蓄水量增加 14.87 mm）。2015 年 6 月～

2016年5月降水量与蒸散发量差值的最大值出现在2015年9月（30.71 mm），期间生成径流34.29 mm，土壤蓄水量呈减小趋势，主要因为2015年9月降水主要集中在前半个月，降水量占当月降水量的74%，后半个月降水较少，土壤水分不断消耗，并最终导致月平均土壤蓄水量呈减少趋势。

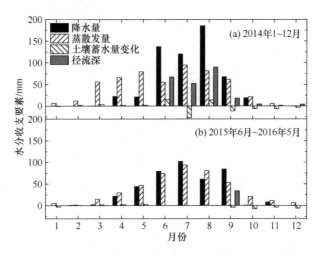

图6.4 金露梅灌丛2014年1月~2016年5月逐月水分收支变化

茋茋草草原2014~2015年非生长季期间（10月~次年4月）降水量均小于蒸散发量，生态系统水分亏缺，没有径流生成，其中，2014年11月和2015年3月降水量和蒸散发量的差值最大，分别为−22.84 mm和−18.68 mm（图6.5）。在生长季期间，2014年6月、8月和2015年8~9月茋茋草草原的降水量明显大于蒸散发量与土壤蓄水量变化之和，有径流生成，2014年8月和2015年9月径流深分别为105.12 mm和25.12 mm。

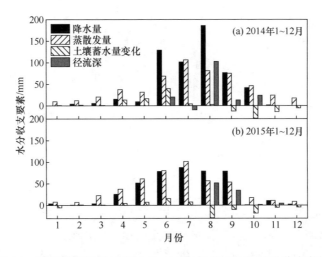

图6.5 茋茋草草原2014年1月~2015年12月逐月水分收支变化

紫花针茅草原2016年5月、7~9月的降水量大于蒸散发量，生态系统水分盈余，在生成径流的同时也对土壤水分进行补给，其中2016年7月降水量与蒸散发量的差值最大（80.69 mm），对土壤蓄水量的补给最大（34.55 mm），产流最多（46.13 mm，图6.6）；其他月份的降水量则小于或等于蒸散发量，生态系统水分亏缺，并不同程度地消耗土壤水分，其中，2016年10月降水量与蒸散发量的差值最小（–20.90 mm），对土壤蓄水量的消耗最大（14.98 mm）。

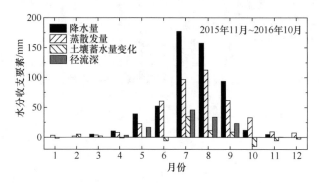

图6.6　紫花针茅草原2015年11月～2016年10月逐月水分收支变化

农田生长季（5～9月）降水量多大于蒸散发量，生态系统水分盈余，其中，2014年8月降水量和蒸散发量的差值最大（83.51 mm，图6.7）；非生长季期间，降水量多小于等于蒸散发量，观测时段内2015年4月降水量和蒸散发量的差值最小（–38.59 mm）。4月农田蒸散发量远远大于降水量，主要因为4月农田开始耕作，人为灌溉为蒸散发提供了大量水源。9月作物开始收割，蒸散发明显降低，并导致该时段降水量大于蒸散发量。

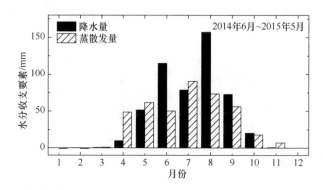

图6.7　农田2014年6月～2015年5月逐月水分收支变化

2. 年内变化影响因素

降水和蒸散发控制着不同生态系统的水分收支，而降水主要受大气环流的影响，这里主要从蒸散发影响因素的角度探讨水分收支的年内变化规律。采用逐步回归方法分析逐日蒸散发速率与不同环境变量（主要考虑非生物因素）的关系，考虑的非生物因素包括净辐射（R_n, W/m^2）、土壤热通量（G, W/m^2）、有效能量（AE, W/m^2，净辐射减去土壤热通量）、降水量（P, mm）、空气温度（T_a, ℃）、相对湿度（RH, %）、水汽压（e_a, kPa)、水汽压亏缺（VPD, kPa）、风速（W_s, m/s）、土壤温度（T_s, ℃）和土壤蓄水量（W, mm），各变量中除降水量为日累积值外，其他变量均为日平均值。由于不同因素之间可能存在相关性，对最终进入模型的变量进行共线性诊断，剔除存在严重共线性的变量，并重新进行逐步回归分析，直至所有变量间的共线性较弱为止。

由逐步回归方程标准化系数可知（表6.4），对嵩草草甸蒸散发年内变化影响最大的因素是能量要素（有效能量），其次是温度要素（空气温度或土壤温度）；金露梅灌丛蒸散发年内变化的主要影响因素包括温度（气温）、辐射（净辐射）和水分要素（土壤蓄水量）；紫花针茅草原蒸散发年内变化的主要影响因素包括能量（有效能量）和水分要素（实际水汽压）；对芨芨草草原蒸散发年内变化影响最大的是水分要素（土壤蓄水量），其次为能量要素（有效能量）。因此，从嵩草草甸到金露梅灌丛、紫花针茅草原，最后到芨芨草草原，蒸散发年内变化的影响因素逐渐由温度或能量要素转变为水分要素。Zhang等（2016）对2011～2014年嵩草草甸、金露梅灌丛和芨芨草草原蒸散发影响因素的分析同样发现，可用能量的年内变化对嵩草草甸蒸散发的影响最大，温度要素的年内变化对金露梅灌丛蒸散发的影响最大，而土壤含水量的年内变化对芨芨草草原蒸散发的影响最大。

表6.4 典型生态系统不同年份蒸散发影响因素逐步回归分析结果

生态系统	变量	非标准化系数	标准误差	标准化系数	R^2	p
嵩草草甸（2014年）	常数	−0.307	0.100		0.900	<0.001
	AE	0.025	0.001	0.815		
	T_a	0.025	0.004	0.157		
	W	0.001	0.000	0.105		
嵩草草甸（2015年）	常数	0.936	0.147		0.909	<0.001
	AE	0.021	0.001	0.740		
	T_s	0.069	0.006	0.405		
	W	0.002	0.000	0.235		
	W_s	−0.049	0.19	−0.044		
	VPD	−1.249	0.217	−0.167		
	RH	−0.019	0.002	−0.289		
金露梅灌丛（2014年）	常数	174.511	9.616		0.722	<0.001
	T_a	4.283	0.283	0.794		
	W	0.098	0.036	0.136		
	W_s	−7.720	1.329	−0.174		
	VPD	−213.571	11.467	−0.705		
	RH	−1.949	0.080	−0.981		
金露梅灌丛（2015年）	常数	−1.525	0.150		0.818	<0.001
	R_n	0.008	0.001	0.545		
	W	0.007	0.001	0.397		
	G	0.018	0.005	0.236		
	P	0.056	0.017	0.125		

续表

生态系统	变量	非标准化系数	标准误差	标准化系数	R^2	p
芨芨草草原（2014 年）	常数	−2.272	0.57		0.708	<0.001
	W	0.010	0.001	0.403		
	AE	0.005	0.001	0.322		
	RH	0.017	0.004	0.233		
	VPD	0.773	0.316	0.124		
芨芨草草原（2015 年）	常数	−1.824	0.136		0.861	<0.001
	W	0.015	0.001	0.670		
	AE	0.006	0.001	0.337		
紫花针茅草原（2016 年）	常数	−1.403	0.080		0.845	<0.001
	AE	0.022	0.001	0.661		
	e_a	2.357	0.125	0.639		
	P	−0.046	0.008	−0.163		
	G	−0.061	0.006	−0.348		

6.2.3 不同生态系统水分收支年际变化

1. 年际变化特征

由表 6.1 可知，嵩草草甸 2014 年的降水量远大于蒸散发量，降水量除部分（45.86 mm）补给土壤水外，剩余部分（126.47 mm）则以径流形式输出。2015 年降水量仍大于蒸散发量和土壤蓄水量变化之和，全年产流 66.25 mm。虽然两年之间降水量有较大差异（144.63 mm），但年蒸散发量年际变化不大，并均小于降水量，生态系统均表现为水分盈余，在全年尺度上均有径流生成，径流深主要受降水影响。土壤蓄水量变化在两年间差异较大，2014 年降水丰沛，土壤蓄水量有所增加；2015 年降水量虽然大于蒸散发量，但土壤蓄水量有所减少，根据嵩草草甸逐月水分收支（图 6.3），2015 年 8~11 月，降水量（149.61 mm）小于蒸散发量（175.72 mm），土壤蓄水量消耗较多。

金露梅灌丛 2014 年降水量大于蒸散发量，虽有部分土壤蓄水量消耗，但仍有径流形成。2015 年 6 月~2016 年 5 月，降水量小于蒸散发量，全年尺度水分有所亏缺。需要指出的是，2014 年金露梅灌丛观测样地位于海拔 3500 m 处的缓坡上，而后 2015 年 6 月调整至海拔 3390 m 的河漫滩上，因此，2015 年 6 月~2016 年 5 月金露梅灌丛所在位置的气温较高，有利于蒸散发进行，同时地下水位较浅，地下水能够对蒸散发提供一定补给，由此共同导致金露梅灌丛水分收支在 2015 年与 2014 年有所不同。

芨芨草草原 2014 年降水量大于蒸散发量，水分有所盈余，在生成径流的同时也对土壤水进行了补充，而且降水集中于 6~8 月（占全年降水量的 72.85%），由此导致在该时段内形成大量径流。2015 年降水量小于蒸散发量，生态系统水分亏缺，没有径流形成，而且对土壤蓄水量进行了一定消耗。2014 年蒸散发量显著高于 2015 年，这一方面因为 2014 年平均气温高于 2015 年，较高的温度能够增强地表蒸散发；另一方面 2014

年充沛的降水也为蒸散发提供了充足水源。对比降水与蒸散发的关系可知，芨芨草草原蒸散发对降水量的年际变化十分敏感，表明降水是限制其蒸散发的主要因素。

紫花针茅草原 2015 年 11 月～2016 年 10 月降水量远大于蒸散发量，水分有所盈余，土壤蓄水量增加，并有大量径流形成，其中，2016 年 7～8 月的降水对径流的贡献较大。

农田 2014 年 6 月～2015 年 5 月的降水量比蒸散发量高 101.79 mm，水分有所盈余，其中，2014 年 6 月和 8 月丰富的降水对生态系统全年的水分收支状况具有重要影响。

同一生态系统不同年份降水和蒸散发均有较大变化，并由此导致水分收支的年际变化。为了分析降水和蒸散发年际变化的相对大小，对比不同生态系统各年份蒸发比（蒸散发量除以降水量）的变化（图 6.8）。2014～2015 年 3 个生态系统的降水量均有所减小，而蒸发比均有较大增加，其中，嵩草草甸的增加量最大（0.184），其次分别为芨芨草草原和金露梅灌丛。嵩草草甸的蒸发比虽然增加最多，但仍小于 1；金露梅灌丛和芨芨草草原的蒸发比均由 2014 年的小于 1 变为 2015 年的大于 1，即水分收支由盈余转为亏缺。因此，2015 年降水减少后各生态系统蒸发比显著增大，并使部分生态系统蒸发比由小于 1 增加为大于 1，进而导致生态系统水分盈亏状态改变。

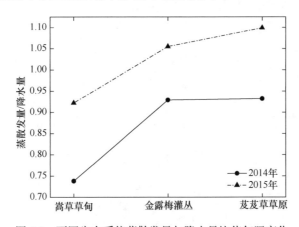

图 6.8 不同生态系统蒸散发量与降水量比值年际变化

2. 年际变化影响因素

为了探讨不同生态系统蒸散发的年际变化规律，将蒸散发的影响因素区分为大气因素和下垫面因素，进而利用以下公式表达（Ohta et al.，2008）：

$$\mathrm{ET} = k \times \mathrm{ET}_0 \tag{6.9}$$

式中，ET 为实际蒸散发；ET_0 为参考蒸散发，代表在既定气象条件下参考下垫面的蒸散发速率；k 为蒸散发系数，表示地表植被、土壤水分等对实际蒸散发的限制。当 $k=1$ 时，蒸散发不受下垫面因素的限制，实际蒸散发量等于参考蒸散发量；k 值越小，则表明地表植被、土壤含水量等下垫面因素对蒸散发的限制作用越强。

为了分析气象因素或下垫面因素对蒸散发年际变化的影响，对比典型生态系统不同年份蒸散发与蒸散发系数的关系（图 6.9），并计算各生态系统蒸散发、参考蒸散发和蒸散发系数的年际变化率（表 6.5）。不同生态系统 2014～2015 年参考蒸散发的年际变化率均较小,实际蒸散发除嵩草草甸的年际变化率较小外,金露梅灌丛和芨芨草草原的年际变化率均较大。实际蒸散发年际变化率与蒸散发系数年际变化率之间比较吻合,但与参考蒸散发年际变化率的差别较大,表明各生态系统蒸散发的年际变化主要受下垫面因素的影响,例如 2015 年蒸散发系数降低时,各生态系统的蒸散发速率均显著下降。下垫面因素主要通过改变地表阻抗和空气动力学阻抗来影响蒸散发过程(Matsumoto et al., 2008),空气动力学阻抗主要受植被冠层结构的影响,由于观测时段内植被冠层结构年际变化不大,而且许多研究表明地表阻抗要比空气动力学阻抗大得多(Ohta et al., 2008),因此,可以认为蒸散发系数的年际变化主要由地表阻抗的年际变化引起,而控制地表阻抗的环境变量主要包括太阳辐射、空气温度、水汽压亏缺和土壤含水量,因此,需要进一步分析这 4 个环境变量的年际变化对蒸散发系数年际变化的影响。

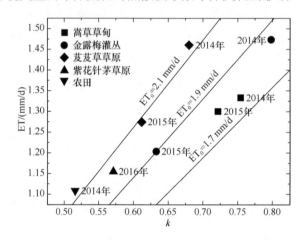

图 6.9 典型生态系统年平均蒸散发量与蒸散发系数的关系

表 6.5 典型生态系统蒸散发、参考蒸散发和蒸散发系数年际变化率

生态系统	蒸散发变化/%	参考蒸散发变化/%	蒸散发系数变化/%
嵩草草甸	−2.50	1.87	−4.30
金露梅灌丛	−18.31	3.05	−20.73
芨芨草草原	−12.74	−3.05	−9.69

分别计算不同年份各月蒸散发系数、太阳净辐射(R_n)、空气温度(T_a)、水汽压亏缺(VPD)和土壤含水量(SWC)的变化率,采用逐步回归分析方法建立蒸散发系数与各环境变量的关系,并对进入模型的变量进行共线性诊断,剔除存在严重共线性的变量。分析结果显示(表 6.6):2014~2015 年嵩草草甸蒸散发系数的变化主要由水汽压亏缺的年际变化引起,其次为土壤含水量;金露梅灌丛蒸散发系数的年际变化主要由土壤含水量引起,其次为水汽压亏缺;芨芨草草原蒸散发系数的年际变化主要由水汽压亏缺引起。嵩草草甸的模型拟合优度较差,主要因为其 2014~2015 年蒸散发系数年际波动较小,而且其土壤含水量较高,对蒸散发的限制作用较弱。各生态系统蒸散发系数的年际变化与空气温度和太阳净辐射的年际变化关系不显著,而与水汽压亏缺和土壤含水量显著相关。Matsumoto 等(2008)对不同气候带蒸散发的年际变化研究也发现,蒸散发系数的

年际变化主要由水汽压亏缺和土壤含水量引起；Ohta 等（2008）对西伯利亚落叶松林 1998～2006 年蒸散发的年际变化研究也指出蒸散发系数的年际变化与土壤含水量具有显著相关性。因此，蒸散发系数的年际变化与水汽压亏缺呈负相关关系，而与土壤含水量呈正相关关系，不同年份大气或土壤中水分含量的降低均会导致蒸散发系数减小，进而引起蒸散发变化。

表 6.6 典型生态系统蒸散发系数年际变化影响因素逐步回归分析结果

生态系统	变量	非标准化系数	标准误差	标准化系数	R^2	p
嵩草草甸	常数	29.145	4.275			
	VPD	−0.430	0.047	−0.478	0.266	<0.001
	SWC	0.987	0.343	0.150		
金露梅灌丛	常数	−0.469	0.056			
	SWC	8.772	1.386	0.891	0.785	<0.001
	VPD	−1.689	0.647	−0.370		
芨芨草草原	常数	−0.004	0.027		0.714	<0.001
	VPD	−2.036	0.382	−0.860		

6.2.4 不同海拔水分收支对比

由上文分析可知，青海湖流域蒸发比（ET/P）伴随海拔升高呈现明显的分异规律，依据不同海拔温度与降水的变化可以猜想，不同海拔水热条件的差异应当是构成其生态系统水分收支差异的主导因素。Budyko 水热平衡假设因为综合考虑了水分和能量对蒸散发的影响而被广泛应用于流域蒸散发估算和水量平衡研究中，该假设由苏联气候学家 Budyko（1974）提出，认为陆面长期平均蒸散发主要由大气对陆面的水分供给（降水 P）和潜在蒸散发（用参考蒸散发 ET_0 表示）之间的平衡决定，在极端干旱条件下，$ET_0/P \to \infty$，降水量全部消耗于蒸散发，$ET/P \to 1$；在极端湿润条件下，$ET_0/P \to 0$，可用能量全部转化为潜热（$ET/ET_0 \to 1$），$ET/P \to 0$；二者构成了 Budyko 假设的边界条件。当环境条件处于二者之间时，蒸发比（ET/P）满足以下水热平衡方程：

$$ET/P = f(ET_0/P) \tag{6.10}$$

在前人研究的基础上，Budyko 进一步给出了 ET/P 随 ET_0/P 的变化规律，即 Budyko 曲线：

$$\frac{ET}{P} = \sqrt{\frac{ET_0}{P} \tan h \left(\frac{P}{ET_0} \right) \left[1 - \exp\left(-\frac{ET_0}{P} \right) \right]} \tag{6.11}$$

式中，tan$h$ 为双曲正切函数。

Budyko 假设利用辐射干旱指数（DI=ET_0/P）和蒸散发比（EI=ET/P）实现了对不同环境条件下蒸散发和径流变化规律的有效表征。DI 反映了大气的水分需求（ET_0）与水分供给（P）之间的相对关系，DI 小于 1 时表明大气水分供给充足，大于 1 时表明可能存在水分亏缺。EI 表示由蒸散发所消耗的降水比例，1–EI 则可以认为是径流量占降水的比例。Budyko 曲线存在两个边界，其一是潜在蒸散发的限制边界（$ET=ET_0$），即实际蒸散发不能超过潜在蒸散发；其二是大气水分供给的限制边界（$ET=P$），即实际蒸散发不能超过降水量。该曲线则是对不同环境条件下 DI 与 EI 分布状况的拟合。基于 Budyko 水热平衡假设，得到青海湖流域不同生态系统在 Budyko 曲线上的分布（图 6.10），其中，嵩草草甸、金露梅灌丛和芨芨草草原为 2014 年和 2015 年的平均值，紫花针茅草原和农田分别为 2016 年和 2014 年的数据。因为不同生态系统降水量与蒸散发量均存在较大的年际波动，这里仅对比具有相同观测时段的嵩草草甸、金露梅灌丛和芨芨草草原。从芨芨草草原到金露梅灌丛，再到嵩草草甸，ET/P 和 ET_0/P 均不断减小，ET/P 不断减小表明径流量占降水量的比例将逐渐增加，这与根据实测数据计算的不同生态系统径流深变化相吻合；ET_0/P 不断减小表明环境条件逐渐向更加湿润过渡。对比各生态系统在 Budyko 曲线上的分布与边界条件的关系可知，从芨芨草草原到金露梅灌丛再到嵩草草甸，距离水分限制边界越来越远，表明水分条件的限制越来越弱；距离潜在蒸散发限制边界越来越近，表明能量限制越来越强。

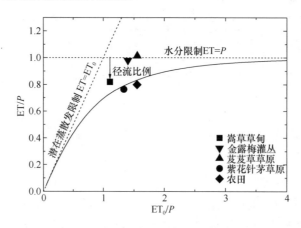

图 6.10　典型生态系统在 Budyko 曲线上的分布

潜在蒸散发主要受有效能量、风速、温度和水汽压亏缺（用相对湿度表示）的影响，逐步回归分析结果显示（图 6.11）：不同生态系统之间参考蒸散发的变化主要受温度变化的影响，而风速、有效能量和相对湿度差异的影响不显著。因此，青海湖流域潜在蒸散发主要受温度限制，并且由芨芨草草原到金露梅灌丛再到嵩草草甸，温度对蒸散发的限制越来越强。

青海湖流域不同生态系统的变化基本遵循 Budyko 曲线的变化趋势，而且大多数观测点均分布于 Budyko 水热平衡假设的边界范围内，表明 Budyko 水热平衡假设可以应用于青海湖流域的水分收支研究中。芨芨草草原超出水分限制边界，主要因为 Budyko 水热平衡假设是建立在多年平均基础上，本章观测时间相对较短，可能存在一定的不确定性；同时 Budyko 水热平衡假设忽略了土壤含水量变化及深层土壤水分补给等因素的影响，而芨芨草草原的土壤含水量在观测时段内确实存在一定的年内及年际波动。

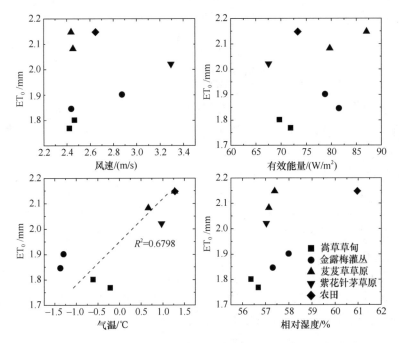

图 6.11 典型生态系统不同年份参考蒸散发与气象因素的关系

6.3 流域水分收支

6.3.1 水分收支数量关系

根据青海湖流域 1:5 万 DEM 与降水量的高程效应计算得到 2009 年 7 月～2010 年 6 月流域降水总量、陆面降水量和湖面降水量分别为 120.52 亿 m^3、104.32 亿 m^3 和 16.20 亿 m^3（附图 10）。青海湖水位在此期间升高 19 cm，即青海湖储水量增加 7.80 亿 m^3。结合湖面降水、地表入湖河水、环湖地下水和青海湖湖水的 $\delta^{18}O$ 值计算可知，陆面降水转化为地表径流注入青海湖的水量为 19.89 亿 m^3、转化为地下水注入青海湖的水量为 5.39 亿 m^3。2009 年 7 月～2010 年 6 月，青海湖流域总蒸发量为 112.72 亿 m^3，其中陆面蒸发 79.04 亿 m^3、湖面蒸发 33.68 亿 m^3。对于青海湖流域水量平衡及水体转化的研究较少，刘小园（2004）计算的青海湖流域 1959～2000 年多年平均降水量为 113 亿 m^3，与本章结果相近。

相关研究表明湖水含盐量较高及湖面上空水汽压不同，会导致湖水蒸发量与气象站蒸发皿中的淡水蒸发量存在一定差别。曲耀光（1994）对湖面蒸发和气象站观测数据进行拟合，发现青海湖水面蒸发量相对于刚察气象站观测器皿蒸发量的折算系数为 0.614，湖面降水量为刚察气象站观测降水量的 90%。青海湖流域内仅布哈河和沙柳河具有水文观测站，因此，依据两条河径流量相对流域面积加权计算注入青海湖的地表水总量。进一步根据水量平衡方程计算青海湖的各收支项。结果显示，1961～2007 年，青海湖湖水平均每年减少 2.81 亿 m^3，多年平均地表水入湖量为 15.91 亿 m^3，湖面降水为 14.88 亿 m^3，湖面蒸发量为 38.91 亿 m^3，地下水入湖量为 5.31 亿 m^3。湖面蒸发量及地下水入湖量与刘小园（2004）、丁永建和刘凤景（1993）的计算结果相近（其计算结果分别为 38.9 亿 m^3、4.77 亿 m^3）。同时，该结果与基于氢氧稳定同位素的计算结果相近，说明应用稳定同位素估算青海湖水量平衡具有一定的可行性。然而，计算过程中没有考虑青海湖湖水盐度对分馏系数的影响，青海湖湖底可能有大量重同位素贫化的泉华涌现（中国科学院兰州分院和中国科学院西部资源环境研究中心，1994），故 δ_{IG} 也应较低。因此，应用同位素水量平衡模型进行青海湖水量平衡分析，需要进一步通过湖面蒸发实验对各参数进行校正。

流域尺度遥感反演结果显示（附图11）：2014~2015 年，青海湖流域年平均降水总量为 150.17 亿 m^3，显著高于多年平均值，主要因为这两年降水明显偏多。以刚察气象站为例，1958~2015 年平均年降水量为 385 mm，而 2014~2015 年平均年降水量达到 497 mm。流域蒸散发总量为 147.45 亿 m^3，陆地和湖泊蒸发量分别占流域蒸散发总量的 75.31%和 24.69%。对于陆地生态系统而言，2014~2015 年降水量较为丰富，土壤蓄水量有所增加（1.77 亿 m^3），而草地（包括草原和草甸）蒸散发量占陆地生态系统蒸散发总量的 98%以上。对于青海湖而言，2014~2015 年降水量和入湖径流量之和大于湖面蒸发量，湖水位略有上升，这与实际观测结果一致。

6.3.2 水分收支空间格局

青海湖流域陆地生态系统 2014 年和 2015 年蒸散发量平均分别为 343 mm 和 360 mm，而且 2014 年不同海拔的蒸散发量均高于 2015 年，二者最大差值出现在 4150~4200 m 范围内，达到 27 mm（图 6.12）。伴随海拔上升，2014 年和 2015 年的蒸散发量均呈现先增加再减少的趋势，最高值分别出现在 3600~3650 m 和 3650~3700 m 范围内。结合太阳辐射、气温、土壤含水量的空间分布可知，太阳辐射在 3800 m 以下较为稳定，在 3800 m 以上伴随海拔上升不断减小，不同海拔 2015 年的太阳辐射均高于 2014 年；气温伴随海拔上升持续下降，而土壤含水量则呈现相反趋势，低海拔地区 2015 年的气温和土壤含水量均高于 2014 年，高海拔地区 2015 年的气温和土壤含水量均低于 2014 年，表明两年间水热条件呈现不同的空间分布格局。总体而言，3600~3700 m 地区水热组合最佳、蒸散发量最大，低于该海拔地区蒸散发主要受水分条件限制，高于该海拔地区蒸散发主要受能量条件控制。

为了进一步定量刻画水分条件和能量条件对青海湖流域蒸散发的限制程度，分别对比不同海拔的实际蒸散发和参考蒸散发，结果表明（图 6.13）：3300~4700 m 范围内，低海拔地区 2014 年和 2015 年水分条件限制的最大比例分别为 11.20%和 10.13%，高海拔地区 2014 年和 2015 年能量条件限制的最大比例分别为 24.45%和 29.80%，因此，青海湖流域蒸散发主要受能量条件限制。Goulden 和 Bales（2014）利用遥感影像和涡动观测数据对内华达地区 Kings River 流域不同海拔的水量平衡研究发现，海拔 1000 m 以下地区蒸散发主要受水分限制，2000 m 以上地区主要受能量限制，伴随海拔升高水分供给对蒸散发的限制逐渐减弱而能量对蒸散发的限制不断增强。Gao 等（2015）基于 1981~2010 年的水文气象资料利用分布式生态水文模型对我国黑河流域上游不同海拔的水文

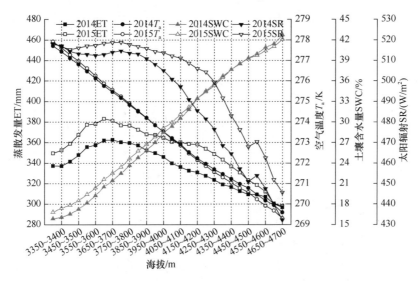

图 6.12 青海湖流域不同海拔蒸散发量和气象要素变化

过程进行了研究，发现流域内降水与径流量随海拔升高而不断增大，蒸散发在海拔 3200 m 以下地区随海拔升高不断增大，该海拔范围内蒸散发和植被生长主要受水分条件限制；海拔 3400 m 以上地区蒸散发和植被生长受温度或能量供给限制，蒸散发随海拔升高不断减小。

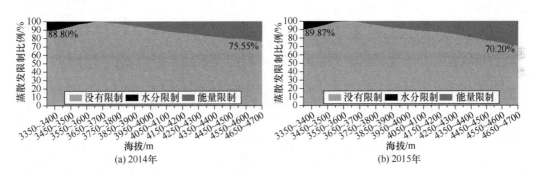

图 6.13 青海湖流域不同海拔蒸散发量限制比例

6.4 小　　结

本章从水量平衡角度对比了青海湖流域不同生态系统之间水分收支的差异及其影响因素，并结合遥感方法研究了整个流域的水分收支特征，主要结果如下。

1）高山嵩草草甸是流域重要的产流区，而芨芨草草原则主要是径流消耗区，6~9 月各生态系统水分有所盈余，盈余量介于 96.34~152.71 mm，3~4 月和 10 月水分亏缺最多，亏缺量介于 11.75~38.59 mm。从嵩草草甸到金露梅灌丛、紫花针茅草原，最后到芨芨草草原，蒸散发年内变化的影响因素逐渐由温度或能量要素转变为水分要素。

2）青海湖流域整个陆地生态系统 2014 年和 2015 年的蒸散发量平均分别为 460 mm 和 425 mm，伴随海拔上升，蒸散发呈现先增加再减少的趋势，3600~3700 m 地区水热组合最佳、蒸散发最大，低于该海拔地区蒸散发主要受水分条件限制，高于该海拔地区蒸散发主要受能量条件控制。

参 考 文 献

丁永建, 刘凤景. 1993. 青海湖流域水量平衡要素的估算. 干旱区地理, 16(4): 25-30.
付强, 侯仁杰, 李天霄, 等. 2016. 冻融土壤水热迁移与作用机理研究. 农业机械学报, 47(12): 99-110.
李元寿, 王根绪, 赵林, 等. 2010. 青藏高原多年冻土活动层土壤水分对高寒草甸覆盖变化的响应. 冰川冻土, 32(1): 157-165.
刘小园. 2004. 青海湖流域水文特征. 水文, 24(2): 60-61.
覃志豪, 李文娟, 徐斌, 等. 2004. 陆地卫星 TM6 波段范围内地表比辐射率的估计. 国土资源遥感, (3): 28-32.
曲耀光. 1994. 青海湖水量平衡及水位变化预测. 湖泊科学, 6(4): 298-307.
余新晓, 陈丽华. 1996. 黄土地区防护林生态系统水量平衡研究. 生态学报, 16(3): 238-245.
郑涵, 王秋凤, 李英年, 等. 2013. 海北高寒灌丛草甸蒸散量特征. 应用生态学报, 24(11): 3221-3228.
中国科学院兰州分院, 中国科学院西部资源环境研究中心. 1994. 青海湖近代环境的演化和预测. 北京: 科学出版社.
Brouchkov A. 2000. Salt and water transfer in frozen soils induced by gradients of temperature and salt content. Permafrost and Periglacial Processes, 11(2): 153-160.
Budyko M I. 1974. Climate and Life. Miller D H. San Diego, CA, USA: Academic.
Friedl M A, Davis F W. 1994. Sources of variation in radiometric surface temperature over a tallgrass prairie. Remote Sensing of Environment, 48: 1-17.
Gao B, Qin Y, Wang Y, et al. 2015. Modeling ecohydrological processes and spatial patterns in the Upper Heihe Basin in China. Forests, 7(1): 10.
Goulden M L, Bales R C. 2014. Mountain runoff vulnerability to increased evapotranspiration with vegetation expansion. Proceedings of the National Academy of Sciences, 111(39): 14071-14075.
Hu Z, Yu G, Zhou Y, et al. 2009. Partitioning of evapotranspiration and its controls in four grassland ecosystems: application of a two-source model. Agricultural and Forest Meteorology, 149(9): 1410-1420.
Matsumoto K, Ohta T, Nakai T, et al. 2008. Energy consumption and evapotranspiration at several boreal and temperate forests in the Far East. Agricultural and Forest Meteorology, 148(12): 1978-1989.
Ohta T, Maximov T C, Dolman A J, et al. 2008. Interannual variation of water balance and summer evapotranspiration in an eastern Siberian larch forest over a 7-year period(1998-2006). Agricultural and Forest Meteorology, 148(12): 1941-1953.
Qiu G Y, Momii K, Yano T. 1996. Estimation of plant transpiration by imitation leaf temperature I: theoretical consideration and field verification. Transactions of the Japanese Society of Irrigation, Drainage and Reclamation Engineering, 183: 47-56.
Reverter B R, Sánchez-Cañete E P, Resco V, et al. 2010. Analyzing the major drivers of NEE in a Mediterranean alpine shrubland. Biogeosciences, 7(9): 2601-2611.
Sandholt I, Rasmussen K, Andersen J. 2002. A simple interpretation of the surface temperature/vegetation index space for assessment of surface moisture status. Remote Sensing of Environment, 79: 213-224.
Wang H, Li X B, Long H L, et al. 2010. Monitoring the effects of land use and cover type changes on soil moisture using remote-sensing data: a case study in China's Yongding River basin. Catena, 82: 135-145.
Xiong Y J, Qiu G Y. 2011. Estimation of evapotranspiration using remotely sensed land surface temperature and the revised three-temperature model. International Journal of Remote Sensing, 32(20): 5853-5874.
Zhang S Y, Li X Y, Zhao G Q, et al. 2016. Surface energy fluxes and controls of evapotranspiration in three alpine ecosystems of Qinghai Lake watershed, NE Qinghai-Tibet Plateau. Ecohydrology, 9: 267-279.

第7章 多尺度水分平衡模型模拟与分析

7.1 模型介绍

7.1.1 气孔导度模型

气孔是大多数陆生植物进行气体交换的主要通道，对于植物-土壤-大气这一连续体来说，气孔能够调节蒸腾引起的水分运移，进而影响土壤水分的亏缺情况。同时，气孔的开度受细胞膨压的影响，在环境发生变化时，气孔会迅速地做出响应，这对于植物优化 CO_2 的吸收及水分的散失具有重要意义。模型是研究气孔与环境因子、生物因子关系的有力工具，叶片是生态学研究的基本单元之一，在叶片尺度建立气孔导度模型，一方面可以解释植物响应环境变化的机理，另一方面也可以为研究冠层尺度、生态系统尺度乃至区域尺度的碳、水循环提供基础。

对于众多的气孔导度模型，按照其性质可以分为三类：经验模型、半经验模型和机理模型。经验模型是基于气孔导度与环境因子、生物因子的统计关系建立的。半经验模型是基于某些生理生态学的假设建立的，但仍旧依赖于经验公式。最具代表性的经验模型或半经验模型有两类：一类是 Jarvis 提出的直接根据环境因子模拟气孔导度的多元阶乘模型（Jarvis，1976），许多学者对该模型进行了改进和应用；另一类是 Ball 等（1987）建立的气孔导度与净光合速率及环境因子的线性相关模型（简称 BWB 模型），随后 Leuning（1990）对其进行了改进（简称 BBL 模型）。随着生理生态学的发展，人们对气孔行为的认识愈加深刻，众学者进一步提出了一些气孔导度的机理模型，这些模型的特点是其参数具有明确的生物学意义，可以更加深入地理解植物气孔的变化机制。本章选择的气孔导度机理模型是基于保卫细胞的流体力学性质及其水分调节机理提出的，该模型主要考虑了光合有效辐射、饱和水汽压亏缺和土壤水势对气孔导度和蒸腾速率的影响，它基于以下4个基本假设（Gao et al.，2002）。

1) 植物叶片和土壤之间的水势梯度驱动着水分的流动，叶肉细胞水势（φ_l）和保卫细胞水势（φ_g）相同。因此，从土壤到单位叶面积的水分流动速率（T_r'）可以用土壤水势（φ_s）和 φ_g 的差值及土壤到叶片的导度（g_z）来表示，公式为

$$T_r' = (\varphi_s - \varphi_g) g_z \tag{7.1}$$

2) 蒸腾作用受水汽压亏缺驱动，蒸腾速率（T_r）由相对水汽压亏缺（d_{vp}，绝对水汽压亏缺 VPD 与大气压的比值）和气孔导度（g_s）决定，即

$$T_r = g_s d_{vp} \tag{7.2}$$

一般情况下，进出叶片的水分保持平衡，即

$$T_r' = T_r \tag{7.3}$$

3）气孔导度由保卫细胞膨压（p_g）和保卫细胞弹性模数（β）决定，即

$$g_s = p_g / \beta \tag{7.4}$$

而保卫细胞水势为渗透势（π_g）和保卫细胞膨压之和：

$$\varphi_g = \pi_g + p_g \tag{7.5}$$

联立以上公式，求解得到：

$$g_s = \frac{k_\varphi (\varphi_s - \pi_g)}{1 + k_{\beta g} d_{vp}} \tag{7.6}$$

式中，$k_\varphi = 1/\beta$，$k_{\beta g} = 1/(\beta g_z)$。

4）光合有效辐射（I_p）的增加会导致保卫细胞中钾离子浓度增大，从而使保卫细胞渗透势下降，副卫细胞的渗透势升高：

$$\pi_g = \pi_0 - \alpha I_p \tag{7.7}$$

式中，π_0 为黑暗中保卫细胞的渗透势；系数 α 描述渗透势对 I_p 的敏感性。作为保卫细胞渗透势降低的结果，多余的水会从副卫细胞出来进入到保卫细胞中，以维持两者之间的平衡。因此，保卫细胞内部的膨压升高，副卫细胞膨压降低，有助于气孔开度和气孔导度的升高。

将式（7.6）代入式（7.7）中，气孔导度和植物叶片瞬时蒸腾速率可以分别表示为

$$g_s = \frac{g_{0m} + k_\varphi \varphi_s + k_{\alpha\beta} I_p}{1 + k_{\beta g} d_{vp}} \tag{7.8}$$

$$T_r = g_s d_{vp} \tag{7.9}$$

式中，$g_{0m} = -k_\varphi \pi_0$，$k_{\alpha\beta} = \alpha/\beta$。

7.1.2 生态系统水分平衡模型

水分平衡是生态系统的一个重要特征，可以通过水量平衡方程表达（图7.1）：

$$P - I_c - R - G - I_{nfill} - ET = \Delta W \tag{7.10}$$

式中，P 为降水量；I_c 为冠层截留量；R 为地表径流量；G 为地下水补给量；I_{nfill} 为土壤水分入渗量；ET 为蒸散发量，包括土壤蒸发量 E 和植物蒸腾量 T；ΔW 为土壤蓄水量变化。本章在构建水分平衡模型时，忽略地下水的补给，而重点考虑生态系统的蒸散发过程和土壤水分运动过程（Huang et al.，2017）。

在前人研究的基础上（黄永梅，2003），结合青海湖流域特点，本章构建基于过程的生态系统水分平衡模型。该模型分为4个模块，分别是气象因子模块、截留产流模块、蒸散发模块、土壤水分运动模块（图7.2）。考虑到研究区季节性冻土广泛分布，在原有土壤水分运动模块中增加冻融模块，以更好地模拟土壤液态水含量的变化，下面将分别

介绍各模块的算法。

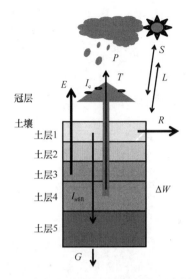

图 7.1 生态系统水分平衡过程示意图

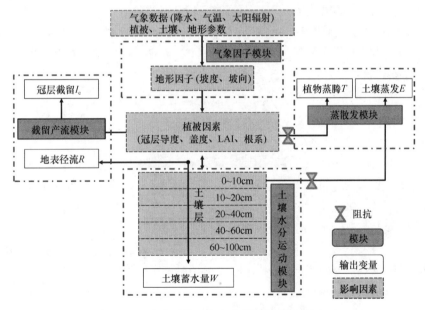

图 7.2 生态系统尺度水分平衡模型框架图

1. 气象因子模块

气象条件是植物生理生态过程的驱动力,影响着水文和生态过程,如蒸散、光合和叶片形态等。要使计算的初级生产力和蒸散发量可信,首先需要精确计算太阳辐射和温度等气象因子。本模型中气象因子的模拟分为两部分,首先根据已有气象数据计算平地上的太阳总辐射和光合有效辐射,其次计算地形影响因子,从而得到不同地形影响下的气象因子。

在世界范围内，进行太阳辐射量观测的地面气象站很少。于是，国内外进行了许多依据现有观测资料计算太阳辐射的研究。Bristow 和 Campbell（1984）研究发现近地面气温和日太阳总辐射之间存在相关关系，并提出了依据气温计算太阳总辐射的方法。在此基础上，Thornton 和 Running（1999）（简称 TR 方法）对其进行改进，并提出了适合更多气候带的计算方法，它考虑气温、海拔、太阳天顶角和水汽压等因素对天文总太阳辐射的影响，计算实际到达地面的太阳总辐射。本章使用 TR 方法计算研究区水平面上吸收的太阳总辐射（Q_h）：

$$Q_h = Q_o \times T_{t,max} \times T_{f\,max} \tag{7.11}$$

$$T_{t,max} = \left[\sum_{i=sr}^{ss} Q_{oi} \times \tau_o^{(P_z/P_o)m_\theta} \Big/ \sum_{i=sr}^{ss} Q_{oi}\right] + \alpha e \tag{7.12}$$

$$T_{f\,max} = 1.0 - 0.9\exp(-B \times \Delta T^C) \tag{7.13}$$

$$B = b_0 + b_1 \exp(-b_2 \times \overline{\Delta T}) \tag{7.14}$$

式中，Q_o 为天文太阳总辐射 [MJ/（m²·d）]；$T_{t,max}$ 为晴天情况下的总透射比（无量纲）；$T_{f\,max}$ 为云量校正系数（无量纲）；Q_{oi} 为太阳时为 i 的天文太阳辐射 [MJ/（m²·d）]；sr 和 ss 分别为日出和日落时刻；τ_o 为海平面上干燥空气的瞬时透射比（无量纲）；P_z 和 P_o 分别为当地和海平面的大气压（Pa）；m_θ 为太阳天顶角为 θ（弧度）时的大气光学质量；α 为水汽压 e（Pa）对太阳总辐射的影响参数（Pa^{-1}）；B、C、b_0、b_1 和 b_2 为校正云量对太阳总辐射影响的参数；$\overline{\Delta T}$ 为 30 天平均日温差。

天文太阳总辐射量 Q_o 可用下式计算（傅抱璞等，1994）：

$$Q_o = \frac{ST}{\pi R^2}\int_0^{w_s}(\sin\phi\sin\delta + \cos\phi\cos\delta\cos w)\mathrm{d}w \tag{7.15}$$

式中，S 为太阳常数；T 为地球自转周期；R 为相对日地距离；ϕ 为地理纬度；δ 为太阳赤纬；w 为太阳时角；w_s 为水平面上的太阳日落时角。w_s 和 δ 的计算参见傅抱璞（1983）、谈小生和葛成辉（1995），R 利用 Fourier 级数求算（左大康等，1991）。

光合有效辐射（P_{ar}）是指太阳辐射中波长为 400～700 nm、能被绿色植物吸收并用来进行光合作用的辐射能。便携式光合系统（LI-6400，LI-COR，USA）测定的光强为 P_{ar}，因此，基于测定结果建立的气孔导度模型，在转换到生态系统尺度用以模拟逐日蒸腾强度时，需要以 P_{ar} 为输入变量。P_{ar} 的量度单位有两种，一种属于能量计量系统，测定光合有效辐照度 HPAR，单位是 W/m²；另一种属于量子计量系统，测定光合有效量子通量密度，单位是 μmol/（m²·s）。植物在进行光合作用时，光以量子的形式参与反应，因此，从气孔导度的角度来说，以量子为计量单位，其生理学意义更清楚。由于常规气象站没有 P_{ar} 观测，只能通过气候学方法计算。P_{ar} [mol/（m²·d）] 与实际太阳总辐射 Q_A [MJ/（m²·d）] 的关系为（周允华等，1996；张宪洲等，1997）

$$P_{ar} = \eta u Q_A \tag{7.16}$$

式中，η 为光合有效系数，它的大小是天文因子和气象因子综合作用的结果。对于具体地点，η 值的日变化和年变化取决于该地点的地理位置和气候状况。

$$\eta = a + b\lg\left(\frac{P_o}{100P_z}e\right) \tag{7.17}$$

式中,对于平原地区,a=0.384,b=0.053,u 为量子转换系数,一般情况下可以认为 u 为常数(4.55 μmol/J)(周允华等,1996)。

具有一定坡度和坡向的坡面主要通过影响日照时数和太阳入射角来影响接收的太阳总辐射量。由于方位不同,坡地上每天日出和日落的时间不同,使得坡地上每天的日照时间和一天中所接收的太阳辐射总量存在很大差异,从而也影响逐日气温。坡面上日照时数和太阳入射角与同一地点水平面上日照时数和太阳天顶角的比值,反映了坡面日总辐射和水平面日总辐射的比例关系。为了表示这个比值,引入地形影响因子 T_s(傅抱璞,1983;李新等,1999;Kang et al.,2002):

$$T_s = \frac{\int_{w_{sr}}^{w_{ss}} \cos\theta \, dw}{2\int_0^{w_s} \cos\theta_z \, dw} \tag{7.18}$$

式中,w_{sr} 和 w_{ss} 为坡面临界时角;θ_z 和 θ 分别为水平面上的太阳天顶角和坡面上的太阳入射角,计算方法分别如下(傅抱璞,1983;宋可生等,1995):

$$w = 2\arctan\left(\frac{-\sin s \sin\phi \cos\delta \pm \sqrt{(\sin s \sin\phi \cos\delta)^2 - (u^2 \sin^2\delta - v^2 \cos^2\delta)}}{u\sin\delta - v\cos\delta}\right) \tag{7.19}$$

$$\cos\theta = u\sin\delta + v\cos\delta\cos w + \sin s \sin\phi \cos\delta \sin w \tag{7.20}$$

$$\cos\theta_z = \sin\varphi\sin\delta + \cos\varphi\cos\delta\cos w \tag{7.21}$$

式中,$u = \sin\varphi\cos s - \cos\varphi\sin s\cos\varphi$,$v = \cos\varphi\cos s + \sin\varphi\sin s\cos\varphi$,$\varphi$ 和 s 分别为坡向和坡度,其他符号意义同上文。w 有两个解,分别为 w_{sr} 和 w_{ss},且有 $w_{ss} > w_{sr}$。

坡面上的日太阳总辐射 Q_A 为

$$Q_A = Q_h \times T_s \tag{7.22}$$

式中,Q_h 为水平面上的日总太阳辐射。

2. 截留产流模块

冠层截留量主要受降水量、降水强度、叶面积指数和风速等因素的影响(黄永梅,2003),本模型的冠层截留量(I_c,mm)由冠层截留率与降水量计算。

$$I_c = P \times I_{ck} \tag{7.23}$$

式中,P 为日降雨量(mm);I_{ck} 为冠层截留率(%),是冠层截留量占降水量的比例。本章中,通过在 5 个典型生态系统开展降水再分配实验(马育军等,2012;蒋志云,2016),计算得到 5 个典型生态系统的 I_{ck}(表 7.1)。

表 7.1 青海湖流域典型生态系统冠层截留系数

生态系统	高山嵩草草甸	金露梅灌丛	紫花针茅草原	芨芨草草原	具鳞水柏枝灌丛
冠层截留率 I_{ck}/%	11~22	28~49	9~12	20~30	33~47

植被叶面积指数（LAI）的季节变动与其物候期呈显著相关关系，本章利用这一现象模拟 LAI 的季节变动（Granier et al., 1999）。植物自"开始展叶期"，LAI 从 0 线性增大至"完全展叶期"的最大值（LAI_{max}），随后的"旺盛期"内 LAI 保持不变，直到进入"开始枯黄期"，LAI 线性减小至"完全枯黄期"的 0（Huang et al., 2017）。

本章中产流过程主要考虑地表坡度和群落 LAI 对地表径流的影响，得到研究区地表产流的经验公式。引入考虑坡面不发生降雨再分配的降雨临界值（P_c）（蒋定生等，1987）：

$$P_c = 8.413 \times e^{-0.0368 \times S} \tag{7.24}$$

式中，S 为地表坡度。

对每天的降雨量（P，mm）进行再分配，植被截留量（I_c，mm）、地表径流量（R，mm）和土壤入渗量（I_{nfill}，mm）分别为

$$\begin{cases} 当 P-I_c \leqslant P_c 时, R=0.0, I_{nfill}=P-I_c \\ 当 P-I_c > P_c 时, R=r_s(P-I_c), I_{nfill}=P-I_c-R \end{cases} \tag{7.25}$$

式中，r_s 为地表径流系数。

3. 蒸散发模块

群落的潜在蒸散发利用修正后的 Penman-Monteith（P-M）方程计算，植被蒸腾和土壤蒸发的分离采用 Beer-Lambert 方程计算（Granier et al., 1999）。植被 LAI 和冠层盖度会影响太阳辐射的再分配，从而导致植被蒸腾与土壤蒸发的差异，因此，本章综合考虑植被 LAI 和冠层盖度的双重影响，对植物蒸腾和土壤蒸发进行分离（黄永梅，2003）。

冠层导度（g_v）的模拟通过气孔导度与叶面积指数相结合实现尺度上推，计算公式如下（Olioso et al., 1996）：

$$g_v = g_s LAI / (0.5 LAI + 1) \tag{7.26}$$

由于不同物种气孔导度对环境因子的响应不同，通过这种尺度转换，可以反映不同植物群落冠层的蒸腾量对环境因子的响应特征（Gao et al., 2002）。

基于 P-M 方程，根据控制实际蒸散发的土壤可利用水分和植物根系的垂向分布，计算群落蒸腾量（TR，mm）和土壤蒸发量（EV，mm）：

$$TR = f_g \left(\frac{1}{L} \times \frac{\Delta(R_n - S) + \dfrac{C_p \rho (e_s - e)}{r_a}}{\Delta + \gamma \left(1 + \dfrac{r_{sc}}{r_a}\right)} \times DAYL \right) \times \sum_{i=0}^{n} g_i \tag{7.27}$$

$$EV = f_s \left(\frac{1}{L} \times \frac{\Delta(R_n - S) + \dfrac{C_p \rho (e_s - e)}{r_a}}{\Delta + \gamma \left(1 + \dfrac{r_{ss}}{r_a}\right)} \times DAYL \right) \times \sum_{i=0}^{n} h_i \tag{7.28}$$

式中，L 为水的汽化潜热（J/kg）；Δ 为饱和水汽压与温度曲线的斜率（kPa/℃）；R_n 为植物冠层接收的净辐射量 [J/（m²·s）]；S 为土壤热通量 [J/（m²·s）]；C_p 为空气比热 [J/(kg·℃)]；ρ 为空气密度（kg/m³）；e_s 为饱和水汽压（kPa）；e 为实际水汽压（kPa）；r_a

为冠层边界的空气动力学阻抗（m/s）；r 为干湿球常数（kPa/℃）；r_{sc} 为植物群落冠层的蒸腾阻力（s/m）；r_{ss} 为土壤的蒸发阻力（s/m）；DAYL 为日照时数（s/d）；g_i 为植物可从第 i 层土壤中吸水的比例；h_i 为各层土壤水分可用于蒸发的比例。

$$g_i = r_i \text{root}_i \tag{7.29}$$

$$h_i = r_i h_i' \tag{7.30}$$

$$r_i = \frac{\theta_i - \theta_w}{\theta_{fc} - \theta_w} \tag{7.31}$$

$$r_{ss} = 4140(\theta_w - \theta_1) - 805 \tag{7.32}$$

$$\int_0^E h'(z)\mathrm{d}z = 1, \text{且} h'(z) = h_0 \frac{1 - \dfrac{z}{E}}{1 + \dfrac{20z}{E}} \tag{7.33}$$

式中，r_i 为第 i 层土壤可利用水分的比例；root_i 为第 i 层土壤中根系生物量的比例；θ_i 为第 i 层土壤含水量；θ_{fc} 为土壤田间持水量；θ_w 为土壤凋萎湿度；z 为土层深度；E 为土壤蒸发深度。

参数 f_s 和 f_g 用来分离植物蒸腾和土壤蒸发，可通过 LAI 和盖度计算，对于高 LAI 值且均匀分布的植物群落，利用 LAI 可以较好地分离植物蒸腾和土壤蒸发的能量分配；而对于干旱-半干旱区低 LAI 值且呈斑块状分布的植物群落，往往 LAI 相似，但群落盖度差别较大，单纯用 LAI 分离蒸散发会出现问题（黄永梅，2003；Nouvellon et al.，2000；刘鹄和赵文智，2006）。对研究区内的芨芨草草原、金露梅灌丛和具鳞水柏枝灌丛利用 LAI 与盖度相结合的方法分离植物蒸腾和土壤蒸发，对高山嵩草草甸利用 LAI 分离植物蒸腾和土壤蒸发，算法如下：

$$\begin{cases} \text{当群落斑块状分布时,} f_s = \dfrac{1 - \text{SCD}}{1 - 2\text{SCD} + \text{SCD} \times \exp(-k\text{LAI})} \\ \text{当群落均匀分布时,} f_s = \exp(-k\text{LAI}) \end{cases} \tag{7.34}$$

$$f_g = 1 - f_s \tag{7.35}$$

$$f_s + f_g = 1 \tag{7.36}$$

式中，f_s 为土壤蒸发的比率；f_g 为植物蒸腾的比率；SCD 为冠层盖度；k 为消光系数（0.5）。

4. 土壤水分运动模块

青海湖流域各典型生态系统土壤均具有较高的孔隙度，容易产生优势流。考虑到 Richards 方程不太适用于优势流作用显著的地区，因此，本章构建了耦合优势流的田间持水量模型对逐日尺度的土壤水分运动进行模拟。假设不管上层土壤水分是否达到田间持水量，降至土壤表面的净雨以固定比例 K_{max} 发生渗漏补给下层土壤（邓慧平等，2003），而降水补给的土壤水分在 100 cm 土层内按照水分在土壤中的移动阻力确定垂向分配比例，根据各层根系生物量确定吸水比例。如果最下层土壤水分高于该层的田间持水量，那么就会发生深层渗漏（Cernusca et al.，1998）。综合考虑植物根系的垂向分布和不同土壤深度对蒸发的影响,本章将土壤划分为 5 层(分别为 0~10 cm、10~20 cm、20~40 cm、40~60 cm、60~100 cm)。各层土壤水分的日变化量如下。

第 1 层土壤水分的日变化量:

$$\Delta\theta_1 = \frac{(1 - K_{\max,1} + \text{root}_1 K_{\max,1})I_{\text{nfill}} - \text{ET}_1 - D_1}{z_1} \tag{7.37}$$

第 i($i>1$)层土壤水分的日变化量:

$$\Delta\theta_i = \frac{\text{root}_i K_{\max,i} I_{\text{nfill}} + D_{i-1} - \text{ET}_i - D_i}{z_i} \tag{7.38}$$

如果 $(1 - K_{\max,1} + \text{root}_1 K_{\max,1})I_{\text{nfill}} - \text{ET}_1 \leq \theta_{\text{fc1}}$,则 $D_1=0$,否则 $D_1=(1 - K_{\max,1} + \text{root}_1 K_{\max,1})I_{\text{nfill}} - \text{ET}_1 - \theta_{\text{fc1}}$。

如果 $\text{root}_i K_{\max,i} I_{\text{nfill}} + D_{i-1} - \text{ET}_i \leq \theta_{\text{fc}i}$,则 $D_i=0$,否则 $D_i = \text{root}_i K_{\max,i} I_{\text{nfill}} + D_{i-1} - \text{ET}_i - \theta_{\text{fc}i}$。

式中,$\Delta\theta_i$ 为第 i 层土壤水分的日变化量(体积含水量,cm³/cm³);$K_{\max,i}$ 为第 i 层的优势流系数;root_i 为第 i 层的细根分布比例;I_{nfill} 为地表入渗量(mm);ET_i 为第 i 层的蒸散发量(mm);D_i 为多余的土壤水分从第 i 层向第 $i+1$ 层的入渗量(mm);z_i 为第 i 层土壤的厚度(m);$\theta_{\text{fc}i}$ 为第 i 层土壤田间持水量(cm³/cm³)。

5. 土壤冻融模块

考虑青海湖流域季节性冻土对土壤水分运动过程的影响,本章引入 SWAT 模型的土壤温度计算模块和 CLM4.5 陆面过程模式(Oleson et al.,2013)的相变模块,用来模拟土壤冻融过程。

土壤温度模拟,认为当天的土壤温度是前一天土壤温度、年平均气温、当天的土壤表面温度和土壤剖面深度的函数,各土壤层日平均土壤温度计算方程如下:

$$T_{\text{soil}}(z, \text{dn}) = \lambda T_{\text{soil}}(z, d_n - 1) + (1.0 - \lambda) \cdot \left[\text{df} \cdot (\overline{T_{\text{AAair}}} - T_{\text{ssurf}}) + T_{\text{ssurf}} \right] \tag{7.39}$$

式中,$T_{\text{soil}}(z, \text{dn})$ 为当年第 d_n 天、深度 z 处的土壤温度(℃);λ 为温度的时间滞后系数(取值 0~1.0,SWAT 中默认为 0.8),用来表征前一天土壤温度对当天土壤温度的控制;$T_{\text{soil}}(z, d_n-1)$ 为前一天某土层的温度(℃);df 为深度影响因子,定量表征土壤深度对土壤温度向下传递的阻碍影响;$\overline{T_{\text{AAair}}}$ 为年平均气温(℃);T_{ssurf} 为当天的土壤表层温度(℃)。

相变过程模拟,图 7.3 展示了相变过程计算流程,具体算法如下。

(1)热量传输能量平衡方程

将土壤分为 5 个层次,假设每一层遵循能量平衡,各层之间的热量传递结合能量平衡方程得到(Oleson et al.,2010;李倩和孙菽芬,2007):

$$c\frac{\partial T}{\partial t} = \frac{\partial}{\partial t}\left(\lambda \frac{\partial T}{\partial t}\right) + \rho_{\text{ice}} L_f \frac{\partial \theta_{\text{ice}}}{\partial t} \tag{7.40}$$

式中,c 为第 i 层土壤的比定容热容[W/(m³·K)];λ 为第 i 层土壤的导热系数[W/(m·K)];ρ_{ice} 为土壤中冰的密度(kg/m³);θ_{ice} 为土壤中冰的体积含量(cm³/cm³);L_f

为融化潜热（J/kg）（李震坤等，2011）。

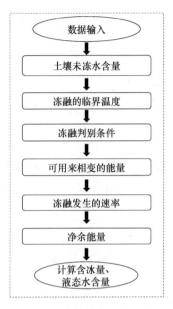

图 7.3 冻融模块计算流程

土壤在第 i 层的比定容热容 c 为

$$c = c_{\text{soil}}(1-\theta_{\text{sat}}) + c_{\text{liq}}\theta_{\text{liq}} + c_{\text{ice}}\theta_{\text{ice}} \tag{7.41}$$

式中，c_{soil}、c_{liq}、c_{ice} 分别为第 i 层土壤基质、液态水、冰的比定容热容；θ_{sat}、θ_{lip} 分别为饱和含水量和液态水含量（cm³/cm³）（李震坤等，2011）。

土壤在某层的导热系数 λ 为

$$\lambda = K_e \lambda_{\text{sat}} + (1+K_e)\lambda_{\text{dry}} \tag{7.42}$$

式中，K_e 为 Kersten 数；λ_{sat}、λ_{dry} 分别为第 i 层土壤达到饱和状态和干燥状态时的导热系数 [W/(m³·K)]（郭志强等，2014）。

（2）未冻水含量计算

每层土壤发生冻结或融解时都存在一个临界土壤温度 T_{crit}（K），土壤温度小于 T_{crit} 时，土壤液态含水量并非变为 0，而是有一部分液态水仍与冰共存。这部分液态水是土壤在 T_{crit} 时的最大液态水含量。第 i 层土壤中未冻水含量 $W_{\text{liq,max},i}$ 计算公式为，当 $T_i < T_{\text{crit}}$ 时：

$$W_{\text{liq,max},i} = \Delta z_i \theta_{\text{sat},i}\left[\frac{10^3 L_f (T_{\text{crit}} - T_i)}{gT_i \psi_{\text{sat},i}}\right]^{-1/B_i} \tag{7.43}$$

式中，Δz_i 为第 i 层土壤厚度（m）；$\theta_{\text{sat},i}$ 为第 i 层土壤的饱和含水量（cm³/cm³）；T_i 为第 i 层土壤温度（K）；g 为重力加速度（m/s²）；$\psi_{\text{sat},i}$ 为第 i 层土壤的饱和土壤基质水势（mm），与机械组成有关；B_i 为第 i 层土壤的 Clapp 和 Hornberger 指数，其他符号同上。

（3）土壤冻融时的临界温度

根据土壤液态水含量与临界冻融温度的函数关系，计算第 i 层土壤开始发生冻结或融解的临界土壤温度 T_{crit}（K）。

$$T_{\text{crit}} = \frac{10^3 L_f T_{\text{frz}}}{10^3 L_f - \psi_{\text{sat}} \left(\dfrac{\theta_{\text{liq}}}{\theta_{\text{sat}}}\right)^{-b} g} \tag{7.44}$$

如果当天的土壤温度 $T_i^n < T_{\text{crit}}$，那么第 i 层土壤中的液态水开始结冰，此时处于土壤冻结期；反之，第 i 层土壤中的冰开始融化，此时处于土壤融解期。

如果土壤冻融过程未发生，T_i^{n+1} 为第 i 层土壤当天结束时的土壤温度。如果发生土壤冻融过程，那么第 i 层土壤温度变为 T_{crit}。

冻融判别条件为

$$\begin{cases} \text{融解条件}: T_i^{n+1} > T_{\text{crit}}, \text{且} w_{\text{ice},i}^n > 0 \\ \text{冻结条件}: T_i^{n+1} < T_{\text{crit}}, \text{且} w_{\text{liq},i}^n > w_{\text{liq,max},i}^n \end{cases}, \quad i=1,2,3,4,5 \tag{7.45}$$

式中，$w_{\text{ice},i}^n$ 为当天开始时的含冰量（kg/m²）；$w_{\text{liq},i}^n$ 为当天开始时的液态水含量（kg/m²）；$w_{\text{liq,max},i}^n$ 为当天开始时的最大液态水含量（kg/m²）。

（4）可用来发生相变的能量

可用来发生相变的能量是指相变发生时，当天的土壤温度从 T_i^n 变成 T_{crit} 时产生的能量盈余（或缺失）。融解过程：$H_i > 0$，能量过剩；冻结过程：$H_i < 0$，能量缺失。计算方法如下：

$$H_i = -\frac{c_i \Delta z}{\Delta t}\left(T_{\text{crit}} - T_i^n\right) \quad i=1,2,3,4,5 \tag{7.46}$$

（5）冻融发生速率

冻融发生的速率 H_m（kg/m²），即相变速率，也指含冰量的变化，根据可用来相变的能量 H_i 计算得到：

$$H_m = \frac{H_i \Delta t}{L_f} \tag{7.47}$$

（6）含冰量变化

根据冻融发生条件和相变速率，计算相变过程中含冰量的变化：

1）如果当天的土壤温度满足融解条件，相变速率大于 0，那么当天结束时的含冰量 $w_{\text{ice},i}^{n+1}$（kg/m²）为

$$w_{\text{ice},i}^{n+1} = w_{\text{ice},i}^n - H_m \geqslant 0, \quad i=1,2,3,4,5 \tag{7.48}$$

式中，$w_{\text{ice},i}^n$ 为当天开始时的含冰量（kg/m²）。

2）如果当天的土壤温度满足冻结条件，相变速率小于 0，那么当天结束时的含冰量 $w_{\text{ice},i}^{n+1}$（kg/m²）为

$$w_{\text{ice},i}^{n+1} = \begin{cases} \min\left(w_{\text{liq},i}^n + w_{\text{ice},i}^n - w_{\text{liq,max},i}^n, w_{\text{ice},i}^n - H_m\right), & w_{\text{liq},i}^n + w_{\text{ice},i}^n \geqslant w_{\text{liq,max},i}^n \\ 0, & w_{\text{liq},i}^n + w_{\text{ice},i}^n < w_{\text{liq,max},i}^n \end{cases} \quad (7.49)$$

进而可得液态水含量 $w_{\text{liq},i}^{n+1}$（kg/m²）为

$$w_{\text{liq},i}^{n+1} = w_{\text{liq},i}^n + w_{\text{ice},i}^n - w_{\text{ice},i}^{n+1} \geqslant 0 \quad (7.50)$$

（7）净余能量

可用来发生相变的能量 H_i 并不是全部用来改变土壤温度。在土壤冻结过程中冰的变化量不能高于当天开始时的液态水含量，在融解过程中不能高于当天开始时的含冰量。因此，净余能量 H_{i*}（W/m²）为

$$H_{i*} = H_i - \frac{L_f \left(w_{\text{ice},i}^n - w_{\text{ice},i}^{n+1}\right)}{\Delta t} \quad (7.51)$$

式中，公式右端减数部分即为实际消耗的相变热（W/m²）。

（8）当天结束时的土壤温度

净余能量用来降温的前提条件是液态水全部冻成冰，净余能量用来增温的前提条件是冰全部融化成水。如果当天结束时土壤中仍存在冰，那么土壤温度不会变化，仍然是临界温度 T_{crit}（李震坤等，2011）。如果 $|H_{i*}| > 0$，当天结束时的土壤温度 T_i^{n+1} 更新为

$$T_i^{n+1} = T_f + \frac{\Delta t}{c_i \Delta z_i} H_{i*} \quad (i = 1, 2, 3, 4, 5) \quad (7.52)$$

7.1.3 SWIM 模型

SWIM 模型是以 SWAT 模型和 MATSALU 模型为基础开发的分布式生态水文模型，主要应用于大中尺度流域。其中，MATSALU 模型起源于爱沙尼亚，由 4 个子模块耦合而成，主要应用于该国海湾生态系统的富营养化管理。MATSALU 模型的主要优势在于其三级划分方案，即把研究对象分为流域、子流域和基本污染区 3 个层级。然而，由于 MATSALU 模型最初设计的目的只是针对爱沙尼亚的流域水文管理，所以该模型对中低纬度流域的特征考虑较少，模型的可移植性不甚理想。SWAT 模型弥补了这一缺陷，其对水文过程物理机制的描述较为深入，适合在内部异质性较大、土地利用类型和土壤类型较多的大中尺度流域进行建模。同时，SWAT 模型与地理信息系统能够实现较好的耦合，有较高的可移植性，是一个较为成熟的生态水文模型。SWIM 模型功能较为全面，可以评价流域水文过程的时空变化和植被生长对水文过程的影响，模拟氮、磷等营养物

质在流域的运移过程,并可以将其与气候变化和土地利用变化相结合,评价未来不同情景下流域环境要素的变化特征,因此,该模型已经在不同领域得到广泛应用。

1. 模型结构

SWIM模型的独特优势之一是在地表以下部分生态水文模拟中将土壤剖面分为4个层次(图7.4),从上往下分别为土壤表层、根系层、浅层含水层和深层含水层。模型设定各个土壤层之间均可以进行径流输送,从而构成一个开放式的微循环。在这个循环中,模型刻画的水文过程有毛管水、侧向流和地下水补给等。

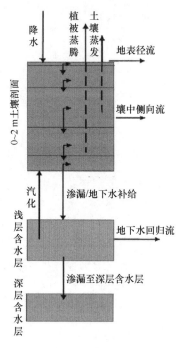

图 7.4 SWIM 模型对土壤水的模拟原理

资料来源:Krysanova 和 Frank,2000

模型将研究对象划分为流域-子流域-水文响应单元3个层次,用模块化的设计思路对每一个水文响应单元综合其土壤、植被、水文等特征进行汇流演算,从而获得整个流域的生态水文特征数据。模型使用者在模型构建过程中,首先需要设定合适的阈值,计算得到研究流域的河网分布。在此基础上,进一步结合植被类型图、土壤类型图等环境变量的空间分布信息将研究流域划分为若干水文响应单元。然后,选择率定期,输入植被参数、土壤参数和逐日气象数据,结合实测径流数据调整模型参数,最终完成模型的构建。基于构建完毕的模型,可以分析流域的生态水文特征,包括实际蒸散发量、潜在蒸散发量、壤中流、作物收获量等。SWIM模型的运行环境为Windows或Unix系统,程序编写语言为Fortran。

2. 模型计算

SWIM模型以逐日尺度水量平衡公式为基础,其表达式为

$$SW(t+1) = SW(t) + P - Q - ET - PERC - SSF \quad (7.53)$$

式中，SW(t) 为第 t 天的土壤蓄水量（mm）；P 为降水量（mm）；Q 为地表径流量（mm）；ET 为实际蒸散发量（mm）；PERC 为深层渗漏量（mm）；SSF 为壤中流径流量（mm）。模型对主要生态水文过程的建模方案如下。

（1）融雪过程

SWIM 模型对融雪过程的模拟相对简单，仅考虑气温这一环境变量。当日最高气温低于 0℃时，融雪量为 0；而当日最高气温高于 0℃时，融雪量采用下列公式计算：

$$SML = 4.57 \times TMX \quad (7.54)$$

式中，SML 为日融雪量（mm）；TMX 为日最高气温（℃）。

（2）地表产流过程

模型对地表产流过程的模拟采用 SCS 曲线方程，相应的计算公式如下：

$$Q = \frac{(P - 0.2 \times SMX)^2}{P + 0.8 \times SMX}, \quad P > 0.2 \times SMX \quad (7.55)$$

$$Q = 0, \quad P \leq 0.2 \times SMX \quad (7.56)$$

式中，SMX 为保留系数，计算公式如下：

$$SMX = 254 \times \left(\frac{100}{CN} - 1\right) \quad (7.57)$$

式中，CN 为反映降水之前流域环境特征的参数，是一个无量纲系数，与研究区的植被类型、土壤类型、地形地貌、农业耕作方式等因素关系较大。

CN 值对土壤湿度较为敏感，因此，模型引入 SCS 曲线的 3 个变量来描述不同土壤水分条件下 CN 值的计算方法。这 3 个变量分别为 CN_1、CN_2、CN_3，它们分别代表土壤在干旱条件、中等湿度条件和湿润条件下的 CN 值。中等湿度条件下的 CN_2 值可以从 SCS 水文手册（US Department of Agriculture，1983）中获取，而 CN_1 值则可根据对应的 CN_2 值使用以下公式计算得到：

$$CN_1 = CN_2 - \frac{20 \times (100 - CN_2)}{100 - CN_2 + \exp[2.533 - 0.0636 \times (100 - CN_2)]} \quad (7.58)$$

CN_3 值的计算公式为

$$CN_3 = CN_2 \times \exp[0.00673 \times (100 - CN_2)] \quad (7.59)$$

除此之外，CN 值还与研究区的平均坡度有关。在模型计算过程中，需要将 CN 值以 5%坡度为参考坡度进行调整，计算公式如下：

$$CN_{2s} = CN_2 + \frac{CN_3 - CN_2}{3} \times [1 - 2 \times \exp(-13.86 \times S)] \quad (7.60)$$

式中，CN_2 为 5%坡度下的 CN 值；S 为坡度；CN_{2s} 为经过坡度调整的 CN_2 值。

（3）土壤蒸发和植被蒸腾

在 SWIM 模型中，植被蒸腾的计算方法如下：

$$EP = \frac{EO \times LAI}{3}, \quad 0 \leqslant LAI \leqslant 3 \tag{7.61}$$

$$EP = EO, \quad LAI > 3 \tag{7.62}$$

式中，EO 为潜在蒸散速率（mm/d）；EP 为植被实际蒸腾速率（mm/d）；LAI 为叶面积指数。EO 的计算公式如下：

$$EO = 1.28 \times \frac{RAD}{HV} \times \frac{\delta}{\delta + \gamma} \tag{7.63}$$

式中，RAD 为太阳净辐射（MJ/m^2）；HV 为汽化潜热（MJ/kg）；δ 为饱和水汽压曲线斜率（kPa/℃）；γ 为干湿常数（kPa/℃）。

土壤蒸发采用 Hallett 等（1975）提出的方法，首先计算潜在土壤蒸发，公式如下：

$$ESO = EO \times \exp(-0.4 \times LAI) \tag{7.64}$$

式中，ESO 为潜在土壤蒸发（mm/d）。如果土壤蒸发仅受到能量限制（小于 6 mm/d），土壤实际蒸发量相当于潜在蒸发量；如果土壤日累积蒸发量超过 6 mm，则进行第二阶段的蒸发，此时土壤蒸发的计算公式如下：

$$ES = 3.5 \times (\sqrt{TST} - \sqrt{TST - 1}) \tag{7.65}$$

式中，ES 为第 t 天的土壤蒸发（mm/d）；TST 为第二阶段蒸发开始后的天数。

（4）下渗量

在 SWIM 模型中，主要采用储量汇流法来模拟每层土壤的入渗量，该方法基于以下公式：

$$SW(t+1) = SW(t) \times \exp\left(\frac{-\Delta t}{TT_i}\right) \tag{7.66}$$

式中，Δt 为一天的时间长度 24 h；TT_i 为水分通过第 i 层土壤所需的时间（h）。根据该公式可以计算得到各土壤层的下渗率：

$$PERC_i = SW_i \times \left[1 - \exp\left(\frac{-\Delta t}{TT_i}\right)\right] \tag{7.67}$$

式中，$PERC_i$ 为第 i 层的下渗率（mm/d）。

7.2 建群种叶片气孔导度模拟

7.2.1 模型输入数据

针对青海湖流域的灌丛、草甸、草原、农田 4 种主要的陆地生态系统，分别选择金露梅灌丛、具鳞水柏枝灌丛、高山嵩草草甸、芨芨草草原、燕麦和油菜为研究对象，并对以上 6 个群落建群种的气孔导度进行模拟与分析。

2013～2015 年生长季，使用 LI-6400 便携式光合仪测定各建群种的气体交换参数和光响应曲线。测量时选择晴朗的上午，在自然条件下进行测定，每次至少随机测定 3 株植物，选择健康的充分展开的叶片，每片叶子记录至少 3 个重复。测定光响应曲线时，每次至少测定两条重复曲线，光合有效辐射梯度设置为 0 μmol/(m²·s)、30 μmol/(m²·s)、50 μmol/(m²·s)、100 μmol/(m²·s)、150 μmol/(m²·s)、300 μmol/(m²·s)、500 μmol/(m²·s)、700 μmol/(m²·s)、900 μmol/(m²·s)、1100 μmol/(m²·s)、1300 μmol/(m²·s)、1500 μmol/(m²·s)、1700 μmol/(m²·s)、1900 μmol/(m²·s)、2100 μmol/(m²·s)、2300 μmol/(m²·s)和 2500 μmol/(m²·s)，根据不同植物类型进行微调。测定的参数包括植物叶片的瞬时净光合速率、气孔导度、蒸腾速率、胞间 CO_2 浓度、大气压、大气 CO_2 浓度、相对湿度、气温等。

基于实测的气温 T（℃）和相对湿度 RH（%）计算饱和水汽压 e_s 和水汽压亏缺 VPD（Buck，1981）：

$$e_s = 0.611\exp\left(\frac{17.502T}{240.97+T}\right) \tag{7.68}$$

$$\text{VPD} = e_s(1-0.01\text{RH}) \tag{7.69}$$

为了更精确地描述植物根系对土壤水分的吸收，在生长季旺期对每个样地的根系分层情况进行调查，得到分层根系生物量。另外，测定各样地土壤的体积含水量，土壤水分传感器安装情况详见第 2 章。同时，在各样地利用环刀取原状土，每个样地每层土壤至少取两组，一组带回实验室烘干，测定容重；另一组用压力膜仪测定土壤水分特征曲线，并用 Van Genuehten 模型（Van Genuchten，1980）对曲线进行拟合，即

$$\theta(h) = \begin{cases} \theta_r + \dfrac{\theta_s - \theta_r}{(1+|\alpha h|^n)^m}, & h < 0 \\ \theta_s, & h \geq 0 \end{cases} \tag{7.70}$$

式中，θ_r 为残余土壤体积含水量（cm^3/cm^3）；θ_s 为饱和土壤体积含水量（cm^3/cm^3）；h 为压力水头（cm）；a、n、m 为土壤水分特征曲线参数，$m=1-1/n$，$n>1$。

7.2.2 模型参数率定及验证

本章利用交叉验证法确定模型的参数并计算误差，根据测定年份的不同将每个建群种的所有数据分成 2~3 个数据集进行交叉验证，每次将 1 个数据集留作验证集，其他数据集用于对模型参数进行率定，依此重复进行，直至每一个数据集都当过验证集。采用均方根误差（RMSE）衡量模型模拟的精确程度，对预测值和实测值进行线性回归，采用决定系数（R^2）评价模拟效果。RMSE 越小，R^2 越接近于 1，则模拟结果越好，选择误差最小的训练集和验证集的组合及其对应的参数作为模型的最终结果。进行参数率定时，以野外实测的 T_r 为因变量，以 I_p、φ_s 和 d_{vp} 为自变量，借助于 Origin 2017 进行非线性拟合，得到模型中的 4 个参数，进而计算出其他参数，其中，φ_s 根据土壤水分特征曲线由土壤体积含水量计算得出，而土壤含水量是以分层根系生物量为权重计算的加权平均值。

对不同物种的气孔导度模型进行验证和评价，R^2 在 0.79~0.95（表 7.2）。前人研究认为，当 RMSE 小于实测值标准差（SD）的 1/2 时，模型的误差可以认为较小（Moriasi et al., 2007)。由表 7.2 看出，6 个物种模拟的误差都在可以接受的范围内，表明本章采用的 Gao 模型对青海湖流域 6 种植物的气孔导度模拟效果良好。

表 7.2 气孔导度模型模拟结果评价

建群种	R^2	RMSE/[mmol/(m^2·s)]	SD/2/[mmol/(m^2·s)]
高山嵩草	0.79	38.01	38.04
金露梅	0.95	8.38	10.72
芨芨草	0.79	47.43	48.93
具鳞水柏枝	0.81	41.50	47.56
油菜	0.88	34.74	50.69
燕麦	0.93	18.31	32.48

7.2.3 叶片气孔导度模拟结果分析

气孔导度模型各参数值见表 7.3，前 4 个参数为非线性拟合结果，其他参数根据前 4 个参数计算得到，各参数都具有特定的生理生态学含义，因此，在一定程度上可以反映植物的生理生态学特性及其对环境的适应特征。

表 7.3 不同建群种气孔导度非线性拟合参数

生态系统类型	g_{0m}	k_φ	$k_{\alpha\beta}$	$k_{\beta g}$	β	α	π_0	g_z
高山嵩草草甸	1375.43	65.81	0.15	54.91	0.02	0.00	−20.90	1.20
金露梅灌丛	219.67	3.31	0.04	0.26	0.30	0.01	−66.40	12.50
芨芨草草原	638.65	3.73	0.16	68.18	0.27	0.04	−171.24	0.05
具鳞水柏枝灌丛	486.64	8.94	0.31	83.82	0.11	0.03	−54.43	0.11
油菜	755.20	10.37	2.97	478.78	0.10	0.29	−72.84	0.02
燕麦	2682.76	72.17	9.24	1741.54	0.01	0.13	−37.17	0.04

注：g_{0m} 为黑暗条件下土壤水分饱和时植物可能的最大气孔导度[mmol/(m^2·s)]；k_φ 为保卫细胞结构的弹性柔顺度[mmol/(m^2·s·kPa)]；$k_{\alpha\beta}$ 为气孔导度对光合有效辐射的敏感性（mmol/μmol）；$k_{\beta g}$ 为气孔导度对饱和水汽压亏缺的敏感性（无量纲）；β 为保卫细胞的弹性模数（kPa·m^2·s/mmol）；α 为保卫细胞渗透势对于光的敏感性系数（kPa·m^2·s/μmol）；π_0 为保卫细胞黑暗中的渗透势（kPa）；g_z 为水分从土壤到叶片的导度[mmol/(m^2·s·kPa)]。

根据上述各项参数，依次分析不同物种气孔导度与光合有效辐射、水汽压亏缺及土壤水分的关系。燕麦的 $k_{\alpha\beta}$ 最大，油菜次之，表明这两种农作物气孔导度对光照变化的响应最为敏感。$k_{\alpha\beta}$ 的大小由 α 和 β 的比值决定，即保卫细胞渗透势对光照越敏感，弹性模数越小，保卫细胞的气孔导度对光照就越敏感。高山嵩草保卫细胞的渗透势对光合有效辐射的响应最不敏感，同时其保卫细胞的弹性模数相对较小，因而高山嵩草的 $k_{\alpha\beta}$ 不至于最低。这 6 种植物气孔导度对饱和水汽压亏缺的敏感性与对光照的敏感性规律一致，都是燕麦＞油菜＞具鳞水柏枝＞芨芨草＞高山嵩草＞金露梅。

g_{0m}、k_φ 和 π_0 可以在一定程度上反映植物抵抗干旱、维持气孔开启的能力。金露梅保卫细胞的弹性模数最大，气孔导度对土壤水势变化的响应最不敏感。芨芨草的渗透势最低，弹性模数也较大，因而有较强的抗旱能力和耐旱性。高山嵩草和燕麦在黑暗情况下的渗透势较高，最大可能气孔导度较大，保卫细胞弹性模数较小，细胞弹性大，对土壤水分变化的响应敏感，抗旱能力和耐旱性不强。为了更加直观地考察各物种对土壤水分变化的响应，本章模拟了其他条件不受限制时，气孔导度对相对可利用土壤含水量（REW）变化的响应，其中，REW=（土壤含水量–凋萎系数）/（田间持水量–萎蔫系数）（图 7.5）。模拟时以土壤水势变化为驱动，计算对应的 REW，将其他环境因子设置为当地生长季晴朗上午的平均气象条件，对气孔导度进行模拟。从模拟结果看，高山嵩草在 REW 达到 60%以上时气孔才逐渐打开，嵩草草甸土壤水分充足，可以满足高山嵩草对土壤水分的要求；而油菜在 REW 接近 20%时，就已开始进行蒸腾作用。在土壤水分整个变化过程中，高山嵩草对土壤水分变化的响应一直最为敏感，其他植物伴随 REW 的降低，气孔导度降低幅度都是先缓后急。芨芨草作为高大的深根性草本植物，其变化趋势与两种灌木（具鳞水柏枝和金露梅）类似。两种农作物的气孔导度值最高，燕麦对水分的要求高于油菜，燕麦在土壤含水量较为充足时，伴随土壤水分降低，气孔导度比油菜的变化敏感。

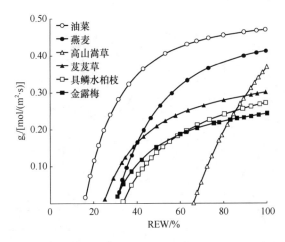

图 7.5 不同物种气孔导度对相对可利用土壤含水量的响应

7.3 生态系统水分平衡模拟

7.3.1 模型输入数据

1. 气象数据

气象驱动数据包括逐日降水量、平均气温、最高气温、最低气温、相对湿度、平均风速等，从国家气象科学数据共享服务平台（http://data.cma.cn/site/index.html）获得，时间跨度为 1958~2015 年。

2. 植被属性数据

植物群落调查采用样方法，样方面积分别为灌丛 5 m×5 m、草本群落 1 m×1 m。灌木调查指标包含植株盖度、LAI、丛数和高度，草本植物调查指标包含种类组成、盖度、

LAI、高度。群落 LAI 的计算方法为：对于均匀分布的高山嵩草草甸和紫花针茅草原样地，采用收割法获取 3 个草本样方的植物叶片鲜重；对于斑块状分布的芨芨草草原、金露梅灌丛、具鳞水柏枝灌丛样地，采用收割法分别获取 3 个样方内灌丛个体和草本植物的叶片鲜量，再将部分叶片用叶面积仪扫描获取不同样方的比叶面积，最终换算得到各个样方的 LAI，取 3 个样方的 LAI 平均值作为群落的 LAI（黄永梅，2003）。

对于芨芨草草原、具鳞水柏枝灌丛和金露梅灌丛群落，分别对冠层下的植物根系进行取样（图 7.6 和表 7.4），目的是结合群落盖度，得到整个群落的根长和根表面积。对于高山嵩草和紫花针茅群落，在样方内打 3 钻，深度为 100 cm。对每个生态系统采集的植物群落根系，利用 WinRHIZO 仪（Regent，Canada）扫描获得各层土壤中细根的根长、根表面积等。

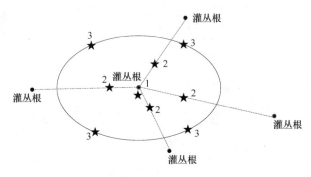

图 7.6　根系取样示意图

根钻取样，钻头直径为 10 cm；标号 1 表示芨芨草/灌丛根区附近打 1 钻，深度为 0~100 cm；标号 2 表示在目标植株与其四至植株距离三分之一处打 4 钻，深度为 0~100 cm；标号 3 表示在芨芨草/灌丛冠幅边缘处打 4 钻，深度为 0~100 cm

表 7.4　不同生态系统植被属性调查实验样地情况

样地	高山嵩草草甸	金露梅灌丛	紫花针茅草原	芨芨草草原	具鳞水柏枝灌丛
样地代码	GSSC	JLM	ZHZM	JJC	SBZ
植被型	高寒草甸	亚高山灌丛	高寒草原	温性草原	温带落叶灌丛
建群种	高山嵩草	金露梅	紫花针茅	芨芨草	具鳞水柏枝
最大叶面积指数	2.89	3.78	0.65	0.86	5.3
最大盖度/%	97	99	81	27	89
坐标	37.596°N, 100.008°E	37.594°N, 100.007°E	37.188°N, 99.731°E	37.245°N, 100.245°E	37.240°N, 100.195°E
海拔/m	3571	3570	3230	3232	3216
地貌类型	高山西南坡中部	高山南坡中部	湖滨平原	湖滨平原	河谷滩地
土壤类型	高山草甸土	高山灌丛草甸土	栗钙土	栗钙土	栗钙土

3. 土壤属性数据

综合考虑植物根系的垂向分布和不同土壤深度对蒸发的影响，本章将土壤划分为 5 层（0~10 cm、10~20 cm、20~40 cm、40~60 cm、60~100 cm），在根钻取样点附近进行环刀取样，取样深度为 0~100 cm，同时用塑封袋和环刀分别采集土样用于测定土壤容重、机械组成、有机质含量等（表 7.5~表 7.7）。采用压力膜仪（美国 SEC 公司，压力为 1500 型/1600 型）测定土壤水分特征曲线（简称 PF 曲线），借助于 RETC 软件中的 VG 方程拟合 PF 曲线（Genuchten，1980；丁新原等，2015），得到每层土壤的饱和含水量、田间持水量、稳定持水量、萎蔫系数等参数，然后加权平均计算各生态系统整个土壤剖面的饱和含水量、田间持水量、稳定持水量和萎蔫系数（表 7.8）。

表 7.5 典型生态系统不同深度土壤容重

土壤深度/cm	高山嵩草草甸 /（g/cm³）	金露梅灌丛 /（g/cm³）	紫花针茅草原 /（g/cm³）	芨芨草草原 /（g/cm³）	具鳞水柏枝灌丛 /（g/cm³）
0~10	0.83	0.57	1.03	1.08	1.17
10~20	1.36	0.77	0.96	0.99	1.26
20~40	1.40	1.27	1.21	1.15	1.35
40~60	1.60	1.85	1.25	1.26	1.39
60~100	1.61	1.90	1.21	1.25	1.70
整个剖面平均	1.46	1.52	1.17	1.19	1.47

表 7.6 典型生态系统不同深度土壤有机质含量

土壤深度/cm	高山嵩草草甸 /（10⁻² g/g）	金露梅灌丛 /（10⁻² g/g）	紫花针茅草原 /（10⁻² g/g）	芨芨草草原 /（10⁻² g/g）	具鳞水柏枝灌丛 /（10⁻² g/g）
0~10	8.33	12.72	6.09	5.01	2.59
10~20	4.14	8.40	2.91	3.46	1.81
20~40	2.20	4.43	4.96	1.75	1.64
40~60	0.46	0.49	2.19	1.47	1.49
60~100	0.28	0.19	1.60	1.21	1.26
整个剖面平均	3.08	5.25	3.55	2.58	1.76

表 7.7 典型生态系统不同深度土壤机械组成（%）

生态系统类型	项目	0~10 cm	10~20 cm	20~40 cm	40~60 cm	60~100 cm	整个剖面平均
高山嵩草草甸	砂粒	69.39	65.61	66.73	70.50	68.48	68.14
	粉粒	25.30	25.87	13.39	17.85	17.93	20.07
	黏粒	5.31	8.52	19.88	11.65	13.59	11.79
金露梅灌丛	砂粒	72.12	26.12	42.12	72.24	64.16	55.35
	粉粒	18.00	60.00	27.86	11.04	21.23	27.63
	黏粒	9.88	13.88	30.02	16.72	14.61	17.02
紫花针茅草原	砂粒	48.51	40.23	18.12	16.52	15.23	27.72
	粉粒	41.61	41.89	64.20	66.12	67.52	56.27
	黏粒	9.88	17.88	17.68	17.36	17.25	16.01
芨芨草草原	砂粒	48.12	30.11	20.15	16.12	16.19	26.14
	粉粒	42.07	52.03	54.62	52.30	49.93	50.19
	黏粒	9.81	17.86	25.23	31.58	33.88	23.67
具鳞水柏枝灌丛	砂粒	66.12	70.12	69.32	72.62	80.31	71.70
	粉粒	30.00	26.40	27.40	25.16	18.24	25.44
	黏粒	3.88	3.48	3.28	2.22	1.45	2.86

表 7.8 典型生态系统土壤剖面 PF 曲线拟合参数

参数	高山嵩草草甸	金露梅灌丛	紫花针茅草原	芨芨草草原	具鳞水柏枝灌丛
土壤饱和含水量 θ_s	0.64	0.72	0.64	0.52	0.50
土壤残留含水量 θ_r	0.18	0.18	0.13	0.16	0.07
VG 模型参数 a	0.00	0.01	0.01	0.01	0.01
曲线的形状参数 m	3.59	1.74	1.58	1.71	1.78
曲线的形状参数 n	0.72	0.43	0.37	0.41	0.44
决定系数 R^2	0.98	0.99	0.99	0.99	1.00

7.3.2 模型验证

以逐日气象数据为驱动，对青海湖流域典型生态系统的水分平衡过程进行模拟，并借助于蒸散发和土壤水分观测数据对模拟结果进行验证。

1. 蒸散发验证

逐月蒸散发模拟值和观测值的纳什效率系数（NSE）、相对误差（RE）和决定系数（R^2）（徐宗学，2009；何思为等，2015）的计算结果显示（表 7.9 和图 7.7）：模型对各生态系统月蒸散发量的模拟效果较为理想，除具鳞水柏枝灌丛模拟的相对误差较大以外，其他生态系统的 RE 均在 15%之内，R^2 不低于 0.75；此外，2015 年的模拟结果优于 2014 年。同时，模型可以较好地模拟 5 个典型生态系统蒸散发的年内变化，对芨芨草草原和紫花针茅草原的模拟效果最好，高山嵩草草甸和金露梅灌丛 6~8 月的模拟值高于实测值，而具鳞水柏枝灌丛 7~9 月的模拟值低于实测值。

表 7.9 典型生态系统逐月蒸散发模拟精度评价

生态系统类型	模拟期（年份）	NSE	RE/%	R^2
高山嵩草草甸	2014	−0.62	15	0.84
	2015	0.73	5	0.91
金露梅灌丛	2014	0.29	−11	0.75
	2015	0.78	−8	0.89
紫花针茅草原	2015	0.78	−1	0.94
	2016	0.85	2	0.92
芨芨草草原	2014	0.37	15	0.93
	2015	0.72	9	0.93
具鳞水柏枝灌丛	2011	0.58	−38	0.86
	2012	0.47	−27	0.75

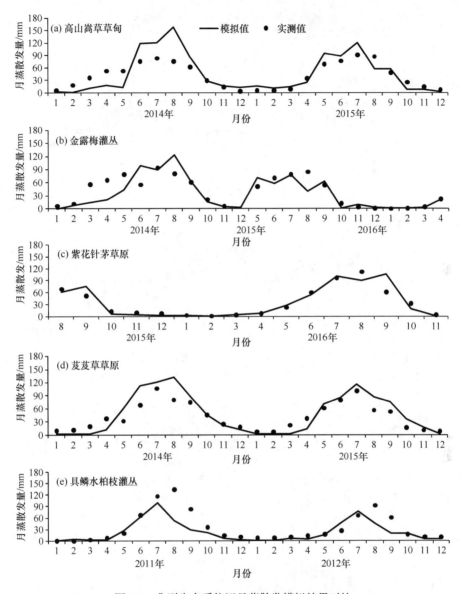

图 7.7 典型生态系统逐月蒸散发模拟结果对比

逐日尺度蒸散发模拟结果显示（图 7.8）：模型对芨芨草草原日蒸散发过程的模拟效果最好，其次是高山嵩草草甸，金露梅灌丛和具鳞水柏枝灌丛模拟效果最差。模型对生长季蒸散发的模拟效果较好，而非生长季的模拟值小于实测值。不同生态系统年内蒸散发均表现出明显的单峰分布特征，2015 年最为明显，最大值出现在 6~8 月。2014 年刚察气象站降水量（571.9 mm）高于 2015 年（421.3 mm），2014 年 6~9 月降水量分布较为均匀，月平均达到 123.2 mm，而 2015 年同期月平均降水量为 80.72 mm，使得 2014 年蒸散发的单峰持续时间较长。

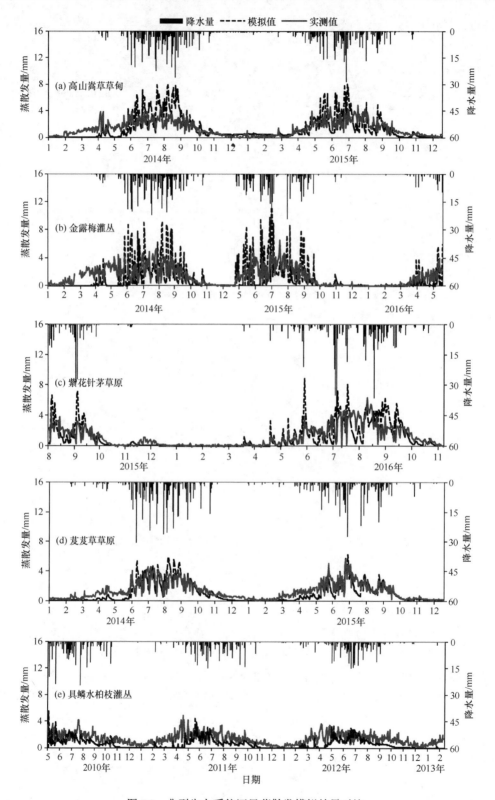

图 7.8 典型生态系统逐日蒸散发模拟结果对比

2. 土壤含水量验证

逐日尺度土壤含水量模拟结果显示：各生态系统土壤水分的模拟值和实测值相关系数均在 0.9 以上，平均相对误差在±5%，说明模型模拟效果很好，同时生长季模拟效果好于非生长季。

高山嵩草草甸（图 7.9）：0~100 cm 共 5 层的土壤含水量日变化过程得到了较好的模拟，其中，0~10 cm、10~20 cm 土壤含水量在生长季波动较大，说明这两层受降水与蒸散发影响明显。20~40 cm、40~60 cm 和 60~100 cm 土层受降水、蒸散发影响较小，但受冻融过程影响土壤含水量存在明显的季节变化。伴随深度增加，植物根系和蒸散发对土壤含水量变化的影响降低，模型模拟能力提高，40~100 cm 土壤含水量模拟值接近实测值。2014 年生长季（6~10 月）10~20 cm 土壤含水量实测值虽有较小波动但变化不大，而模型模拟值却有较大波动，原因可能与土壤含水量运移模块的假设有关，模型对 0~10 cm 土壤含水量的模拟上限是田间持水量。由于高山嵩草草甸降水较多且频繁，加上 0~10 cm 土层根系密布（分布比例达 48%），土壤容重较小（0.69 g/cm^3），土壤蓄水能力大，一次降水过后该层土壤含水量可能达到饱和，甚至超饱和状态，并且这种状态可以持续很长时间，而模型将超过田间持水量的土壤水全部归为深层渗漏，因此，不能很好地模拟土壤处于超饱和时的含水量，造成 10~20 cm 土壤含水量有较大波动。从图中也可以看出，2014 年是丰水年，降水量高于 2015 年，模型对 2015 年土壤含水量的模拟效果好于 2014 年。

金露梅灌丛（图 7.10）：整个土壤剖面（0~100 cm）的平均土壤含水量模拟值基本接近观测值，同时模型对 2014 年各层土壤含水量的模拟效果好于 2015 年，可能因为 2015 年仪器搬迁至沙柳河河谷地带后，土壤含水量还受河水影响。40~60 cm 和 60~100 cm 土壤含水量受降水和蒸散发的影响较小，但受冻融过程影响存在明显的季节变化。

紫花针茅草原（图 7.11）：0~10 cm 土壤含水量实测数据缺失，图中只给出了 0~10 cm 的模拟值。10~100 cm 共 4 层土壤含水量的日变化过程得到了较好的模拟，40~60 cm 和 60~100 cm 土壤含水量受降水和蒸散发影响较小，但受冻融过程影响存在明显的季节变化，模型能够较好地模拟这两层土壤含水量的变化特征。

芨芨草草原（图 7.12）：0~10 cm 土壤容重较大，土壤表层受牲畜践踏影响只有生物结皮没有物理结皮。10~20 cm 土壤含水量波动明显，2014 年降水量多于 2015 年，20 cm 深度土壤含水量对降水变化的响应较为敏感。模型对芨芨草草原浅层土壤含水量的模拟值波动较大，原因可能是模拟的实际蒸散发量偏大，导致一场降雨后土壤中的水分被过多损耗；另外，在小尺度范围内，芨芨草斑块也会接收来自基质区的径流补给（蒋志云，2016），导致实测土壤含水量高于模拟值。

具鳞水柏枝灌丛（图 7.13）：10~20 cm、20~40 cm 和 40~60 cm 的土壤含水量实测数据因为仪器故障缺失，而 0~10 cm 和 60~100 cm 的土壤含水量日变化过程得到了较好的模拟。0~10 cm、10~20 cm 土壤含水量在生长季波动较大，表明这两层受降水与蒸散发影响明显，但 0~10 cm 土壤含水量模拟值高于实测值，并且波动也大于实测值,而10～20 cm土壤含水量模拟值接近实测值。20～40 cm和40～60 cm土层受降水和蒸散发影响较小,受冻融过程影响存在明显的季节变化。在所有生态系统中,具鳞水柏枝灌丛的土壤含水量模拟效果最差,主要因为其土壤含水量受降水、土壤质地、地下水波动等综合因素的影响存在明显变化(赵国琴等,2013)。土壤含水量测量系统所在地0～20 cm为砂壤土,20～50 cm为砂土,50 cm以下主要是粗砂和砾石,田间持水量很低(张思毅,2014),加上雨季降水量大,沙柳河水位上涨,补给下层土壤水。从图中也可以看出,模型虽能模拟100 cm土层大多数时段的土壤含水量变化,但是一旦发生强降雨和河水上涨,模型模拟值就小于土壤含水量的实测值。

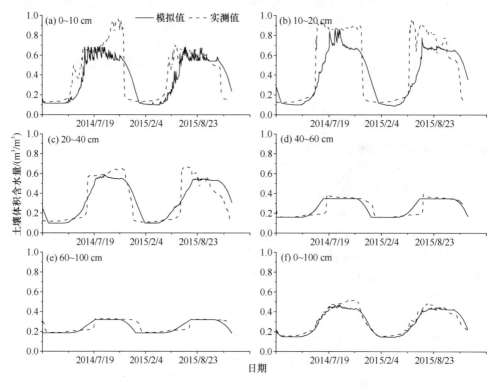

图7.9 高山嵩草草甸逐日土壤含水量模拟结果对比

总之,从以上模拟值与实测值的对比可以看出,生态系统水分平衡模型能够较好地模拟土壤水分的月际、年际变化,尤其是对生长季和冻融过程的模拟效果较好。

3. 芨芨草草原的逐日径流量验证

利用蒋志云(2016)在2014～2015年收集的22次地表径流数据对芨芨草草原地表径流模拟结果进行验证,结果显示(图7.14):生态系统水分平衡模型对地表径流的模拟效果较好(NSE=0.79,RE=9%,R^2=0.81)。

第7章 多尺度水分平衡模型模拟与分析

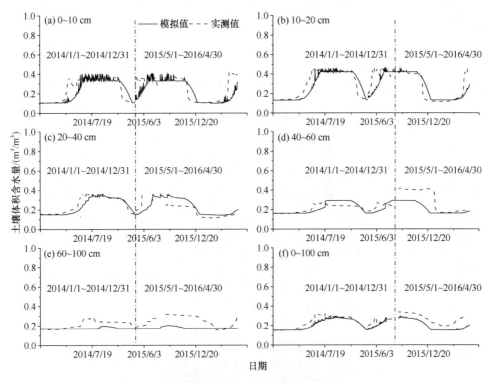

图 7.10　金露梅灌丛逐日土壤含水量模拟结果对比

2014 年 5 月仪器移动至沙柳河河谷地带

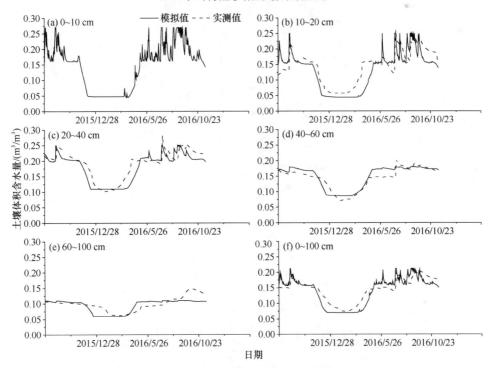

图 7.11　紫花针茅草原逐日土壤含水量模拟结果对比

0～10 cm 仪器故障导致观测数据缺失

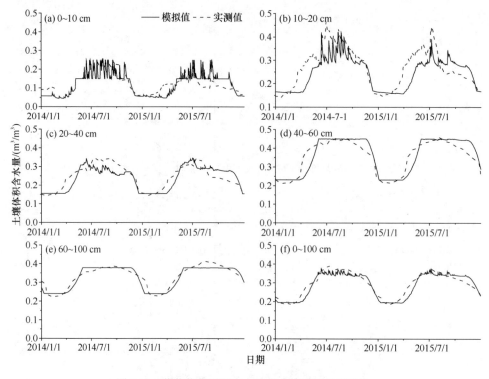

图 7.12　芨芨草草原逐日土壤含水量模拟结果对比

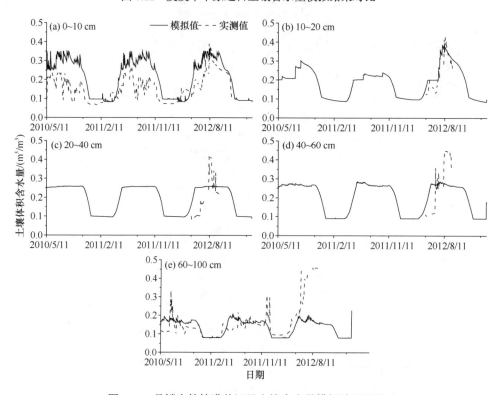

图 7.13　具鳞水柏枝灌丛逐日土壤含水量模拟结果对比

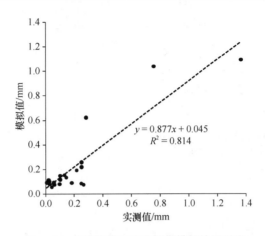

图7.14 芨芨草草原地表径流模拟结果对比

7.3.3 典型生态系统水分平衡模拟结果分析

1. 不同生态系统多年平均水分平衡

采用刚察气象站1958~2015年逐日气象数据模拟了青海湖流域典型生态系统的水分平衡,假设模拟期间所有生态系统都已处于成熟阶段,年内最大LAI不变,根据2015年野外实测结果,设置每个生态系统固定的最大LAI。模拟结果取1958~2015年的平均值,得到各生态系统多年平均的年蒸散发量(包括植被蒸腾量和土壤蒸发量)、总冠层截留量、径流深和0~100 cm土壤蓄水量变化(表7.10)。

表7.10 典型生态系统多年平均水分平衡情况

生态系统	P/mm	ET/mm			IC/mm	R/mm	W/mm	ΔW/mm	ETI/mm	ET/P
		TR	EV	Total						
高山嵩草草甸	352.18	176.84	135.74	312.58	35.44	3.88	436.33	0.28	348.02	0.89
金露梅灌丛	352.18	235.46	32.19	267.65	63.48	3.46	321.27	17.59	331.13	0.76
紫花针茅草原	352.18	73.34	262.07	335.41	12.08	1.20	149.29	3.49	347.49	0.95
芨芨草草原	352.18	42.60	300.14	342.74	13.01	1.73	347.74	−5.30	355.75	0.97
具鳞水柏枝灌丛	352.18	138.39	104.41	242.80	107.90	2.37	277.79	−0.89	350.70	0.69

注:P为多年平均降水量;TR为多年平均植被蒸腾量;EV为多年平均土壤蒸发量;Total=TR+EV,表示群落多年平均蒸散发总量;IC为多年平均冠层截留量;R为多年平均地表径流量;W为多年平均土壤蓄水量;ΔW为多年平均土壤蓄水量变化;ETI=P+IC,表示群落多年平均耗水量。

5种典型生态系统多年平均水分供需情况存在显著差异。高山嵩草草甸、紫花针茅草原、芨芨草草原和具鳞水柏枝灌丛多年平均水分供应量与消耗量基本平衡,其中,高山嵩草嵩草和紫花针茅草原的土壤蓄水量出现轻微盈余,盈余量分别为0.28 mm和3.49 mm;芨芨草草原和具鳞水柏枝灌丛土壤蓄水量存在一定亏缺,亏缺量分别为5.3 mm和0.89 mm。金露梅灌丛水分供应量大于消耗量,土壤蓄水量盈余17.59 mm。

各生态系统总耗水量差别不大,芨芨草草原群落最高,其次是具鳞水柏枝灌丛,高山嵩草草甸与紫花针茅草原居中并非常相近,金露梅灌丛最低。不同生态系统的蒸散发量及其组分差异明显,芨芨草草原蒸散发量最大,其次是紫花针茅草原和高山嵩草草甸,金露梅灌丛和具鳞水柏枝灌丛较低。芨芨草草原总蒸散发中以土壤蒸发为主,植物蒸腾量仅占 12.43%;紫花针茅草原也是土壤蒸发占主要地位,植物蒸腾量占 21.87%。二者的这种分配模式主要与群落盖度和 LAI 有关,芨芨草草原的群落盖度和 LAI 分别为 27%和 0.86,紫花针茅草原分别为 81%和 0.65,在土壤含水量相同的情况下,植物群落的太阳辐射分配量较小,其蒸腾量低于土壤蒸发量。芨芨草草原和紫花针茅草原多年平均 ET/P 都接近于 1,表明降水基本被蒸散发所消耗。金露梅灌丛的蒸腾量在所有生态系统中最高,占蒸散发总量的 87%。高山嵩草草甸的植被蒸腾量与土壤蒸发量占蒸散发总量的比例分别为 56%和 44%。具鳞水柏枝灌丛的植物蒸腾量略高于土壤蒸发量。总体而言,不同生态系统总耗水量模拟结果的变化趋势与第 6 章 2014~2016 年的观测结果一致,但由于 2014~2016 年降水量明显偏多,所以多年平均总耗水量的模拟值显著低于 2014~2016 年的观测值。

具鳞水柏枝灌丛的冠层截留量最高,占年降水量的 31%,主要因为其群落 LAI 达到 5.3,明显高于其他 4 个生态系统,而冠层截留量与 LAI 呈现显著的线性关系。在同等降雨条件下,具鳞水柏枝灌丛可以截留数倍于其他生态系统的降水量。芨芨草草原和紫花针茅草原冠层截留量最小,两者的群落 LAI 分别为 0.86 和 0.65,均低于其他 3 个生态系统。高山嵩草草甸和金露梅灌丛冠层截留量居中,分别为 35.44 mm 和 63.48 mm。

5 个生态系统多年平均土壤蓄水量变化不大,但相互之间差异明显。高山嵩草草甸土壤蓄水量最大,芨芨草草原次之,金露梅灌丛和具鳞水柏枝灌丛居中,紫花针茅草原最低。土壤持水能力主要受土壤黏粒含量和土壤孔隙度等因素的影响,根据张思毅(2014)和李宗超(2015)的研究结果,高山嵩草草甸 0~20 cm 土壤孔隙度比较均匀,并稳定在 66%左右,土壤容重也较小(0.67 g/cm^3),有利于土壤水分的下渗和降水的补充,因此,其土壤含水量最高。

2. 不同降水年水分平衡模拟分析

青海湖流域内唯一的国家级气象站(刚察气象站)1958~2015 年的降水量变化趋势如图 7.15 所示,从中可以看出,研究区降水量整体呈现增加趋势,多年平均降水量为 385.28 mm,变异系数为 15%。

根据年降水量统计结果划分得到研究区的不同降水年(表 7.11),进一步利用生态系统水分平衡模型分别对丰水年、平水年和枯水年的水量平衡状况进行模拟,得到不同降水年各生态系统的水分平衡结果(表 7.12)。

5 个生态系统在不同降水年的水分收支基本平衡,对于水分平衡各个分量而言,土壤蓄水量的变化最为明显,不同生态系统之间差异较大。

高山嵩草草甸 0~100 cm 土壤蓄水量维持在 436.33 mm 左右,无论何种类型的降水年,土壤蓄水量变化均很小,因此,推断高山嵩草草甸的土壤含水量受降水影响较小。丰水年总耗水量模拟结果(485 mm)与 2014~2015 年的蒸散发观测结果(481 mm)非常接近。但在枯水年,由于土壤田间持水量较高,群落 LAI 大,蒸散发耗水多,如果降水长期偏少,土壤蓄水量也会发生轻微亏缺。

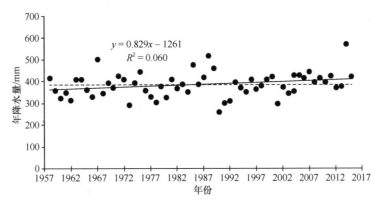

图 7.15　刚察气象站 1958~2015 年降水量变化

表 7.11　青海湖流域不同降水年划分

降水年	年份
丰水年	1967、1988、2014
平水年	1958、1964、1965、1969、1970、1979、1983、1984、1986、1987、1993、1994、1995、1996、1997、1998、1999、2000、2006、2008、2009、2010、2011、2012、2013、2015
枯水年	1960、1962、1966、1968、1973、1977、1978、1990、1991、1992、2001、2003

表 7.12　青海湖流域不同降水年水分平衡模拟

降水年	水分平衡分量	高山嵩草草甸	金露梅灌丛	紫花针茅草原	芨芨草草原	具鳞水柏枝灌丛
丰水年	P/mm	492.66	492.66	492.66	492.66	492.66
	ETI/mm	485.01	460.76	478.36	483.82	478.53
	R/mm	5.79	5.19	4.64	4.13	3.39
	ΔW/mm	1.86	26.71	9.66	4.71	10.74
平水年	P/mm	385.28	385.28	385.28	385.28	385.28
	ETI/mm	380.95	364.38	377.24	383.24	384.40
	R/mm	4.07	3.66	3.28	2.78	2.48
	ΔW/mm	0.26	17.24	4.76	−0.74	−1.60
枯水年	P/mm	320.82	320.82	320.82	320.82	320.82
	ETI/mm	318.60	313.70	320.39	319.81	327.82
	R/mm	2.61	2.29	2.11	2.51	1.43
	ΔW/mm	−0.39	4.83	−1.68	−1.50	−8.43

金露梅灌丛 0~100 cm 土壤蓄水量维持在 321.27 mm 左右，标准差为 4.88 mm。土壤蓄水量变化值平均为 15.74 mm，处于水分盈余状态，并伴随降水量的增加而增加，从枯水年的 4.83 mm 增加到平水年的 17.24 mm，再到丰水年的 26.71 mm，这可能与金露梅灌丛的分布特征和土壤质地有关，斑块状的分布格局和较多的土壤大孔隙有利于拦截地表径流转变为土壤水分下渗。

紫花针茅草原 0~100 cm 多年平均土壤蓄水量变化值为 4.49 mm，处于水分盈余状态，土壤蓄水量伴随降水量的增加而增加，从枯水年的 −1.68 mm 增加到平水年的 4.76 mm，再到丰水年的 9.66 mm，表现出与金露梅灌丛相似的变化规律，但其土壤蓄水量变化对降水量的响应程度与金露梅灌丛不同，在平水年土壤蓄水量仍然盈余，枯水年才会出现水分亏缺。

芨芨草草原 0～100 cm 土壤蓄水量维持在 347.74 mm 左右，标准差为 3.23 mm，土壤蓄水量变化值平均为–5.30 mm。丰水年，芨芨草草原总耗水量模拟值（484 mm）与 2014～2015 年的观测值（499 mm）较为一致，土壤水分基本保持收支平衡并略有盈余；平水年和枯水年，土壤蓄水量出现亏缺，表明芨芨草草原土壤水分具有一定的调节能力，丰水年可以增加土壤蓄水量，并用于补充枯水年的蒸腾发消耗。

具鳞水柏枝灌丛 0～100 cm 多年平均土壤蓄水量为 277.79 mm，变化值为–0.89 mm，处于水分轻微亏缺状态。土壤蓄水量变化伴随降水量的减少而减少，从丰水年的 10.74 mm 减少到平水年的–1.60 mm，再到枯水年的–8.43 mm，表明随着降水量减少，具鳞水柏枝灌丛耗水量与降水量的比值越来越高，土壤蓄水量亏缺程度加重，土壤水分的年际调节能力较弱，干旱年份容易受到水分胁迫。

3. 不同生态系统典型年水分平衡模拟

在对 1958～2015 年不同生态系统水分平衡进行模拟的基础上，选取 1978 年、1994 年和 2014 年分别代表枯水年、平水年和丰水年，进一步分析不同生态系统在不同降水年的水分平衡特征。1978 年刚察气象站年降水量为 303.3 mm，比多年平均年降水量少 21%；1994 年降水量为 371.1 mm，仅比多年平均值低 4%，而且从 1994 年开始连续 5 年的降水量都接近多年平均降水量；2014 年降水量为 572 mm，比多年平均降水量多 48%。刚察气象站 1958～2015 年生长季（5～9 月）降水量平均占全年降水量的 91%，而 1978 年、1994 年和 2014 年生长季降水量分别占当年降水总量的 85%、90%和 88%，但降水在生长季内的分配存在一定差异，1978 年、1994 年和 2014 年 5～6 月降水量占当年降水总量的比例分别为 27%、35%和 24%，而 7～9 月降水量所占比例分别为 58%、55%和 64%。

（1）高山嵩草草甸水分平衡模拟分析

不管何种降水年，高山嵩草草甸 5 月的蒸散发过程都受到明显抑制，3 个年份蒸散发量的差别主要在 7～9 月（表 7.13 和图 7.16）。随着降水量增多，ET/P 相应增大。蒸散发量在不同典型年间差异显著：枯水年蒸散发量最小（269.0 mm），其中生长季内为 219.2 mm；平水年居中（336.9 mm），其中生长季内为 296.7 mm；2014 年蒸散发量最大（521.6 mm），其中生长季内为 400.2 mm。1978 年 7 月下旬～8 月上旬正值植被生长旺盛期，群落耗水量大，但这段时期连续 20 多天降水量很小，导致植物生长受到干旱胁迫，群落蒸散发量显著降低，0～10 cm 土壤含水量也迅速减小，整个剖面的土壤平均含水量降至年内最低。一般而言，土壤水分在 7～9 月达到当年最高值，这段时期降水最多、LAI 最高。在每年 4 月中下旬，从浅到深土壤融解时间依次延迟；在每年 10 月中下旬，从浅到深土壤冻结时间依次延迟。由于模拟采用的是刚察气象站的气象资料，平均气温高于高寒草甸样地的平均气温，所以 2014 年蒸散发量模拟值略高于观测值。

表 7.13　高山嵩草草甸蒸散发月际分配

年份	降水量 P/mm	蒸散发量 ET/mm				ET/P
		全年	5～6月	7～9月	5～9月	
1978	303.3	269.0	72.2	147.0	219.2	0.89
1994	371.1	336.9	89.7	207.0	296.7	0.91
2014	572.0	521.6	107.4	332.8	400.2	0.91

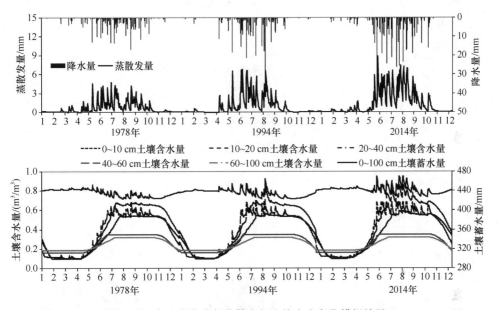

图 7.16　高山嵩草草甸蒸散发与土壤水分变化模拟结果

不同典型年间，10～20 cm 土壤含水量最高，最高值（0.85 m³/m³）出现在 1994 年 8 月和 2014 年 8 月；深层土壤含水量最低，生长季在 0.3 m³/m³ 左右；总体而言，土壤含水量集中分布在 40 cm 以上土层，这种现象可能与高山嵩草的土壤特性有关，土壤表层存在草毡层，土壤持水能力大，使得大部分降水储存在上层土壤中。不同深度土壤含水量在年内的动态变化趋势相似，但各层土壤含水量对降水的响应程度不同。10～20 cm 土壤含水量在枯水年基本无波动，在平水年仅在几次强降水事件中波动较大，在丰水年整体波动很大；20～40 cm 土壤含水量在枯水年和平水年波动不明显，而在丰水年出现较明显波动，说明丰水年降水的影响深度可以达到 20～40 cm。

（2）金露梅灌丛水分平衡模拟分析

金露梅灌丛日蒸散发量表现出与降水量类似的波动特征，随着降水量的增加，蒸散发量也相应增加。不同典型年之间蒸散发差异显著，2014 年最高（421.3 mm），其中生长季内为 349.1 mm；1994 年居中（296.1 mm），其中生长季内为 258.3 mm；1978 年最低（237.1 mm），其中生长季内为 237.1 mm。无论何种降水年，金露梅灌丛 5 月的蒸散发过程都受到明显抑制，不同年份之间蒸散发的差别主要在 6～9 月（表 7.14 和图 7.17）。不同深度土壤含水量的变化趋势相同，但是自上往下土壤含水量的波动越来越小。0～

10 cm 土壤含水量波动最明显，3 个降水年的土壤含水量波动幅度相差不大，但丰水年的波动频次较高；10～20 cm 土壤含水量波动特征与 0～10 cm 相似，但波动幅度减小；20～40 cm 土壤含水量除了在几次强降水事件中波动较大外，其余时间波动幅度很小，在丰水年、平水年变化明显，在枯水年基本无变化；40～100 cm 土壤含水量在 3 个典型降水年均无明显变化，说明金露梅灌丛丰水年和平水年内降水的影响深度能够达到 40 cm，枯水年降水影响深度主要集中在 20 cm 以上。在每年 4 月中下旬，从浅到深土壤融解时间依次延迟；在每年 10 月中下旬，从浅到深土壤冻结时间依次延迟。金露梅灌丛样地位于河岸地带，水分条件良好，风速较大，导致基于刚察气象站气象数据模拟得到的蒸散发量小于实际观测值。

表 7.14 金露梅灌丛蒸散发月际分配

年份	降水量 P/mm	蒸散发量 ET/mm				ET/P
		全年	5～6 月	7～9 月	5～9 月	
1978	303.3	237.1	67.0	123.8	237.1	0.78
1994	371.1	296.1	88.2	170.1	258.3	0.80
2014	572.0	421.3	89.6	259.5	349.1	0.74

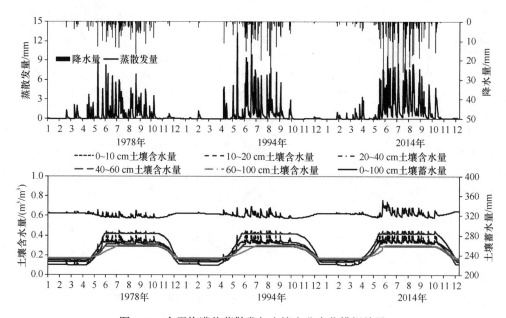

图 7.17 金露梅灌丛蒸散发与土壤水分变化模拟结果

不同典型年生长季内，10～20 cm 土壤含水量最高，达到 0.45 m³/m³；其次是 0～10 cm，达到 0.4 m³/m³；60～100 cm 土壤含水量最低，但也达到 0.3 m³/m³。土壤含水量的这种垂直分布特征可能是影响金露梅灌丛群落结构特征的一个重要因素，土壤表层（0～20 cm）水分较充足，可供浅根系的草本植物利用，使草本植物的盖度接近 100%；而较高的深层土壤含水量（20～100 cm）则可以满足深根系灌丛金露梅的水分需求。

(3) 紫花针茅草原水分平衡模拟分析

不同降水年，紫花针茅草原5月的蒸散发过程都受到明显抑制，3个年份蒸散发的差别主要在6~9月（表7.15和图7.18）。蒸散发量在不同典型年间差异显著，1978年为296.1 mm，其中生长季内为250.6 mm；1994年为355.7 mm，其中生长季内为319.1 mm；2014年最大（530.6 mm），其中生长季内为451.0 mm，与实际观测值非常接近。紫花针茅草原5层土壤含水量变化趋势相似，但是自上往下土壤含水量的波动越来越小。0~10 cm土壤含水量波动最明显，与枯水年和平水年相比，丰水年土壤含水量的波动频次较大；10~20 cm土壤含水量在枯水年波动幅度很小，在平水年和丰水年波动很大，幅度达0.1 m³/m³；20~40 cm土壤含水量在枯水年基本无波动，在平水年除了几次强降水事件中波动较大外，其余时间波动很小，丰水年生长季波动明显，20~40 cm土壤含水量对降水发生响应的降水量阈值大约是22 mm；40~100 cm土壤含水量在3个降水年波动均很小，说明平水年和丰水年降水的影响深度能够达到40 cm，而枯水年降水影响深度只能达到20 cm。在每年4月中下旬，从浅到深土壤融解时间依次延迟；在每年10月中下旬，从浅到深土壤冻结时间依次延迟。

表7.15 紫花针茅草原蒸散发月际分配

年份	降水量 P/mm	蒸散发量 ET/mm				ET/P
		全年	5~6月	7~9月	5~9月	
1978	303.3	296.1	77.9	172.7	250.6	0.98
1994	371.1	355.7	99.6	219.5	319.1	0.96
2014	572.0	530.6	112.9	338.1	451.0	0.93

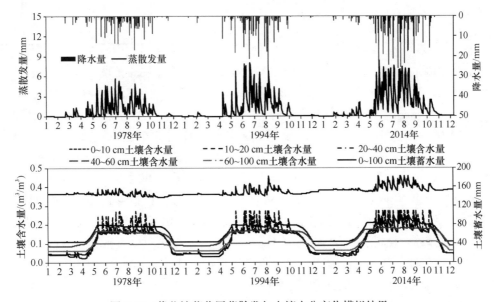

图7.18 紫花针茅草原蒸散发与土壤水分变化模拟结果

不同降水年间，0~10 cm土壤含水量最高（0.28 m³/m³），60~100 cm土壤含水量最低（0.10 mm³/mm³），而且变化趋势与其他 4 层差异明显。紫花针茅草原土壤含水量的分布特点与其植被格局密切相关，整个群落土壤蓄水量很低，平均为 151.9 mm，不适合耗水量大的灌丛生长，只有浅根系的草本植物分布。0～10 cm 细根生物量占整个土壤剖面细根生物量的比例高达 69%，表层土壤水分很低且波动较大，容易出现土壤干层，制约根系较浅、耗水量大的植物生长发育，群落以矮小的草本植物为主。

（4）芨芨草草原水分平衡模拟分析

芨芨草草原蒸散发量在不同典型年间差异显著，1978 年为 306.1 mm，其中生长季内为 286.1 mm；1994 年次之（368.2 mm），其中生长季内为 320.0 mm；2014 年最大，达到 555.6 mm，其中生长季内为 483.3 mm（表 7.16 和图 7.19），与观测结果较为接近。不同深度土壤含水量变化趋势相同，但是自上往下土壤含水量波动越来越小。0～10 cm 土壤含水量波动最明显，枯水年波动幅度最小，丰水年波动幅度最大；10～20 cm 土壤含水量在枯水年波动幅度很小，在平水年除了几次强降水事件中波动较大外，其余时间波动很小，在丰水年整体波动很大；20～40 cm 土壤含水量在枯水年和平水年基本无波动，在丰水年生长季出现明显波动；60～100 cm 土壤含水量在 3 个典型降水年的波动均很小，说明丰水年和平水年降水的影响深度能够达到 40 cm，而枯水年的降水影响深度只到 20 cm。在每年 4 月中下旬，从浅到深土壤融解时间依次延迟；在每年 10 月中下旬，从浅到深土壤冻结时间依次延迟。

表 7.16 芨芨草草原蒸散发月际分配

年份	降水量 P/mm	蒸散发量 ET/mm				ET/P
		全年	5～6 月	7～9 月	5～9 月	
1978	303.3	306.1	93.3	192.8	286.1	1.01
1994	371.1	368.2	107.4	212.6	320.0	0.99
2014	572.0	555.6	157.8	325.5	483.3	0.97

各典型降水年内，土壤含水量自上而下依次增大。0～10 cm 土壤含水量最低，生长季仅为 0.20 m³/m³；40～60 cm 土壤含水量最高，达到 0.45 m³/m³。土壤含水量的垂直分布特点可能是影响芨芨草草原植物空间分布的主要因素之一，0～10 cm 土壤含水量很低且波动较大，容易出现土壤干层，制约浅根系且耗水量大的植物生长发育。由于芨芨草草原所在的湖滨平原地下水埋深多小于 3 m，土壤孔隙含量高，芨芨草根系在 80 cm 以下仍可出现，最大可以延伸至地下 3 m，因此，芨芨草除了利用浅层土壤水以外，还可以利用深层土壤水甚至地下水满足其蒸散耗水的需求。模型模拟得到的芨芨草草原多年平均 ET/P 接近于 1，而实测的 ET/P 大于 1（张思毅，2014），主要因为芨芨草在生长季可能利用地下水，使得蒸散发量高于降水量，但模型没有模拟地下水对土壤水的补给及植物对地下水的利用，在以后的模拟中需要增加地下水与土壤水和植物之间的相互作用，提高对受地下水影响地区的模拟效果。

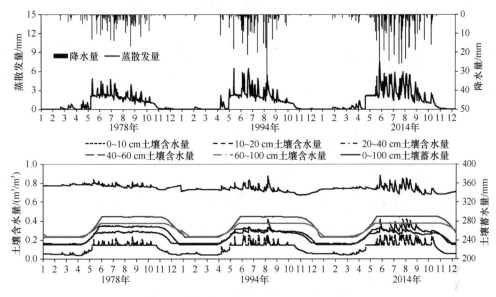

图 7.19 芨芨草草原蒸散发与土壤水分变化模拟结果

（5）具鳞水柏枝灌丛水分平衡模拟分析

具鳞水柏枝灌丛蒸散发量在不同典型年间差异显著，1978 年最小（203.8 mm），1994 年居中（279.1 mm），2014 年最大（416.9 mm，表 7.17 和图 7.20）。枯水年和平水年的蒸散发在 6～8 月最大，而丰水年的强蒸散发可以持续到 9 月。

表 7.17 具鳞水柏枝灌丛蒸散发月际分配

年份	降水量 P/mm	蒸散发量 ET/mm				ET/P
		全年	5～6 月	7～9 月	5～9 月	
1978	303.3	203.8	73.4	90.2	163.4	0.67
1994	371.1	279.1	79.0	150.8	229.8	0.75
2014	572.0	416.9	93.6	226.8	300.4	0.73

不同深度土壤含水量变化趋势相似，而且各层土壤含水量在生长季均有波动，这与其他生态系统明显不同。0～10 cm 土壤含水量波动最大，在 3 个典型降水年差别不大；10～20 cm 土壤含水量在枯水年生长季波动较小，仅在 8 月下旬出现几次小波动，在平水年和丰水年波动较大；20～40 cm、40～60 cm 土壤含水量在枯水年和平水年波动不大，在丰水年波动明显；60～100 cm 土壤含水量的变化趋势与其他 4 层明显不同，主要表现在两方面：一是该层土壤水分在非生长季明显高于其他深度，而生长季的土壤含水量（最高达 0.3 m^3/m^3）仅次于 0～20 cm，可能因为具鳞水柏枝灌丛土壤砾石较多，容易发生深层渗漏，也可能受地下水影响；二是在不同降水年，60～100 cm 土壤含水量均伴随降水量的增多而增加，说明该层土壤含水量受降水影响明显。在每年 4 月中下旬，从浅到深土壤融解时间依次延迟；在每年 10 月中下旬，从浅到深土壤冻结时间依次延迟。

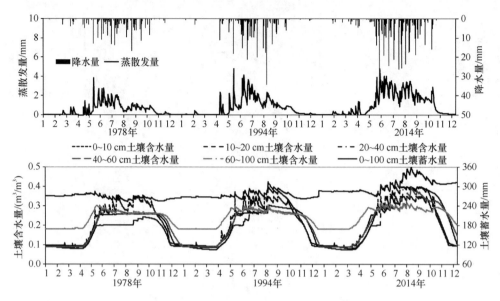

图 7.20 具鳞水柏枝灌丛蒸散发与土壤水分变化模拟结果

作为河谷灌丛的典型代表，具鳞水柏枝灌丛靠近河流，浅层土壤以壤土为主，有利于水分保持；草本植物根系主要分布在 0～20 cm，而该层土壤含水量较高，适合草本植物生长；具鳞水柏枝根系可以延伸至 100 cm，而 40～100 cm 水分充足，可以维持其正常生长。

7.4 流域生态水文过程模拟

7.4.1 模型输入数据

本章需要的基础数据包括图形数据和环境参数，其中，图形数据包括数字高程模型、植被类型图、土壤类型图，环境参数包括流域各主要植被类型的典型植被参数、各土壤类型的物理化学参数、气象数据、水文数据。另外，不同来源数据的格式、分辨率、空间坐标系等均有所不同，因此，需要对基础数据进行处理。

1. 数字高程模型

本章采用的数字高程模型（DEM）数据来自中国科学院国际科学数据服务平台，其水平分辨率为 25 m，垂直分辨率为 1 m。DEM 数据不同的水平分辨率对子流域和水文响应单元的划分结果具有一定影响，进而导致模型模拟结果出现较大差异。一方面，DEM 分辨率越高，其对地形地貌的描述就更接近实际情况，因而就能获得更高的水文模拟精度。另一方面，过高的 DEM 分辨率会增加模型运行的计算量，对计算机性能具有更高要求，计算时间也会有所增加。因此，在实际的模型模拟过程中需要选择适当分辨率的 DEM 数据作为输入数据，从而在保证足够模拟精度的前提下使得构建模型所需的计算量较低。本章中分别设定 25 m、50 m、75 m、100 m、150 m、200 m、250 m、300 m、

400 m 和 500 m 共 10 个 DEM 水平分辨率来构建 SWIM 模型,分析不同分辨率对布哈河流域和沙柳河流域模拟结果的影响,并选择最合适的分辨率来进行最终的模拟。首先,将 25 m 分辨率的 DEM 原始数据按照设定好的分辨率进行最近邻法重采样,得到对应分辨率的 DEM 数据,然后分别进行子流域和水文响应单元划分,在划分过程中保证不同分辨率数据对应的河网汇流量阈值相同。在此基础上,利用初步率定的参数实现不同分辨率下的模拟。

不同 DEM 分辨率下的布哈河和沙柳河 1986~1998 年径流量模拟结果的纳什效率系数见表 7.18。布哈河模拟结果的效率系数在 DEM 分辨率高于 75 m 时稳定在 0.57 左右;在分辨率位于 100~200 m 时模拟精度有小幅下降;当 DEM 分辨率低于 250 m 时,模型模拟精度随着分辨率的降低迅速下降,模拟结果不理想。对于沙柳河,DEM 分辨率在 25~50 m 时模拟效果相对较好;而当分辨率低于 50 m 时,径流模拟精度开始下降,尤其是在分辨率低于 200 m 之后,模拟结果的效率系数均低于 0.54。综合模型运行时间与模拟效果,本章将布哈河流域和沙柳河流域径流模拟所使用的 DEM 分辨率分别设为 100 m 和 50 m。

表 7.18 布哈河和沙柳河不同水平分辨率下径流量模拟结果的纳什效率系数

分辨率/m	25	50	75	100	150	200	250	300	400	500
布哈河	0.57	0.56	0.57	0.56	0.53	0.54	0.52	0.48	0.50	0.50
沙柳河	0.60	0.60	0.58	0.58	0.57	0.52	0.52	0.54	0.47	0.49

2. 气象数据

本章采用 1986~2005 年刚察气象站观测资料作为模型输入的气象数据,具体参数包括日最高气温、日最低气温、日平均气温、日降水量、日平均相对湿度和日均太阳辐射量。研究区地形复杂,海拔差异较大,受地理环境影响,流域内气温、降水等具有明显的空间异质性,因此,需要进行相应的修正。对于气温,采用海拔每增加 1000 m、气温下降 6℃的标准进行插值;而降水量的插值方法则根据对青海湖流域不同海拔降水量的实际观测结果分析得到,具体计算公式见崔步礼(2011)。

刚察气象站没有对日均太阳辐射量进行观测,本章采用山地微气候模拟器 MTCLIM 计算得到青海湖流域的太阳辐射值。MTCLIM 模型是 Running 等(1987)提出的计算复杂地形下太阳辐射值的气象模型,该模型基于地形气候学的理念,即利用一个地点的气象数据可以对周围地区的气象特征进行推导,从而实现由点到面的展开。目前,该模型已经成功应用于意大利托斯卡纳区、巴西沿海地区等地的气象数据插值研究中(Almeida and Landsberg,2003;Chiesi et al.,2002)。MTCLIM 模型的输入参数分为两部分,第一部分是参考位置日尺度的气象数据,包括露点温度、日最高气温、日最低气温和日降水量;第二部分是参考位置和插值点位置的海拔、纬度、年降水量、坡度、坡向、最大及最小气温垂直递减率。

3. 水文数据

为了对 SWIM 模型模拟得到的径流数据进行验证,本章收集了位于布哈河和沙柳河下游的两个水文站 1986~2005 年的逐月径流量数据。该数据的单位是 m^3/s,而 SWIM 模型的径流输出结果是径流深,单位是 mm/月,因此,需要对模型的输出结果进行单位转换。

4. 土壤数据

青海湖流域的土壤数据来自于《中华人民共和国土壤图（1:400万）》数字化版（中国科学院南京土壤研究所，1978）。本章需要获取不同土壤类型的属性作为模型输入参数，其中，寒钙土、寒冻土、灰褐土和冷钙土的所有土壤属性和其他土壤类型的土壤氮含量来自于《中国土种志》（全国土壤普查办公室，1994），而黑毡土、黑钙土、栗钙土、风沙土、草毡土、新积土、沼泽土和草甸土的土壤质地、土层深度、孔隙度、容重和土壤碳含量通过野外测定得到。

在野外采样过程中，尽可能保证土壤类型的全面和样点分布的均匀，最终选择 58 个样点采集土壤样品，其中，30 个样点位于布哈河流域、5 个样点位于沙柳河流域（图7.21）。根据土壤类型统计结果，黑毡土、栗钙土和草毡土的样点数目最多，分别为 18 个、14 个和 9 个（图 7.22）。利用土壤深度仪测定土壤深度，每个样点选取 3 个位置进行测定，将这 3 个位置的平均值作为该样点的土壤深度，同时在每个样点采集一定数量的土壤样品，带回实验室分析机械组成和碳含量。

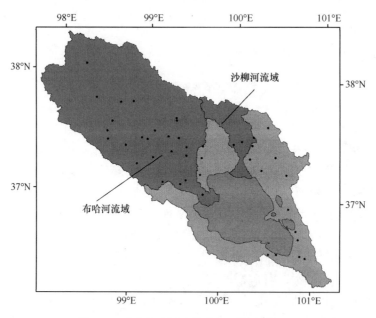

图 7.21 青海湖流域土壤数据采样点分布图

5. 植被数据

青海湖流域植被类型的空间分布图来自于《中华人民共和国植被图（1:100万）》数字化版（中国科学院中国植被图编辑委员会，2007）。SWIM 模型需要输入的植被参数包括根系深度、最大叶面积指数和最小叶面积指数。本章中高寒草甸、高寒草原、温带草原、高寒荒漠和温带荒漠的植被参数来自于野外实地测定，其他植被类型的参数采用模型默认参数（表7.19）。

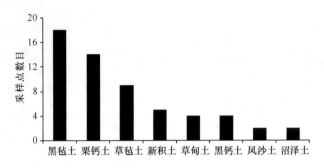

图 7.22 青海湖流域土壤采样点统计结果

表 7.19 青海湖流域植被参数

植被类型	根系深度/m	最大叶面积指数	最小叶面积指数
高寒草甸	0.3	0.9	0
高寒草原	0.7	0.6	0
高寒荒漠	0.8	0.1	0
高山稀疏植被	0.5	0.6	0
亚高山灌丛	1.2	1.6	0
温带山地针叶林	5.0	3.0	2.4
温带草原	0.7	0.6	0
温带荒漠	0.8	0.1	0
温带盐生草甸	0.3	0.9	0
沼泽植物	0.2	1.3	0
栽培植物	0.2	0.6	0

7.4.2 模型水文响应单元划分

分别对青海湖流域 DEM 进行裁剪和重采样，使得布哈河流域 DEM 分辨率为 100 m、沙柳河流域 DEM 分辨率为 50 m（图 7.23）。进一步将处理完成的 DEM 数据转换为 ASCII 码格式，导入 Mapwindow 软件，确定 DEM 栅格点的水流方向和累积汇流量，设置形成河网所需的累积汇流量阈值，从而生成河网并划分子流域。其中，累积汇流量阈值的设定要使 Mapwindow 软件计算得到的河网尽可能接近实际河道走向，因此，需要经过多次调试。最终，将布哈河流域划分为 75 个子流域，将沙柳河流域划分为 59 个子流域（图 7.24）。

每一个子流域内部的土壤类型和植被类型存在差异，因此，需要利用 Mapwindow 软件将各子流域进一步划分为若干水文响应单元（HRU）。本章中，布哈河流域最终被划分为 761 个水文响应单元，沙柳河流域则被划分为 358 个水文响应单元。

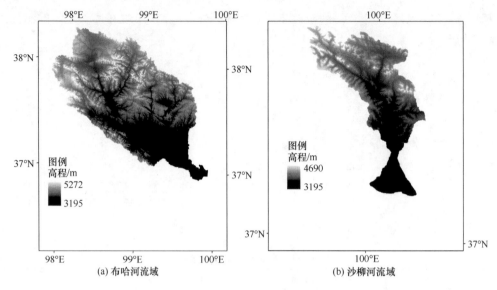

图 7.23 布哈河流域和沙柳河流域数字高程模型

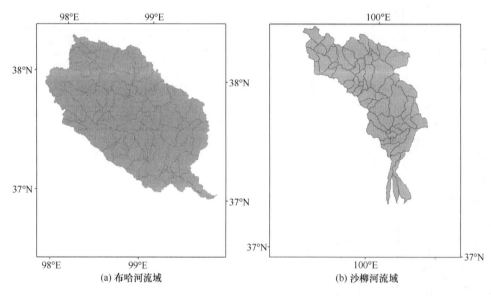

图 7.24 布哈河流域和沙柳河流域子流域划分结果

7.4.3 模型参数率定与验证

模型模拟时段的选择应该考虑不同年份的水文特征,也需要有利于未来气候情景的设定,本章选取 1986~1998 年作为率定期,1999~2005 年作为验证期。利用 Mapwindow 软件划分水文响应单元时得到 x.str 和 soil.cio 文件(x 代表流域名称),这两个文件含有水文响应单元的特征数据。利用流域 DEM 和划分得到的子流域数据进行汇流演算得到 sub 文件夹,以及 x.bsn、x.cod、x.fig、file.cio 和 str.cio 等文件,包含流域地形、流域结构和汇流特征等信息。将上述文件转存至 SWIM 模型的输入参数文件夹中,同时将制作好的气象数据导入该文件夹，设定土壤参数和植被参数，即可完成模型数据的输入。

SWIM 模型的参数较多，分别代表不同的物理意义，它们对模型输出结果的影响程度也有一定差异，因此，有必要对不同参数进行敏感性分析，仅对敏感性较强的参数进行率定将大幅减少模型率定需要的时间。经过不断调试，本章最终选取 7 个敏感性较强的参数，包括流域基流因子、大气散射率校正因子、基流 α 系数等，根据各参数的敏感性依次进行率定（表 7.20）。

表 7.20　SWIM 模型在布哈河流域和沙柳河流域的参数率定结果

参数	参数意义	参数范围	率定值（布哈河流域）	率定值（沙柳河流域）
bff	流域基流因子	0~10	0.05	0.11
thc	大气散射率校正因子	0~1	0.2	0.21
abf0	基流 α 系数	0~10	4.25	4.51
gwq0	初始地下流对径流的贡献率	0~10	0.05	0.18
roc2	地表径流汇流时间	1~100	20.5	7.7
roc4	壤中流汇流时间	1~100	20	13.5
sccor	土壤饱和导水率修正系数	0~10	0.16	0.17

青海湖流域人类活动强度低，没有水库等大型水利设施的影响，河口径流的观测数据能够反映自然条件下流域的水文特征，因此，可以直接利用径流观测数据作为模型率定的验证标准。结果表明，在率定期的大多数年份里，布哈河和沙柳河的径流模拟效果较为理想，各月径流量的模拟值与观测值基本一致（表 7.21）。布哈河模拟结果的纳什效率系数、相对误差和相关系数在率定期分别为 0.72、1.87% 和 0.72，在验证期分别为 0.71、1.21% 和 0.72，模拟精度与率定期基本一致（图 7.25）。沙柳河模拟结果的纳什效率系数、相对误差和相关系数在率定期分别为 0.77、−3.03% 和 0.80，在验证期分别为 0.74、−1.98% 和 0.76（图 7.26），表明 SWIM 模型能够应用于青海湖流域的径流过程模拟。

表 7.21　SWIM 模型径流量模拟效果评价

		纳什效率系数（ENS）	相对误差（DB）/%	相关系数（R^2）
布哈河	率定期	0.72	1.87	0.72
	验证期	0.71	1.21	0.72
沙柳河	率定期	0.77	−3.03	0.80
	验证期	0.74	−1.98	0.76

7.4.4　流域生态水文特征分析

1. 径流特征

青海湖流域径流的主要来源包括降水、积雪融化、地下水补给等。在冬季，天气寒冷干燥，河道径流主要来自于地下水补给，径流深较小；而在春夏季节，流域降水的逐渐增加和温度升高导致积雪融化，河道径流量迅速增加，因此，布哈河和沙柳河径流

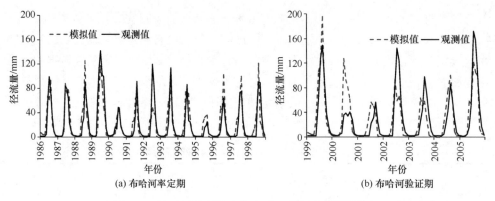

图 7.25　布哈河流域率定期和验证期径流量模拟结果

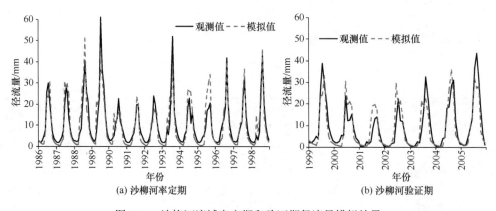

图 7.26　沙柳河流域率定期和验证期径流量模拟结果

深在年内的分配表现出较强的不均匀性（图 7.27）。根据研究结果，布哈河流域和沙柳河流域的年均径流深分别为 53.6 mm 和 208.8 mm，与刘小园（2004）的研究结果相似。其中，11 月～次年 3 月为枯水季节，各流域的月均径流深均小于 10 mm；从 4 月开始，两个流域的径流深开始迅速增加，并在 8 月达到最大值，6～9 月是径流最为集中的时段，布哈河流域和沙柳河流域在此期间的径流深平均值分别为 46.7 mm 和 161.7 mm，占全年总径流深的比例高达 87.1%和 77.4%。

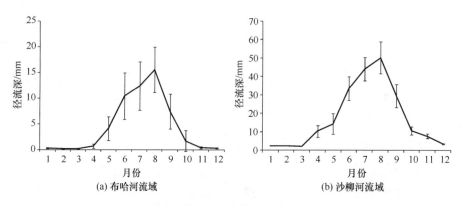

图 7.27　布哈河流域和沙柳河流域径流深年内分布

对 1986~2005 年布哈河流域和沙柳河流域年径流深的变化趋势进行 5 年滑动平均分析和线性回归分析,结果表明,这 20 年期间两个流域的径流深波动幅度均较大,变差系数分别为 0.34 和 0.24(图 7.28)。布哈河流域年径流深在 1991~1995 年持续偏低,滑动平均值仅为 40.6 mm;但从 1997 年开始,布哈河流域径流深开始波动上升,5 年滑动平均值均保持在 55 mm 以上。沙柳河流域年径流深在 1986~2005 年总体呈下降趋势,但变化趋势不显著。

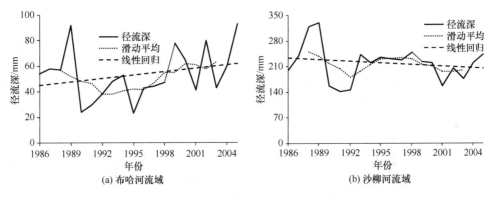

图 7.28 布哈河流域和沙柳河流域径流深年际变化

2. 蒸散发特征

基于 SWIM 模型的模拟结果可以发现,青海湖流域蒸散发量与降水量之比普遍较高,尤其是在布哈河流域,其年均蒸散发量为 335.8 mm,与第 6 章遥感反演结果接近。另外,青海湖流域的蒸散发呈现较大的季节差异性(图 7.29),11 月~次年 4 月,该地区天气寒冷干燥,植被处于非生长季,基本没有蒸腾作用,布哈河流域和沙柳河流域蒸散发量平均值分别为 41.3 mm 和 31.4 mm,占年蒸散发总量的比例分别为 12.2%和 24.0%;从 4 月开始,气温上升,植被活动增强,耗水量增加,布哈河流域和沙柳河流域的蒸散发量均迅速上升,并分别在 8 月和 7 月达到最大值。

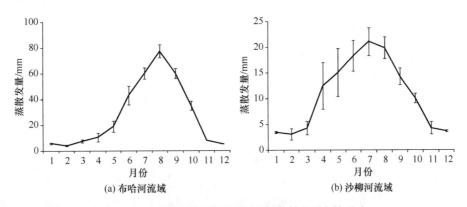

图 7.29 布哈河流域和沙柳河流域蒸散发量年内分布

对两个流域蒸散发量的年际变化进行 5 年滑动平均分析和线性回归分析,发现布哈河流域的蒸散发量总体呈先下降后上升的趋势,变差系数为 0.12(图 7.30);而沙柳河流域蒸散发量在 1986~2005 年呈现显著的下降趋势，变化速率为 –20.3 mm/10a。

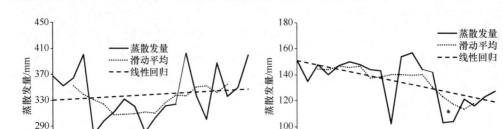

图 7.30 布哈河流域和沙柳河流域蒸散发量年际变化

3. 渗漏特征

布哈河流域和沙柳河流域深层渗漏量（渗漏至 200 cm 以下的水分）的年内分配如图 7.31 所示，二者的年平均值分别为 3.6 mm 和 35.3 mm。其中，布哈河流域月平均深层渗漏量在 11 月~次年 4 月均等于或接近于 0，这是因为该段时期降水较少，土壤大面积冻结也导致水分难以下渗至深层土壤；从 6 月开始，气温迅速回升，冻土逐渐融化，降水强度增加，布哈河流域的深层渗漏量也迅速增加，并在 8 月达到最大值 1.57 mm。沙柳河流域在一年内的大部分时期均有水分渗漏至深层土壤，深层渗漏量等于或接近于 0 的时期通常只出现在 11 月~次年 2 月，这是因为沙柳河流域海拔相对较低，土壤冻结时间较短。

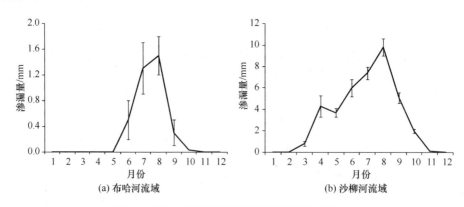

图 7.31 布哈河流域和沙柳河流域渗漏量年内分布

布哈河流域深层渗漏量在 1986~2005 年波动幅度较大，变差系数达 0.83，其中，在 1988 年、2002 年和 2005 年超过了 8 mm，在其他年份则均小于 5 mm（图 7.32）。而沙柳河流域深层渗漏量显著大于布哈河流域，并且整体上呈下降趋势。可以看到，这两个流域深层渗漏量的年际变化趋势与各自径流深和蒸散发量的年际变化较为一致。

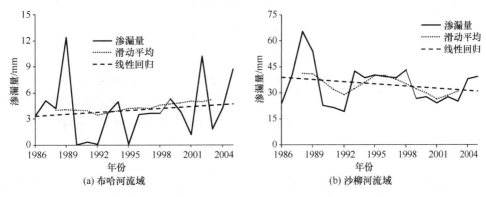

图 7.32　布哈河流域和沙柳河流域渗漏量年际变化

4. 讨论

布哈河流域和沙柳河流域生态水文过程模拟结果显示，二者的年平均径流深分别为 53.6 mm 和 208.8 mm，而且布哈河流域各月的径流深均远小于沙柳河流域。为了探究二者之间径流过程差异的原因，本章深入分析了这两个流域的气象数据、地形数据、土壤属性及分布特征、植被属性及分布特征，发现布哈河流域中针叶林和灌丛面积占 9.87%，而沙柳河流域针叶林和灌丛面积仅占 5.23%。已有研究表明，针叶林和灌丛的产流能力远低于草原和草甸（宫渊波等，2010；Nagase and Dunnett，2012），因此，这两个流域径流深的差异可能与地表植被覆盖存在一定关系。同时，布哈河流域和沙柳河流域中高寒草甸的面积分别占 72.12%和 81.88%，因此，高寒草甸是这两个流域最主要的植被类型。在沙柳河流域，高寒草甸中的沼泽土覆盖面积为 657 km^2，占该流域高寒草甸面积的 52.0%；而布哈河流域高寒草甸中沼泽土的面积为 1263 km^2，只占该流域高寒草甸面积的 11.9%，远小于沙柳河流域。已有研究表明，高寒草甸中沼泽土的产流能力远大于其他类型的土壤，尤其是在冻土分布区域（李太兵，2009；常娟，2012），这是因为沼泽草甸浅层土壤湿度较大，很容易达到饱和，而在土壤冻结时期，水分更是难以下渗，于是通过地表径流汇入河网。因此，可以推断，高寒草甸土壤类型的差异也是导致布哈河流域和沙柳河流域径流深差异的重要影响因素之一。

以日平均气温 0℃作为降水相态变化的划分标准（杨成芳等，2013），分析布哈河流域和沙柳河流域降水中降雪量的大小，结果表明布哈河流域年均降雪量为 64.74 mm，而沙柳河流域的年均降雪量仅为 41.47 mm。由于地表积雪在未融化时期有蒸发过程（Berghuijs et al.，2014； Wang et al.，2014），因此，在降水量接近时，积雪较多的区域地表产流相对较少，海拔差异导致的积雪量不同也可能增加了布哈河流域和沙柳河流域径流深的异质性。

水文过程是流域各环境因子综合作用的结果，具有非常复杂的物理机制。本章分析认为植被覆盖、土壤类型和降雪量均可能是造成布哈河流域和沙柳河流域水文过程差异的影响因素，但各环境因子对水文过程的影响程度仍然不能准确评估，因此，未来需要进一步结合模型模拟与野外观测定量分析这两个流域水文过程的差异性及其物理机制。

7.4.5 气候变化对流域生态水文过程的影响评估

为了进一步探究青海湖流域生态水文过程对未来气候变化的响应，本章基于该地区气候变化的预估结果，利用构建完毕的 SWIM 模型，以布哈河流域和沙柳河流域为例，模拟未来气候变化背景下青海湖流域径流深、蒸散发量和深层渗漏量的变化特征。

1. 气候变化情景设置

气候模式是分析当前气候特征和模拟未来变化趋势的重要途径。目前，国内外已有大量学者基于各种气候模式对全球不同区域未来的气候变化趋势进行预估。其中，CMIP5（耦合模式比较计划第五阶段）是当前应用最广泛的气候模式系统，包含超过 50 个气候模式。与其前期版本 CMIP3 相比，CMIP5 具有更高的时空分辨率，对部分气候模式增加了碳循环模块和植被动态过程模块，进一步提升了刻画气候系统的精确程度。

在青藏高原，胡芩等（2015）采用未来发生概率最高的 RCP4.5 中等排放浓度情景，选取 CMIP5 中气温模拟精度较高的 30 个气候模式对未来该地区的气温变化趋势进行预估，并选取 20 个降水模拟精度较高的气候模式分析该地区的降水变化趋势。本章采用该研究结果的平均值来预估青海湖地区的未来气候变化趋势，并将其应用于气候变化对布哈河流域和沙柳河流域生态水文过程影响的分析中。

青海湖流域气温和降水变化的预估结果见表 7.22，本章设定 4 个时期来进行未来生态水文过程的模拟，其中以 1986～2005 年作为历史参考时期，其年平均降水量为 403.48 mm，年平均气温为 -3.6℃；第 2 个时期为 2016～2035 年，其年平均降水量为 421.23 mm，比参考时期增加了 4.4%，而年平均气温则上升至 -2.5℃；第 3 个时期为 2046～2065 年，其年平均降水量增加到 435.35 mm，年平均气温则上升至 -1.5℃；第 4 个时期为 21 世纪最后 20 年，其年平均降水量为 450.69 mm，年平均气温为 -0.9℃。根据未来 3 个时期的气候变化预估结果建立气候序列，其他参数保持不变，运行 SWIM 模型，可以模拟得到未来不同时期流域主要生态水文过程对气候变化的响应结果。

表 7.22 青海湖流域不同时期气温与降水变化预估结果

要素	1986～2005 年	2016～2035 年	2046～2065 年	2081～2100 年
年降水量/mm	403.48	421.23	435.35	450.69
降水变化/%		4.4	7.9	11.7
年平均气温/℃	-3.6	-2.5	-1.5	-0.9
气温变化/℃		1.1	2.1	2.7

2. 布哈河流域生态水文过程对气候变化的响应

利用率定完毕的 SWIM 模型对未来气候变化情景下布哈河流域的径流深、实际蒸散发量和深层渗漏量进行预估，结果显示（表 7.23）：受气温上升和降水增加的影响，布哈河流域的径流深、蒸散发量和深层渗漏量均将发生显著变化。其中，流域年平均径流深持续增加,且增加速度呈现加快趋势,相对于 1986~2005 年的年平均 53.55 mm, 2016~2035 年、2046~2065 年和 2081~2100 年将分别增加 1.42 mm、3.08 mm 和 5.86 mm,增幅分别为 2.65%、5.75%和 10.94%。实际蒸散发量伴随气候变化同样呈现持续增加趋势,1986~2005 年平均值为 335.78 mm,后续 3 个时期的增幅分别为 4.69%、8.21%和 11.66%。布哈河流域深层渗漏量较小,1986~2005 年的年平均值仅为 3.58 mm,但其在不同时期的变化较为显著。21 世纪早期和中期,流域深层渗漏量预计将分别下降至 3.05 mm 和 2.80 mm,降幅分别为 14.80%和 21.79%;而在 21 世纪末期,深层渗漏量预计将有一定程度回升,达到 2.95 mm,但相对于历史参考时期仍偏低 17.60%。一般而言,降水量增加会引起深层渗漏量增加,而温度升高则会减弱深层渗漏过程。因此推断,在 21 世纪早期和中期,布哈河流域温度升高对深层渗漏的影响大于降水增加的影响。

表 7.23 布哈河流域不同时期径流深、蒸散发量和深层渗漏量预估结果

要素	1986~2005 年	2016~2035 年	2046~2065 年	2081~2100 年
径流深/mm	53.55	54.97	56.63	59.41
径流深变化/%		2.65	5.75	10.94
蒸散发量/mm	335.78	351.53	363.35	374.92
蒸散发量变化/%		4.69	8.21	11.66
深层渗漏量/mm	3.58	3.05	2.80	2.95
深层渗漏量变化/%		−14.80	−21.79	−17.60

利用构建完毕的 SWIM 模型对布哈河流域不同时期主要水文过程的空间分布进行定量分析,探究不同区域水文过程对气候变化响应的差异性及其影响因素,并进一步识别流域内部对气候变化较为敏感的区域,可以为当地未来的生态环境管理提供科学依据。本章选取历史参考时期(1986~2005 年)和变化幅度最大的 2081~2100 年进行对比,分析流域年平均径流深、实际蒸散发量和深层渗漏量的空间分布及其在这两个时期的差异。结果显示(图 7.33):布哈河流域产流最大的区域主要在流域下游和河口地区,部分区域年平均径流深超过 250 mm,而中上游大部分区域的年平均径流深普遍小于 30 mm。而在 21 世纪末,流域上游和下游的径流深均将出现不同幅度的增加,其中,下游增加量较大,部分区域达 25 mm 以上,而上游增加量则普遍小于 10 mm;与之相反,流域中游的径流深随着气候变化普遍呈现减少趋势,但减少量较小,均在 5 mm 以内。

布哈河流域年均实际蒸散发量空间分布的不均匀程度相对较低,大部分地区在 180~480 mm(图 7.34)。其中,流域上游和中游蒸散发较高,而下游地区普遍小于 300 mm。相对于历史参考时期,2081~2100 年所有子流域的蒸散发量均有所增加,其中,中上游区域增加量较大,在 40~60 mm,下游区域增加量则在 0~40 mm。布哈河流域上游和中游大部分区域植被类型以较为密集的高寒草甸和灌丛为主,而下游则主要为相对稀疏的紫花针茅高寒草原,叶面积指数相对较小。

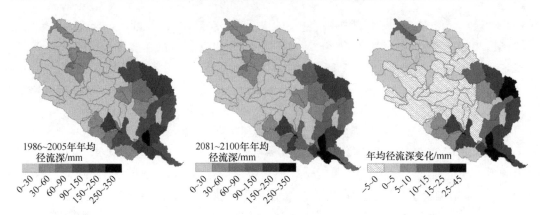

图 7.33 布哈河流域 1986～2005 年和 2081～2100 年径流深及其变化示意图

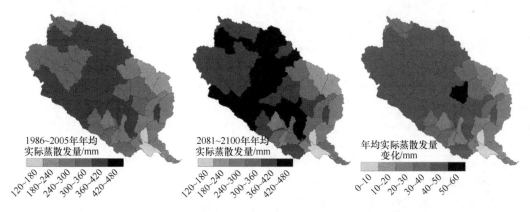

图 7.34 布哈河流域 1986～2005 年和 2081～2100 年蒸散发量及其变化示意图

布哈河流域深层渗漏量的空间分布没有形成以海拔为梯度的带状分布，上、中、下游大部分地区的深层渗漏量均小于 3 mm，只有中游和上游的部分区域深层渗漏量较大，达到 6～30 mm（图 7.35）。另外，除河源和河口地区有小幅上升外，布哈河流域大部分地区的深层渗漏量在 21 世纪末将有不同程度的下降，部分区域的下降幅度达到 6 mm 以上。

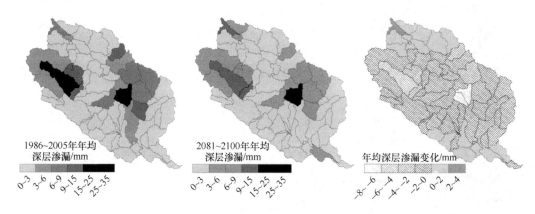

图 7.35 布哈河流域 1986～2005 年和 2081～2100 年深层渗漏量及其变化示意图

3. 沙柳河流域生态水文过程对气候变化的响应

沙柳河是青海湖的第二大支流，流域土壤类型和植被类型与布哈河流域存在一定差别，因而其生态水文过程与布哈河流域有较大不同。模拟结果显示（表 7.24）：沙柳河流域年均径流深显著高于布哈河流域，其在不同时期变化幅度也更大，1986～2005 年平均值为 208.77 mm，未来 3 个时期则分别为 225.58 mm、238.52 mm 和 251.86 mm，增幅分别达到 8.05%、14.25%和 20.64%。相应地，沙柳河流域的实际蒸散发量明显低于布哈河流域，在历史参考时期仅为 130.90 mm，在未来 3 个时期的变化幅度较小，依次为 0.90%、1.81%和 3.09%。另外，沙柳河流域的深层渗漏量相对于布哈河流域大幅增加，在历史参考时期的年平均值为 35.32 mm，而未来 3 个时期分别增加了 5.63%、9.99%和 16.47%，达到 37.30 mm、38.84 mm 和 41.13 mm。

表 7.24 沙柳河流域不同时期径流深、实际蒸散发量和深层渗漏量预估结果

要素	1986～2005 年	2016～2035 年	2046～2065 年	2081～2100 年
径流深/mm	208.77	225.58	238.52	251.86
径流深变化/%		8.05	14.25	20.64
蒸散发量/mm	130.90	132.08	133.28	134.94
蒸散发量变化/%		0.90	1.81	3.09
深层渗漏量/mm	35.32	37.30	38.84	41.13
深层渗漏量变化/%		5.63	9.99	16.47

利用 SWIM 模型分析沙柳河流域径流深及其对气候变化响应的空间分布格局（图 7.36），发现沙柳河流域产流量主要集中在中上游的高山地带，在历史参考时期径流深最高可以达到 342 mm，而在流域下游和湖滨平原地区，径流深则普遍小于 230 mm。沙柳河流域中上游地形复杂，坡度较大，而流域下游相对平缓，坡度可能是导致沙柳河流域径流深区域分异的主要因素。另外，相对于历史参考时期，21 世纪末沙柳河流域各子流域年平均径流深均将有所增加，其中，上游部分区域的增加量可能达到 65 mm，增幅超过 30%。

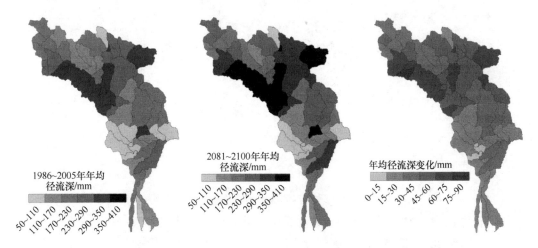

图 7.36 沙柳河流域 1986～2005 年和 2081～2100 年径流深及其变化示意图

与径流深空间分布相对应,实际蒸散发量在沙柳河流域上游部分地区较低,普遍在 90 mm 以内(图 7.37)。受气候变化影响,实际蒸散发量在中下游会有所增加,而在上游的大部分区域则会有所减少,但减少量不大,多在 20 mm 以内。

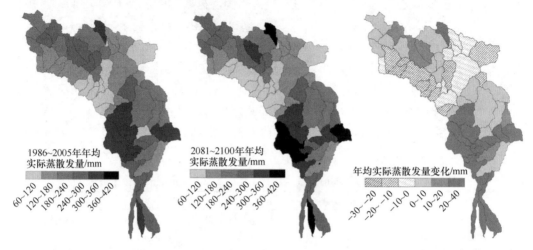

图 7.37　沙柳河流域 1986~2005 年和 2081~2100 年蒸散发量及其变化示意图

沙柳河流域年平均深层渗漏量在两个时期的空间分布及其变化模拟结果显示(图 7.38):深层渗漏量在上游部分子流域较高,1986~2005 年和 2081~2100 年最高值分别达到 180 mm 和 210 mm。在未来气候变化情景下,沙柳河流域所有子流域的深层渗漏量均将有所增加,其中,上游地区增加量较大,达到 15~25 mm。

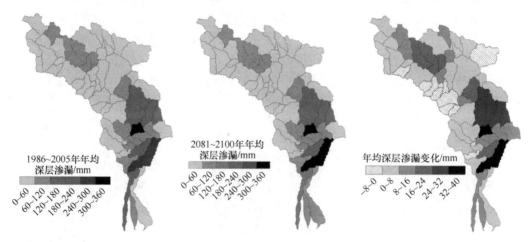

图 7.38　沙柳河流域 1986~2005 年和 2081~2100 年深层渗漏量及其变化示意图

4. 讨论

气候变化对流域生态水文过程具有重要影响。降水是形成径流最主要的水分来源,降水特征变化将给相应流域的产流过程带来显著变化(陈玲飞和王红亚,2004)。而气温对生态水文过程的影响相对复杂,气温上升将导致潜在蒸散发量增加,在一定程度上降低产流量（Minville et al.，2008）；同时，温度上升将会增强植被生理过程，可能会间接影响植被的蒸腾过程；在冰川积雪覆盖区域，气温上升还将导致冰川消融量增加，在特定时期显著增加流域径流量。

由于地形、地表覆盖、土壤特征等的区域差异，不同地区径流过程对气温和降水变化的响应有所不同。Chen 等（2006）的研究表明，在塔里木河流域的西南部，降水对径流的影响显著大于气温，而在流域西北部，气温则是影响径流的主导因素。在本章中，青海湖流域的径流深和实际蒸散发量伴随气温升高和降水增加均会出现不同程度的增加，但呈现较大的时空差异，如沙柳河流域径流深的增幅大于布哈河流域，而其实际蒸散发量的变化率则远小于布哈河流域。本章仅对这一差异进行了定性分析，没有进行深入的定量研究，有待进一步通过数据统计和模型模拟等方法继续深入研究。

7.5 小　　结

本章分别建立了青海湖流域叶片尺度、生态系统尺度和流域尺度的水分平衡模型，实现对不同尺度生态水文过程的模拟，主要结论如下。

1）不同生态系统建群种叶片尺度蒸腾速率对环境因子变化的响应存在显著差异。高山嵩草对土壤含水量变化的响应最为敏感，油菜和燕麦趋势相似且对土壤含水量变化较为敏感，金露梅和具鳞水柏枝趋势也相似但敏感性较弱。随着水汽压亏缺的升高，不同物种的蒸腾速率均呈增加趋势，其中，金露梅的响应呈近似线性变化，表明其蒸腾速率变化主要受气象条件控制。金露梅蒸腾速率对光合有效辐射的变化最不敏感，而油菜和燕麦最为敏感。

2）耦合土壤冻融模块的生态系统尺度水分平衡模型能够较好地模拟不同生态系统的蒸散发和土壤水分变化。嵩草草甸和金露梅灌丛的土壤蒸发量与植被蒸腾量相当，芨芨草草原和紫花针茅草原的蒸散发以土壤蒸发为主，具鳞水柏枝灌丛的蒸散发以植被蒸腾为主。嵩草草甸的土壤含水量最高，紫花针茅草原最低。

3）SWIM 分布式生态水文模型能够较好地模拟青海湖流域的水文过程。未来伴随气温上升和降水增加，布哈河流域的径流深和实际蒸散发将持续增加，深层渗漏量在 21 世纪早期和中期将减少，之后恢复增加；布哈河流域径流深的增加主要集中于下游地区，实际蒸散发的变化在中上游地区最为明显，大部分地区深层渗漏量将有不同程度的减少。沙柳河流域的径流深、实际蒸散发和深层渗漏量均持续增加，其中，径流深在上游较高，并将在未来有较大幅度增加，实际蒸散发在中下游较高，未来下游蒸散发将大幅增加。

参 考 文 献

常娟. 2012. 多年冻土流域地表覆盖变化对水文过程的影响研究. 兰州大学博士学位论文.
陈玲飞, 王红亚. 2004. 中国小流域径流对气候变化的敏感性分析. 资源科学, 26(6): 62-68.
崔步礼. 2011. 基于氢氧稳定同位素的青海湖流域水循环及水量转化关系研究. 北京师范大学博士学位论文.

邓慧平, 李秀彬, 陈军锋, 等. 2003. 流域土地覆被变化水文效应的模拟-以长江上游源头区梭磨河为例. 地理学报, 58(1): 53-62.

丁新原, 周智彬, 雷加强, 等. 2015. 塔里木沙漠公路防护林土壤水分特征曲线模型分析与比较. 干旱区地理, 38(5): 985-993.

傅抱璞, 翁笃鸣, 虞静明. 1994. 小气候学. 北京: 气象出版社.

傅抱璞. 1983. 山地气候. 北京: 科学出版社.

宫渊波, 张君, 陈林武, 等. 2010. 嘉陵江上游不同植被类型小流域典型降雨产流特征分析. 水土保持学报, 24(2): 35-39.

郭志强, 彭道黎, 徐明, 等. 2014. 季节性冻融土壤水热耦合运移模拟. 土壤学报, 51(4): 816-823.

何思为, 南卓铜, 张凌, 等. 2015. 用VIC模型模拟黑河上游流域水分和能量通量的时空分布. 冰川冻土, 37(1): 211-225.

胡芩, 姜大膀, 范广洲. 2015. 青藏高原未来气候变化预估: CMIP5模式结果. 大气科学, 39(2): 260-270.

黄永梅. 2003. 黄土高原丘陵沟壑区小流域水分平衡的生态学研究——以纸坊沟为例. 北京师范大学博士学位论文.

蒋定生, 刘梅梅, 黄国俊. 1987. 降水在凸-凹形坡上再分配规律初探. 水土保持通报, 7(1): 45-50.

蒋志云. 2016. 青海湖流域芨芨草群落斑块格局的生态水文效应研究. 北京师范大学博士学位论文.

李倩, 孙菽芬. 2007. 通用的土壤水热传输耦合模型的发展和改进研究. 中国科学, 37(11): 1522-1535.

李太兵. 2009. 长江源典型多年冻土区小流域径流过程特征研究. 兰州大学硕士学位论文.

李新, 程国栋, 陈贤章, 等. 1999. 任意地形条件下太阳辐射模型的改进. 科学通报, 44(9): 993-998.

李震坤, 武炳义, 朱伟军, 等. 2011. CLM3.0模式中冻土过程参数化的改进及模拟试验. 气候与环境研究, 16(2): 137-148.

李宗超. 2015. 青海湖流域典型植被土壤大孔隙结构特征. 北京师范大学硕士学位论文.

刘鹄, 赵文智. 2006. 基于土壤水分动态随机模型的土壤湿度概率密度函数研究进展. 水科学进展, 17(6): 894-904.

刘小园. 2004. 青海湖流域水文特征. 水文, 24(2): 60-61.

马育军, 高尚玉, 李小雁, 等. 2012. 高寒河谷灌丛冠层降雨再分配特征及影响因素. 中国沙漠, 32(4): 963-971.

全国土壤普查办公室. 1994. 中国土种志. 北京: 中国农业出版社.

宋可生, 应合理, 罗伟. 1995. 坡面上太阳照射时间的计算. 陕西师范大学学报(自然科学版), 23(s1): 42-43.

谈小生, 葛成辉. 1995. 太阳角的计算方法及其在遥感中的应用. 国土资源遥感, (2): 48-57.

徐宗学. 2009. 水文模型. 北京: 科学出版社.

杨成芳, 姜鹏, 张少林, 等. 2013. 山东冬半年降水相态的温度特征统计分析. 气象, 39(3): 355-361.

张思毅. 2014. 青海湖流域典型生态系统地表能量收支与蒸散发研究. 北京师范大学博士学位论文.

张宪洲, 张谊光, 周允华. 1997. 青藏高原4月~10月光合有效量子值的气候学计算. 地理学报, 52(4): 361-365.

赵国琴, 李小雁, 吴华武, 等. 2013. 青海湖流域具鳞水柏枝植物水分利用氢同位素示踪研究. 植物生态学报, 37(12): 1091-1100.

中国科学院南京土壤研究所. 1978. 中华人民共和国土壤图(1: 400万). 北京: 中国地图出版社.

中国科学院中国植被图编辑委员会. 2007. 中华人民共和国植被图(1: 100万). 北京: 地质出版社.

周允华, 项月琴, 栾禄凯. 1996. 光合有效量子通量密度的气候学计算. 气象学报, 54(4): 447-455.

左大康, 周允华, 项月琴. 1991. 地球表层辐射研究. 北京: 科学出版社.

Almeida A C, Landsberg J J. 2003. Evaluating methods of estimating global radiation and vapor pressure deficit using a dense network of automatic weather stations in coastal Brazil. Agricultural and Forest Meteorology, 118(3): 237-250.

Ball J T, Woodrow I E, Berry J A. 1987. A model predicting stomatal conductance and its contribution to the control of photosynthesis under different environmental conditions. Progress in Photosynthesis Research, 5: 221-224.

Berghuijs W R, Woods R A, Hrachowitz M. 2014. A precipitation shift from snow towards rain leads to a decrease in streamflow. Nature Climate Change, 4(7): 583-586.

Bristow K L, Campbell G S. 1984. On the relationship between incoming solar radiation and daily maximum and minimum temperature. Agricultural and Forest Meteorology, 31(2): 159-166.

Buck A L. 1981. New equations for computing vapor-pressure and enhancement factor. Journal of Applied Meteorology, 20(12): 1527-1532.

Cernusca A, Bahn M, Chemini C, et al. 1998. Ecomont: a combined approach of field measurements and process-based modelling for assessing effects of land-use changes in mountain landscapes. Ecological Modelling, 113(1-3): 167-178.

Chen Y, Takeuchi K, Xu C, et al. 2006. Regional climate change and its effects on river runoff in the Tarim Basin, China. Hydrological Processes, 20(10): 2207-2216.

Chiesi M, Maselli F, Bindi M, et al. 2002. Calibration and application of FOREST-BGC in a mediterranean area by the use of conventional and remote sensing data. Ecological Modelling, 154(3): 251-262.

Gao Q, Zhao P, Zeng X, et al. 2002. A model of stomatal conductance to quantify the relationship between leaf transpiration, microclimate and soil water stress. Plant Cell and Environment, 25(11): 1373-1381.

Genuchten M T V. 1980. A closed-form equation for predicting the hydraulic conductivity of unsaturated soils. Soil Science Society of America Journal, 44(5): 892-898.

Granier A, Bréda N, Biron P, et al. 1999. A lumped water balance model to evaluate duration and intensity of drought constraints in forest stands. Ecological Modelling, 116(2-3): 269-283.

Hallett G, Waquet D, Richardson H W. 1975. Regional growth theory. Economic Journal, 8(25): 31-35.

Huang Y M, Yu X N, Li E G, et al. 2017. A process-based water balance model for semi-arid ecosystems: a case study of psammophytic ecosystems in mu us sandland, Inner Mongolia, China. Ecological Modelling, 353: 77-85.

Jarvis P G. 1976. Interpretation of variations in leaf water potential and stomatal conductance found in canopies in field. Philosophical Transactions of the Royal Society of London Series B-Biological Sciences, 273(927): 593-610.

Kang S, Kim S, Lee D. 2002. Spatial and temporal patterns of solar radiation based on topography. Canadian Journal of Forest Research, 32(3): 487-497.

Krysanova V, Frank W. 2000. SWIM(Soil and Water Integrated Model)User Manual.

Leuning R. 1990. Modeling stomatal behavior and photosynthesis of eucalyptus-grandis. Australian Journal of Plant Physiology, 17(2): 159-175.

Minville M, Brissette F, Leconte R. 2008. Uncertainty of the impact of climate change on the hydrology of a nordic watershed. Journal of Hydrology, 358(1): 70-83.

Moriasi D N, Arnold J G, Van Liew M W, et al. 2007. Model evaluation guidelines for systematic quantification of accuracy in watershed simulations. Transactions of the Asabe, 50(3): 885-900.

Nagase A, Dunnett N. 2012. Amount of water runoff from different vegetation types on extensive green roofs: effects of plant species, diversity and plant structure. Landscape and Urban Planning, 104(3-4): 356-363.

Nouvellon Y, Rambal S, Lo S D, et al. 2000. Modelling daily fluxes of water and carbon from shortgrass steppes. Agricultural and Forest Meteorology, 100(2): 137-153.

Oleson K W, Dai Y, Bonan G, et al. 2013. Technical description of the Community Land Model(CLM).

Oleson K W, Lawrence D M, Bonan G B, et al. 2010. Technical Description of version 4.0 of the Community Land Model(CLM).

Olioso A, Carlson T N, Brisson N. 1996. Simulation of diurnal transpiration and photosynthesis of a water stressed soybean crop. Agricultural and Forest Meteorology, 81(1-2): 41-59.

Running S W, Nemani R R, Hungerford R D. 1987. Extrapolation of synoptic meteorological data in mountainous terrain and its use for simulating forest evapotranspiration and photosynthesis. Canadian Journal of Forest Research, 17(6): 472-483.

Thornton P E, Running S W. 1999. An improved algorithm for estimating incident daily solar radiation from measurements of temperature, humidity, and precipitation. Agricultural and Forest Meteorology, 93(4): 211-228.

US Department of Agriculture. 1983. National Engineering Handbook, Soil Conservation Service.

Van Genuchten M T. 1980. A closed-form equation for predicting the hydraulic conductivity of unsaturated soils. Soil Science Society of America Journal, 44(5): 892-898.

Wang Z W, Gallet J C, Pedersen C A, et al. 2014. Elemental carbon in snow at Changbai Mountain, northeastern China: concentrations, scavenging ratios, and dry deposition velocities. Atmospheric Chemistry and Physics, 14(2): 629-640.

第8章 流域水资源承载力评价与优化配置

8.1 研究方法

针对青海湖流域水资源利用现状和水资源管理中存在的问题进行调查和分析，综合考虑社会经济发展、生态环境保护和水资源可持续利用，构建青海湖流域水资源承载力评价指标体系，运用模糊综合评判方法评价青海湖流域的水资源承载力，并在此基础上运用系统动力学方法构建青海湖流域水资源合理配置模型，研究水资源优化配置的可执行方案，以期能对青海湖流域生态环境和社会经济的协调发展提供参考。研究方法包括：①青海湖流域水资源系统构成与水量平衡分析，主要结合青海湖流域水资源系统的构成特点，对降水、地表水、地下水等水资源的组分进行细致的调查分析。②青海湖流域水资源利用现状和供需分析，在流域水资源及其利用分区的基础上，利用青海湖流域的社会经济、水文气象和相关规划资料，结合对流域内主要农场、畜牧场等用水大户和居民生活用水的实地调查，分析青海湖流域水资源的供需关系，预测青海湖流域在规划年的需水结构和水资源供需关系的变化。③青海湖流域水资源承载力评价，根据青海湖流域水资源现状、开发利用程度和社会经济状况等影响水资源承载力的主要因素，应用模糊综合评判方法对青海湖流域各分区的水资源承载力进行分析评价。④青海湖流域水资源优化配置，根据系统动力学原理，厘清工业、农业、生活、生态等用水子系统的关联性，建立青海湖流域水资源优化配置的系统动力学模型，进行水资源配置方案的对比分析。

8.2 流域水资源利用现状分析

8.2.1 水资源系统构成

1. 地表水

青海湖流域地表水资源主要由大气降水补给，布哈河源区有少量的冰川融水补给，黑马河等青海湖盆地的河流有地下水补给。流域的河网呈明显的不对称分布，西北部河网密集且径流量大，东南部河网稀疏且径流量小。据统计，直接流入青海湖、流域面积大于 5 km² 的河流有 48 条，主要河流有布哈河、沙柳河、哈尔盖河、泉吉河和黑马河，总径流量约占入湖地表径流量的 80.4%（表 8.1）。布哈河是青海湖流域最大的河流，多年平均径流量为 7.83 亿 m³；其次为沙柳河，多年平均径流量为 2.51 亿 m³；哈尔盖河是第三大河，多年平均径流量为 2.42 亿 m³；泉吉河位于青海湖北岸，多年平均径流量为 0.54 亿 m³；黑马河位于青海湖南岸，多年平均径流量为 0.11 亿 m³。1958 年至今，青海湖流域两大河流布哈河和沙柳河的径流量没有明显的增加或减少趋势，但存在阶段性波动，并与降水的变化趋势相一致。径流量年内分配不均，7~9 月径流量最大，占全年径流总量的 60%~80%；1~2 月径流量最小，只占全年径流总量的 1% 左右（陈桂琛等，2008）。

表 8.1 青海湖流域主要河流水文特征

河流名称	集水面积/km²	河长/km	多年平均径流量/亿 m³	占入湖径流量比例/%
布哈河	14 337	286.0	7.83	46.9
沙柳河	1 442	105.8	2.51	15.0
哈尔盖河	1 425	109.5	2.42	14.5
泉吉河	560	63.4	0.54	3.3
黑马河	107	17.2	0.11	0.7
合计	17 871	581.9	13.41	80.4

1958~2004 年，青海湖水位总体不断下降，且下降趋势明显，变化倾向率为 –7.6 cm/a。2005 年以来，青海湖水位不断回升，从 2004 年的 3192.97 m 增加至 2016 年的 3194.78 m，平均每年上升 15.1 cm，同时湖水面积也扩大了 180 km²。

2. 地下水

青海湖流域是一个四面环山的盆地，四周山区为地下水补给带，山前洪积、冲积倾斜平原为径流渗入带，环湖平原为地下径流的排泄带。根据山体宽度，青海湖北部的地下水较南部丰富。地下水位埋深小于 15 m，含水层厚 20~70 m。地下水除部分被开发利用，极少部分被蒸发，大部补给青海湖和周边的一些子湖（中国科学院兰州分院和中国科学院西部资源环境研究中心，1994）。

青海湖流域多年平均地下水资源总量为 12.12 亿 m³，其中，山丘区地下水资源量为 8.55 亿 m³，平原区地下水资源量为 7.57 亿 m³，平原区与山丘区地下水之间的重复量为 4.00 亿 m³。天峻县境内布哈河谷的地下水埋深较浅，便于开发，当地政府为了维持青海湖的生态平衡，开发利用较少。刚察县地下水资源主要包括山丘区的泉水和平原区的潜水，山丘区的泉水是人畜饮用的重要水源。海晏县的地下水资源还没有充分开发利用。总体而言，青海湖流域的地下水资源丰富，埋藏浅，开发利用较容易。

3. 水资源总量

按照水文地质条件，参考《青海湖流域水资源利用与保护研究》（赵麦换等，2014），将青海湖流域划分为 9 个水资源分区（表 8.2）。1956~2000 年青海湖流域多年平均水资源总量为 21.63 亿 m³，其中，地表水资源量 17.81 亿 m³、地下水资源量为 3.82 亿 m³。从地区分布看，青海流域水资源主要分布在布哈河上唤仓以上区、布哈河上唤仓以下区及沙柳河区，这 3 个区水资源量分别占青海湖流域水资源总量的 31.0%、28.0% 和 15.1%。

表 8.2 青海湖流域不同分区水资源总量特征

水资源分区	面积/万 km²	地表水资源量/亿 m³	地下水与地表水不重复量/亿 m³	水资源总量/亿 m³	产水模数/（万 m³/km²）
布哈河上唤仓以上区	0.79	6.70	0	6.70	8.5
布哈河上唤仓以下区	0.80	4.67	1.38	6.05	7.6
湖南岸河区	0.17	1.02	1.01	2.03	12.0
倒淌河区	0.08	0.12	0.03	0.15	1.9
湖东岸河区	0.11	0.25	0.40	0.65	5.9
哈尔盖河区	0.24	1.59	0.43	2.02	8.4
沙柳河区	0.24	2.88	0.39	3.27	13.6
泉吉河区	0.11	0.58	0.18	0.76	6.9
湖区	0.43	0	0	0	0.0
整个流域	2.97	17.81	3.82	21.63	7.3

资料来源：赵麦换等，2014。

8.2.2 水资源开发利用现状分析

根据天峻县、刚察县、海晏县和共和县水务局、统计局等提供的数据资料，结合对青海湖流域内青海湖农场、青海省三角城种羊场等农业用水大户的走访和居民生活用水的实地调查，以及《青海湖流域水资源利用与保护研究》中的相关资料，经过校核整理和补充，分析青海湖流域的供水和用水现状，预测整个流域在规划水平年（2020年、2030年）的水资源需求量和供需关系。

1. 供水现状分析

青海湖流域现有蓄水工程 4 座，分别为娄拉水库、纳仁贡玛涝池、纳仁哇玛涝池和阿斯汗涝池，均建在发源于中低山的小河上，主要承担灌溉，兼顾人畜饮水。引水工程主要集中在湖滨北部地区，包括哈尔盖河区、沙柳河区、泉吉河区、布哈河上唤仓以下区、倒淌河区、湖南岸区。流域内现有 123 处依靠引水管道供水的农村人畜饮水工程。地下水工程主要包括新源镇城镇供水、沙柳河镇城镇供水、天峻县天峻沟草原节水灌溉（喷灌）示范工程。青海湖流域 2010 年总供水量为 10014 万 m³，其中地表水供水量为 9857 万 m³，地下水供水量为 157 万 m³，其他水源供水量为 0.42 万 m³（表 8.3）。

表 8.3 青海湖流域 2010 年供水量统计

行政区	蓄水/万 m³	引水灌溉/万 m³	人畜饮水管道/万 m³	浅层淡水/万 m³	集雨工程/万 m³	总供水量/万 m³
天峻县			325	83		408
刚察县	42	7743	576	68	0.40	8429
共和县	414	56	342	5	0.02	817
海晏县		261	98	1		360
整个流域	456	8060	1341	157	0.42	10 014

资料来源：赵麦换等，2014。

青海湖流域 2010 年总用水量为 10013.8 万 m^3，其中，农林牧渔畜用水 9622.0 万 m^3，工业、建筑业和第三产业用水 205.1 万 m^3，生活用水（包括城镇生活、农村生活）185.1 万 m^3，生态用水 1.5 万 m^3，占总用水量的 0.01%（表 8.4）。

表 8.4 青海湖流域 2010 年用水量统计

行政区	生活/万 m^3	工业/万 m^3	建筑业、第三产业/万 m^3	农林牧灌溉/万 m^3	牲畜/万 m^3	城镇生态/万 m^3	总用水量/万 m^3
天峻县	49.7	9.8	71.0		277.1	0.5	408.1
刚察县	85.0	22.9	69.0	7784.7	466.2	1.0	8428.8
共和县	40.2		25.2	470.3	281.1		816.8
海晏县	10.3		7.2	261.2	81.5		360.2
整个流域	185.1	32.7	172.4	8516.1	1105.9	1.5	10 013.8

资料来源：赵麦换等，2014。

受水资源空间分布、经济投资、开发技术等因素的限制，青海湖流域水资源开发利用率较低，约为 3.3%（本章中水资源开发利用率指供水能力为 75%时，可供水量与多年平均水资源总量的比值）。山区村社的自来水和人畜饮水工程普及率低，供水量不能充分满足人畜饮水、农业用水等的需要。天峻县开发利用率低至 0.6%，全县还有近 1 万人存在饮水不安全问题。刚察县还有 6500 人、35 万头牲畜饮水困难。海晏县的甘子河、托勒等牧业区由于开发不足，水资源需求与经济发展之间的矛盾较突出。共和县虽然供水量基本能够满足人畜饮水和农业灌溉的需要，但是部分缺水草场仍难以高效利用，在一定程度上影响了畜牧业发展。

2. 水资源开发利用程度

青海湖流域水资源总量为 21.63 亿 m^3，水资源开发利用量为 1.00 亿 m^3，水资源开发利用程度为 4.63%，开发利用程度较低。各水资源分区水资源开发利用程度在 0.14%~19.21%，其中，布哈河上唤仓以上区开发利用程度最低，哈尔盖河区开发利用程度最高（表 8.5）。

表 8.5 青海湖流域水资源开发利用程度

水资源分区	水资源总量/万 m^3	现状供水量/万 m^3	水资源开发利用率/%
布哈河上唤仓以上区	67030	91.6	0.14
布哈河上唤仓以下区	60530	588.1	0.97
湖南岸河区	20330	166.8	0.82
倒淌河区	1490	142.6	9.57
湖东岸河区	6480	480.8	7.42
哈尔盖河区	20170	3875.1	19.21
沙柳河区	32690	3930.3	12.02
泉吉河区	7610	738.5	9.70
整个流域	216300	10013.8	4.63

资料来源：赵麦换等，2014。

8.2.3 青海湖流域需水预测

需水预测是水资源优化配置的基础，也是制定流域长期发展规划的必要依据之一。合理预测规划水平年流域内各行业的需水量，在此基础上对整个流域未来的水资源供需平衡关系进行分析，可以进一步了解流域水资源和社会发展之间的相互作用机制，有利于根据流域各分区各部门的具体情况，有效开发和合理利用水资源。在不考虑节水改造、产业调整、社会政策和自然环境变化等条件下，从目前的人口、经济增长和用水情况出发，以 2010 年为现状水平年，分别预测规划水平年（2020 年、2030 年）青海湖流域的居民生活、工业、农业、牧业等需水量，为流域水资源的优化配置提供依据。

1. 生活需水量

生活需水量主要受人口数量和区域用水水平的影响，基本上伴随生活水平的提高和供水条件的改善呈上升态势。本章暂不考虑规划水平年社会和自然环境因子对人口数量的影响，根据各行政区的人口自然增长率预测人口数量。同时参考青海省的生活用水定额，采用综合分析定额法估算城镇和农村居民的生活需水量，计算公式如下：

$$Qp_i = \frac{365 \times P_0 \times (1+a)^n \times M_i}{1000} \tag{8.1}$$

式中，Qp_i 为预测水平年 i 的居民需水量（万 m³）；P_0 为现状年城镇/农村总人口（万人）；a 为城镇/农村人口自然增长率（‰）；M_i 为城镇/农村用水定额[升/（人·d）]。

根据 1949～2010 年青海湖流域人口的增长状况，预计 2020 年和 2030 年流域内总人口分别为 12.57 万人和 13.69 万人。随着农牧民定居工程的建设和城镇化的发展，青海湖流域的城镇人口将呈现较快增长，预计 2020 年和 2030 年的城镇人口分别达到 4.74 万人和 6.29 万人。根据《青海省用水定额》，并考虑未来生活质量不断提高，用水水平也会相应提高，预计 2020 年和 2030 年青海湖流域城镇居民需水定额分别为 75 L/（人·d）和 85 L/（人·d），需水量分别为 129.76 万 m³ 和 195.15 万 m³；农村居民需水定额分别为 45 L/（人·d）和 50 L/（人·d），需水量分别为 128.61 万 m³ 和 135.06 万 m³（表 8.6）。

青海湖流域畜牧业发展规模较大，牲畜用水是一个不容忽视的因子，其需水量也可采用综合分析定额法计算，计算过程中将不同的牲畜都折算为标准羊单位。根据《青海省用水定额》，结合青海湖流域的实际情况，预计 2020 年和 2030 年标准羊单位需水定额分别为 7.5 L/（只·d）和 8.5 L/（只·d），需水量分别为 646.60 万 m³ 和 807.59 万 m³。为保护流域生态环境实施退牧减畜措施，2030 年牲畜需水量比 2010 年减少 293.73 万 m³。

人畜饮水构成青海湖流域生活需水的总量，2010 年为 1288.28 万 m³，预计 2020 年和 2030 年将分别达到 904.97 万 m³ 和 1137.80 万 m³。

表 8.6　青海湖流域生活需水量预测

年份	行政区	城镇		农村		牲畜		需水总量/万 m³
		人口/万人	需水/万 m³	人口/万人	需水/万 m³	数量/羊单位	需水/万 m³	
2010	天峻	1.04	22.78	1.55	22.63	117.2	278.06	323.47
	刚察	1.83	40.08	3.21	46.87	190.2	451.25	538.20
	共和	0.51	11.17	2.27	33.14	118.8	281.85	326.16
	海晏	0.01	0.22	0.69	10.07	38.0	90.16	100.45
	整个流域	3.39	74.25	7.72	112.71	464.2	1101.32	1288.28
2020	天峻	1.58	43.25	1.37	22.50	76.80	210.24	275.99
	刚察	2.23	61.05	3.45	56.67	86.70	237.34	355.06
	海晏	0.86	23.54	2.29	37.61	52.50	143.72	204.87
	共和	0.07	1.92	0.72	11.83	20.20	55.30	69.05
	整个流域	4.74	129.76	7.83	128.61	236.20	646.60	904.97
2030	天峻	1.90	58.95	1.33	24.27	83.40	258.75	341.97
	刚察	3.03	94.01	3.14	57.31	98.40	305.29	456.61
	海晏	1.21	37.54	2.22	40.52	56.40	174.98	253.04
	共和	0.15	4.65	0.71	12.96	22.10	68.57	86.18
	整个流域	6.29	195.15	7.40	135.06	260.30	807.59	1137.80

资料来源：赵麦换等，2014。

2. 生产需水量

（1）第二产业、第三产业需水量

第二产业主要指工业和建筑业，第三产业主要指服务业。虽然青海湖流域的工业产值在国内总产值中所占比重较大，但是其产业类型主要是矿产开采、汽车维修、网围栏加工等，工业万元产值的用水量相对较少。未来伴随流域工业的发展，需水量将随之增加。近年来，青海湖周边的鸟岛、沙岛、二郎剑等旅游景点逐渐开发，旅游产业发展迅速，预计未来旅游业将会逐渐成为环湖地区的主导产业，并进一步带动建筑业、服务业的大规模发展，其需水量也将逐渐增加。本章暂不考虑节水改造、产业结构调整等方面的因素，以天峻县、刚察县、海晏县、共和县长期的工业、建筑业、第三产业的产值增长率来预估规划水平年的产值，并参考《青海省用水定额》中相应产业的用水定额，结合目前的第二产业、第三产业万元产值用水量计算规划水平年的生产需水量：

$$Q_{\text{In}} = \frac{G_{\text{In}} \times N}{10\,000} \tag{8.2}$$

式中，Q_{In} 为第二产业、第三产业需水量（万 m³）；G_{In} 为第二产业、第三产业产值（万元）；N 为第二产业、第三产业万元产值用水定额（m³/万元）。

青海湖流域 2010 年工业需水量为 32.69 万 m³，万元工业增加值需水量为 120 m³（表 8.7）。伴随节水技术的推广，水资源重复利用率不断提高，工业需水定额具有较大下降空间。预计 2020 年和 2030 年工业需水定额分别为 90 m³/万元和 70 m³/万元，需水量分别达到 81.65 万 m³ 和 143.58 万 m³。青海湖流域 2010 年建筑业和第三产业需水量为 170.55

万 m³, 综合需水定额为 26 m³/万元。预计到 2020 年和 2030 年建筑业和第三产业需水定额分别下降为 10 m³/万元和 8 m³/万元, 需水量分别为 132.07 万 m³ 和 165.60 万 m³。

表 8.7 青海湖流域第二产业、第三产业需水量预测

年份	行政区	产值/万元			需水量/万 m³			需水总量/万 m³
		工业	建筑业	第三产业	工业	建筑业	第三产业	
2010	天峻	814	5775	15319	9.77	15.02	39.83	64.62
	刚察	1910	4767	21594	22.92	12.39	56.14	91.45
	海晏	0	386	13635	0.00	1.00	35.45	36.45
	共和	0	879	3240	0.00	2.29	8.42	10.71
	整个流域	2724	11807	53788	32.69	30.70	139.84	203.24
2020	天峻	2659	8481	32674	23.93	8.48	32.67	65.09
	刚察	6288	7000	46059	56.59	7.00	46.06	109.65
	海晏	82	567	29082	0.74	0.57	29.08	30.39
	共和	43	1291	6910	0.39	1.29	6.91	8.59
	整个流域	9072	17339	114725	81.65	17.34	114.72	213.72
2030	天峻	6011	9843	53222	42.08	7.87	42.58	92.53
	刚察	14217	8124	75026	99.52	6.50	60.02	166.04
	海晏	186	658	47372	1.30	0.53	37.90	39.73
	共和	97	1499	11256	0.68	1.20	9.00	10.88
	整个流域	20511	20124	186876	143.58	16.10	149.50	309.18

资料来源：赵麦换等, 2014。

（2）农业需水量

青海湖流域 2010 年有效灌溉面积为 30.28 万亩（1 亩≈0.0667 hm²）, 其中, 农田灌溉面积为 7.76 万亩, 林灌面积为 15.10 万亩, 草灌面积为 7.42 万亩。根据青海湖各县水土资源和畜牧业发展情况, 结合《青海湖流域水资源利用与保护研究》、流域内各县国民经济和社会发展规划和水利发展规划, 预计 2020 年草灌面积增加到 25.98 万亩, 整个流域有效灌溉面积达到 48.84 万亩。2030 年青海湖流域有效灌溉面积达到 54.14 万亩, 其中, 草灌面积达到 31.28 万亩。

青海湖流域 2010 年农林牧灌溉需水量为 9659.32 万 m³, 综合定额为 319 m³/亩, 其中, 农田灌溉定额 475 m³/亩, 林地灌溉定额 233 m³/亩, 草灌灌溉定额 333 m³/亩。伴随节水技术的发展和应用, 假设 2020 年和 2030 年青海湖流域农林牧灌溉综合定额分别为 180 m³/亩和 152 m³/亩, 需水量将分别下降到 8791.20 万 m³ 和 8229.28 万 m³（表 8.8）。

3. 需水总量预测

汇总青海湖流域内刚察县、天峻县、共和县和海晏县的生活、生产需水量, 得到整个流域需水总量的预测结果（表 8.9）。社会经济发展和人口数量增长将使青海湖流域需水总量在 2020 年和 2030 年分别达到 9910 万 m³ 和 9676 万 m³, 刚察县的农业需水和天峻县的生产需水（主要是工业）在需水总量中占有很大比重。

表 8.8 青海湖流域农林牧灌溉需水量预测

水平年	项目	天峻县	刚察县	海晏县	共和县	总计
2010	灌溉面积/万亩	0	27.07	2.47	0.74	30.28
	灌溉用水/万 m³	0	8635.33	787.93	236.06	9659.32
2020	灌溉面积/万亩	0	40.33	3.37	5.14	48.84
	灌溉用水/万 m³	0	7259.40	606.60	925.20	8791.20
2030	灌溉面积/万亩	0	45.13	3.37	5.64	54.14
	灌溉用水/万 m³	0	6859.76	512.24	857.28	8229.28

资料来源：赵麦换等，2014。

表 8.9 青海湖流域不同行政区需水总量预测

年份	行政区	生活 需水量/m³	生活 比例/%	农业 需水量/m³	农业 比例/%	第二产业、第三产业 需水量/m³	第二产业、第三产业 比例/%	需水总量/m³
2010	天峻县	323.47	83.35	0.00	0.00	64.61	16.65	388.08
	刚察县	538.20	5.81	8635.33	93.20	91.46	0.99	9264.99
	海晏县	326.16	28.35	787.93	68.48	36.45	3.17	1150.54
	共和县	100.45	28.93	236.06	67.99	10.71	3.08	347.22
	整个流域	1288.28	11.55	9659.32	86.62	203.23	1.82	11150.82
2020	天峻县	275.99	80.92	0.00	0.00	65.09	19.08	341.08
	刚察县	355.06	4.60	7259.40	93.98	109.65	1.42	7724.11
	海晏县	204.87	24.34	606.60	72.05	30.39	3.61	841.86
	共和县	69.05	6.89	925.20	92.26	8.59	0.86	1002.84
	整个流域	904.97	9.13	8791.20	88.71	213.71	2.16	9909.89
2030	天峻县	341.97	78.70	0.00	0.00	92.53	21.30	434.50
	刚察县	456.61	6.10	6859.76	91.68	166.04	2.22	7482.41
	海晏县	253.04	31.43	512.24	63.63	39.73	4.94	805.01
	共和县	86.18	9.03	857.28	89.83	10.88	1.14	954.34
	整个流域	1137.80	11.76	8229.28	85.04	309.18	3.20	9676.26

8.2.4 青海湖水量平衡分析

多数研究认为人类活动对青海湖水位的影响很小，湖水位的变化主要由气候等自然因素引起。根据湖泊水量平衡，就多年平均状况而言，青海湖水文要素之间存在以下关系：

$$\Delta H = P + R_s + R_g - E - U \tag{8.3}$$

式中，ΔH 为湖水位年际变化，当 $\Delta H > 0$ 时，水位上升，当 $\Delta H < 0$ 时，水位下降；P 为湖面降水量；R_s 为地表入湖径流量；R_g 为地下入湖径流量；E 为湖面蒸发量；U 为生产生活用水量。

青海湖 2016 年平均水位为 3194.28 m，湖面面积为 4424.99 km²，根据环湖水文站观测资料，青海湖湖区多年平均降水量约为 16.61 亿 m³。青海湖流域蒸发皿观测的多年平均水面蒸发量在 1000~2000 mm，将环湖各站的水面蒸发观测值折算为大水体的水面蒸发量，计算得到青海湖面多年平均水面蒸发量为 40.5 亿 m^3。青海湖流域径流深在 50~200 mm，1956~2000 年多年平均地表水资源量为 17.81 亿 m^3。青海湖入湖地下径流主要受降水、地表水、河床潜流、山前侧渗等补给及青海湖水位升降的影响，年际变化较大，前人研究表明青海湖多年平均地下水入湖补给量为 6.03 亿 m^3（燕华云和贾绍凤，2003）。青海湖流域现状用水量为 1.00 亿 m^3。因此，尽管青海湖流域水资源丰富，但青海湖多年平均亏水量仍达 1.16 亿 m^3。

8.2.5 水资源利用存在的主要问题

1）水资源时空分布不均，影响经济发展。青海湖流域水资源主要分布在西北区，在行政区域上天峻县和刚察县的水资源比共和县和海晏县丰富。根据供需平衡分析，当保证湖泊和河道生态需水后，流域可开发利用水资源量较少，尤其是刚察县、共和县的农牧业需水量与可开发利用的地表水资源量不平衡；当保持目前的经济发展速度时，难以保证流域的生态需水量，从而影响青海湖水位。

2）水利基础设施落后，水资源浪费严重。青海湖流域因供水设施不完善，人畜供需水矛盾和饮水不安全问题比较突出。灌溉设施较为落后，除了大型国有农牧场有引水渠，其余耕地的灌溉渠道主要是土渠，渗漏损失较多，灌溉方式也都是大水漫灌，水资源利用效率低。工业用水的重复利用率非常低。

3）河道冲蚀严重，侧漏量较大。每逢 5 月，随着降雨量的增加和冰雪的融化，布哈河、沙柳河的水量迅速增大，严重冲刷河道，侵蚀河道两岸，并由于河床面积的增大和河道的变迁，河流侧漏水量进一步增加。

4）水权不明确，水资源费征收不一致。流域内大型国有农牧场和行政区形成两个用水系统，水资源的提取利用缺乏统一管理机制，从而难以准确把握整个流域的供用水量。由于河道附近的农田基本上直接引水灌溉，没有征收相应的水资源费，所以浪费现象非常严重。

8.3 流域水资源承载力评价

综合评价青海湖流域的水资源承载能力，促进社会经济活动与水资源承载能力相适应，是保障整个流域可持续发展的基础。水资源承载能力评价是在对区域水资源特征、开发利用情况，以及工农业生产、人民生活和生态环境对水资源需求程度等供需综合分析的基础上，经过多因素分析评价得出的结果。水资源承载能力评价的目的是揭示水资源、社会经济和人口数量之间的关系，充分、合理地利用水资源，使经济建设与水资源保护同步进行，促进社会经济可持续发展。模糊综合评判是对多种因素影响做出全面评价的十分有效的方法，可以为水资源承载能力评价提供工具。它可以在对影响水资源承载能力的各个因素进行单因素评价的基础上，通过综合评判矩阵对其承载能力做出多因素综合评价，从而全面地反映流域水资源的承载能力状况。

8.3.1 评判因素的选取、分级和评分

水资源承载能力是在保障区域社会、经济和生态环境可持续发展前提下,根据一定的经济技术水平和社会生产条件,水资源允许开发量能够维持的人口和社会经济发展能力,其评价流程如图 8.1 所示。

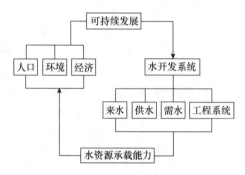

图 8.1 青海湖流域水资源承载力评价流程

影响水资源承载力的因素包括以下几个方面:①水资源数量、质量及其开发利用程度;②社会经济技术条件;③社会消费水平与结构;④干旱区要求满足生态需水量;⑤区际交流。根据水资源承载能力影响因素,按照评价指标的可测性、可靠性及充分性原则,考虑青海湖流域水资源的利用特点,选取水资源利用率、人口密度、人均用水量、人均 GDP、降水量、产水模数 6 个评价指标进行水资源承载能力评价。各个评价指标含义如下:水资源利用率(u_1):现状 75%保证率的供水量与可利用水资源总量之比;人口密度(u_2):区域常住人口与区域面积之比;人均用水量(u_3):用水总量与人口之比;人均 GDP(u_4):区域 GDP 与人口之比;降水量(u_5):区域多年平均降水量;产水模数(u_6):区域水资源量与区域面积之比。

将这 6 个因素对青海湖流域水资源承载能力的影响程度划分为 3 个等级(表 8.10)。降水的划分主要参照西北地区水资源合理配置和承载能力研究成果,水分是决定西北地区植被分布的关键因素,典型草原年降水量一般在 300~450 mm,小于 300 mm 为荒漠草原和荒漠,大于 450 mm 为森林和森林草原(王浩等,2003)。人均用水量的划分主要根据国际上通用的判别标准,以人均水资源量进行缺水程度划分。产水模数的划分主要参照柴达木盆地的消耗径流,过渡带为 30 mm,天然绿洲为 160 mm(王学全等,2005)。同时,为了更好地反映各等级水资源承载能力情况,对评判集的分值采用 1 分制进行数量化,以便定量地反映各等级因素对承载能力的影响程度,分值越高,水资源开发的潜力越大。

8.3.2 模糊关系矩阵和综合评价模型

假设评判因素集合为 $U=\{u_1, u_2, \cdots u_m\}$,评判等级集合为 $V=\{v_1, v_2, \cdots v_n\}$。首

表 8.10 青海湖流域水资源承载力评价指标分级

评价因素集	单位	评判集 V		
		v_1	v_2	v_3
水资源利用率	%	>30	10~30	<10
人口密度	人/km²	>15	5~15	<5
人均用水量	m³	>1700	1000~1700	<1000
人均 GDP	万元	<1	1~2	>2
降水量	mm	<300	300~450	>450
产水模数	mm	<30	30~160	>160
评分值		0.05	0.5	0.95

注：v_1 表示承载能力较弱，区域水资源承载能力已经接近其饱和值，水资源进一步开发必然导致环境恶化；v_3 表示承载能力较强，区域水资源开发仍有一定的环境容量；v_2 介于 v_1 和 v_3 之间，表示流域水资源开发已有相当规模，但仍有一定的开发利用潜力。

先对评价因素 u_i 进行单因素评判，假设其对应评价等级 v_j 的隶属度为 r_{ij}，这样得到第 i 个因素 u_i 的单因素评判集 $r_i=(r_{i1}, r_{i2}, \cdots, r_{in})$，$m$ 个评价因素的评价集构造出评判矩阵 R：

$$R = \begin{bmatrix} r_{11} & r_{12} & \cdots & r_{1n} \\ r_{21} & \cdots & \cdots & \cdots \\ \cdots & \cdots & \cdots & \cdots \\ r_{m1} & \cdots & \cdots & r_{mn} \end{bmatrix} \tag{8.4}$$

水资源承载力模糊综合评判为下列变换 $B=A \times R$，式中，A 为 U 上的模糊子集，而评判结果 B 则是 V 上的模糊子集，并且可表示为 $A=\{a_1, a_2, \cdots, a_m\}$，$0 \leqslant a_i \leqslant 1$，代表各因素对综合评判重要性的权系数，因此，满足 $\sum_{i=1}^{m} a_i = 1$。综合评定采用数量化评判集 a_j 的值，以及 B 矩阵中各等级隶属度 b_j 的值，根据下式分析计算：

$$a = \frac{\sum_{j=1}^{3} b_j^k a_j}{\sum_{j=1}^{3} b_j^k} \tag{8.5}$$

式中，a 值为基于综合评判结果矩阵 B 的水资源承载能力综合评分值。

8.3.3 评价因素隶属度刻化

根据各评价因素的实际数值对照各自的分级指标来推求评判矩阵 R 中隶属函数 r_{ij} 的值。采用模糊化处理构建隶属函数，并使其各级间平滑过渡。取各评价因素 v_1 和 v_2 等级的临界值为 k_1，v_2 和 v_3 等级的临界值为 k_3，v_2 等级区间中点值为 k_2，则 $k_2=(k_1+k_3)/2$，例如对于上文水资源利用率 u_1 有 $k_1=30$，$k_3=10$，$k_2=20$。对于 v_2 级，即中间区间的隶属函数，采用中间型模糊分布，令其落在区间中点的隶属度为 1，两侧边缘点的隶属度为

0.5，中间点向两侧按线性递减处理。对于 v_1 区间的隶属函数，采用偏大型模糊分布，即因素在临界点 k_1、k_2 属 v_1 的隶属度分别为 0.5 和 0，令落在 $k_2 \sim k_1$ 区间属 v_1 的隶属度线形递增，落在 v_1 区间的因素距临界值 k_1 越远，属 v_1 区间的隶属度越大。对 v_3 区间的隶属函数采用偏小型模糊分布，即因素在临界点 k_3、k_2 属 v_3 的隶属度分别为 0.5 和 0，令落在 $k_2 \sim k_1$ 区间因素属 v_3 的隶属度线形递减，落在 v_3 区间的因素距临界值 k_3 越远，属 v_3 区间的隶属度越大。当指标值 u_i 越小，系统越优时，如评价因素 u_1、u_2、u_3，其隶属函数分布和计算式如下；当指标值 u_i 越大，系统越优时，如评价因素 u_4、u_5、u_6，只需将计算式右端 u_i 区间号"$\geqslant$"改为"$\leqslant$""$\leqslant$"改为"$\geqslant$""$<$"改为"$>$"后采用相同计算式即可。

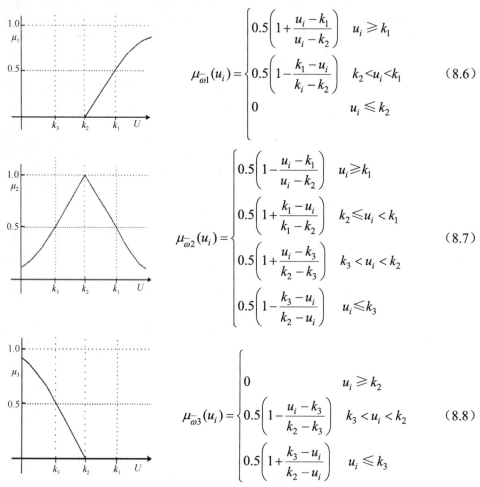

$$\mu_{\bar{\omega}1}(u_i) = \begin{cases} 0.5\left(1 + \dfrac{u_i - k_1}{u_i - k_2}\right) & u_i \geqslant k_1 \\ 0.5\left(1 - \dfrac{k_1 - u_i}{k_i - k_2}\right) & k_2 < u_i < k_1 \\ 0 & u_i \leqslant k_2 \end{cases} \quad (8.6)$$

$$\mu_{\bar{\omega}2}(u_i) = \begin{cases} 0.5\left(1 - \dfrac{u_i - k_1}{u_i - k_2}\right) & u_i \geqslant k_1 \\ 0.5\left(1 + \dfrac{k_1 - u_i}{k_1 - k_2}\right) & k_2 \leqslant u_i < k_1 \\ 0.5\left(1 + \dfrac{u_i - k_3}{k_2 - k_3}\right) & k_3 < u_i < k_2 \\ 0.5\left(1 - \dfrac{k_3 - u_i}{k_2 - u_i}\right) & u_i \leqslant k_3 \end{cases} \quad (8.7)$$

$$\mu_{\bar{\omega}3}(u_i) = \begin{cases} 0 & u_i \geqslant k_2 \\ 0.5\left(1 - \dfrac{u_i - k_3}{k_2 - k_3}\right) & k_3 < u_i < k_2 \\ 0.5\left(1 + \dfrac{k_3 - u_i}{k_2 - u_i}\right) & u_i \leqslant k_3 \end{cases} \quad (8.8)$$

8.3.4 流域水资源承载力综合评价

青海湖流域水资源总量为 21.63 亿 m^3，水资源开发利用量为 1.00 亿 m^3，水资源开发利用程度为 4.63%，不同水资源分区的水资源开发利用程度介于 0.14%～19.21%，其中，布哈河上唤仓以上区开发利用程度最低，哈尔盖河区开发利用程度最高。青海湖流域水土资源空间分布差异很大,与社会经济发展不相适应,哈尔盖河区、沙柳河区耕地面积占全流域耕地面积的 47.7%,灌溉面积占全流域灌溉面积的 91.2%,水资源量仅占全流域水资源总量的 24.4%;而水资源量占全流域 58.9%的布哈河流域,耕地面积和灌溉面积分别占全流域的 2.5%和 2.4%(表 8.11)。

表 8.11　青海湖流域不同水资源分区基本情况

水资源分区	人口/万人	耕地面积/万亩	灌溉面积/万亩	水资源量/亿 m³	产水模数/mm	用水量/万 m³	降水量/mm	人均 GDP/元
布哈河上游区	0.34	0.00	0.00	6.70	85	91.6	316.2	18559
布哈河下游区	3.22	0.60	0.19	6.05	76	588.1	342.3	11450
湖南岸河区	1.15	4.90	0.00	2.03	120	166.8	378.8	10771
倒淌河区	1.01	5.35	0.15	0.15	19	142.6	350	8528
湖东岸河区	0.46	0.00	0.00	0.65	59	480.8	337.3	7845
哈尔盖河区	1.67	6.11	3.00	2.02	84	3875.1	445.8	10017
沙柳河区	2.53	5.43	4.11	3.27	136	3930.3	395	9078
泉吉河区	0.73	1.78	0.31	0.76	69	738.5	340	8331

根据青海湖流域不同水资源分区各评价因素的指标数值(表 8.12),按公式分别计算每个评判因素对各个等级的相对隶属度 r_{ij},其中,$r_{i1} = \mu_{\varpi 1}(u_i)$,$r_{i2} = \mu_{\varpi 2}(u_i)$,$r_{i3} = \mu_{\varpi 3}(u_i)$,从而求出整个综合评判矩阵 R 的值。

表 8.12　青海湖流域水资源承载力评价指标

水资源分区	水资源利用率/%	人口密度/(人/km²)	人均用水量/m³	人均 GDP/万元	年降水量/mm	产水模数/mm
布哈河上游区	0.14	0.43	269.41	1.86	316.2	85
布哈河下游区	0.97	4.03	182.64	1.15	342.3	76
湖南岸河区	0.82	6.76	145.044	1.08	378.8	120
倒淌河区	9.57	12.63	141.19	0.85	350.0	19
湖东岸河区	7.42	4.18	1045.22	0.78	337.3	59
哈尔盖河区	19.21	6.96	2320.42	1.00	445.8	84
沙柳河区	12.02	10.52	1553.48	0.91	395.0	136
泉吉河区	9.70	6.64	1011.64	0.83	340.0	69

在综合考虑各评判指标对水资源承载能力影响程度大小和不同指标之间交叉性的基础上,赋予各评价因素不同的权重:水资源利用率、人口密度、人均用水量、产水模数对水资源承载能力的影响较大,所以分别赋予权重 0.2,即 $a_1=a_2=a_3=a_6=0.2$;其他评判因素,如人均 GDP、降水量,赋予权重 0.1,即 $a_4=a_5=0.1$。因此,权重矩阵 $A=\{0.2, 0.2, 0.2, 0.1, 0.1, 0.2\}$。根据上述 A 和 R 矩阵数据,将 $B=A\times R$ 按矩阵计算规则即可求得水资源承载能力的最终评判结果(表 8.13)。

青海湖流域水资源承载能力多因素综合评价结果显示:除倒淌河区、哈尔盖河区、沙柳河区小于 0.6 外,其他地区均在 0.6 以上,对 v_2、v_3 两级的隶属度都很大,而对 v_1

表 8.13 青海湖流域水资源承载力综合评价结果

流域分区	v_1	v_2	v_3	综合评分值
布哈河上游区	0.259	0.468	0.273	0.726
布哈河下游区	0.176	0.548	0.276	0.635
湖南岸河区	0.008	0.459	0.533	0.656
倒淌河区	0.114	0.435	0.451	0.547
湖东岸河区	0.022	0.541	0.437	0.687
哈尔盖河区	0.071	0.385	0.544	0.533
沙柳河区	0.121	0.386	0.493	0.563
泉吉河区	0.164	0.410	0.426	0.608

级的隶属度大部分在 0.2 以下，表明水资源开发利用具有较大空间，水资源承载力较大。但倒淌河区、哈尔盖河区、沙柳河区的水资源开发利用已有相当规模，进一步开发利用的潜力较小，农牧业需水量与可开发利用的地表水资源量之间不平衡；如果保持目前的经济发展速度，将难以保证流域的生态需水量，并可能影响青海湖水位。对于青海湖农场、青海省三角城种羊场等大型农牧场，可以考虑在适宜地区推广喷灌、微灌等节水灌溉技术；另外，可以通过改造引水渠等措施，提高渠系水利用率，大型农场在现有水泥渠基础上积极推广管道输水技术，进一步加大节水力度。

8.4 流域水资源系统动力学模型构建与模拟

8.4.1 系统动力学模型介绍

系统动力学（system dynamics，SD）将系统分析与系统综合相结合，从系统内部的微观结构入手，建立系统动力学数学模型。系统动力学数学模型是一种因果机理性模型，由系统结构流程图和构造方程组成，前者用以体现实际系统的结构特征，反映系统中各变量之间的因果关系和反馈控制网络；后者是变量间定量关系的数学表达式，由流程图直接确定或由相关函数给出，可以是线性或非线性函数关系。

系统动力学模型的建立首先需要确定系统的分析目的，其次是确定系统边界（即系统分析涉及的对象和范围），之后是建立因果关系（反馈回路）图和模型流程图，然后写出系统动力学方程，最后进行仿真试验和计算。系统动力学模型中最主要的变量类型有 4 种。

状态变量（又称流位）：描述系统物质流动或信息流动积累效应的变量，表征系统的某种属性。

决策变量（又称流率）：描述系统物质流动或信息流动积累效应变化快慢的变量，具有瞬时性特征，反映单位时间内物质流动或信息流动的增加或者减少量。

常数：描述系统中不随时间而变化的量。

辅助变量：从信息源到决策变量之间，辅助表达信息反馈决策作用的变量。

根据变量之间的关系，构造方程的一般表达式为

$$\frac{\mathrm{d}X}{\mathrm{d}t} = f(X_i, V_i, R_i, P_i) \tag{8.9}$$

式中，X 为状态变量；V 为辅助变量；R 为决策变量；P 为常数；t 为仿真时间。

本章系统动力学模型的建立与模拟运行应用 Vensim 软件实现。Vensim 软件建立模型的 4 个基本构造块为栈、流、转换器、连接器。

栈表示事物（包括物质和非物质）的积累，是状态变量。栈的积累有两种类型：①消耗性资源，这种积累可以通过流被消耗，如煤、油等自然资源；②不可消耗资源，这种积累不能通过流被消耗。

流用来描述系统中的活动，连接到栈上的流会引起栈中存量的增加或减少。流的方向有单向和双向之分，一般都是单向的，单向流只能取非负值，但在某些情况下，可能需要用同一个流来表示某一个栈的输入和输出，那么就得使用双向流，双向流可以取任何值。

转换器经常用来接收信息，并把它传输到其他模块中为其他变量所用，是辅助变量。和栈不同的是，转换器不能积累，在每次调用时，转换器都要重新计算值。

连接器用一条带有箭头的线段或虚线表示。连接器和流的区别在于，连接器传递信息，而流传递物质。连接器反映了各个栈、流、转换器之间"什么依赖于什么"的关系。

通过对青海湖流域水资源系统各要素之间的关系进行深入分析，阐明各要素之间的相互作用，进而根据各要素的特性确定它们属于哪一类变量，然后运用 Vensim 软件建立系统动力学模型。

8.4.2 水资源系统动力学模型构建

1. 模型目标和结构分析

水资源配置的重点是对人类活动用水进行配置，考虑青海湖水量平衡的目标，青海湖流域水资源配置的目标是减少人类活动用水，保障青海湖水量平衡。因此，按照流域内水资源的主要需求行业，将这些行业的用水子系统与湖泊生态需水相结合，规划和调节用水定额、灌溉面积、经济发展规模等用水参数，使各区域在规划水平年不仅能满足湖泊和河流生态需水，同时也能保证不同行业水资源的供需平衡。

青海湖流域水资源系统是一个复杂系统，本章以青海湖水量平衡为核心，以整个流域为研究对象，通过系统结构和因素分析，确定与水资源相关的主要因素及其与水资源承载力的关系，进而划分系统边界。青海湖流域水资源系统动力学模型首先在对流域水资源承载力特征和影响因素进行分析的基础上，构建水资源开发利用动态预测和青海湖水量平衡模型，并将承载力指标耦合在模型中进行计算，从整体上反映政策、资源、人口和经济发展之间的相互关系，进而模拟不同技术和政策措施对青海湖水量平衡和水资源承载力的影响。模型由 6 个模块组成，分别是工业需水、建筑和第三产业需水、灌溉用水、生活用水、牲畜饮用水和水量平衡模块（图 8.2）。运用 Vensim 软件建立各子系统之间的相互联系和内部结构关系，模型模拟时间以 2010 年为基准年，设定 2020 年、2030 年和 2040 年 3 个水平年为预测年份。

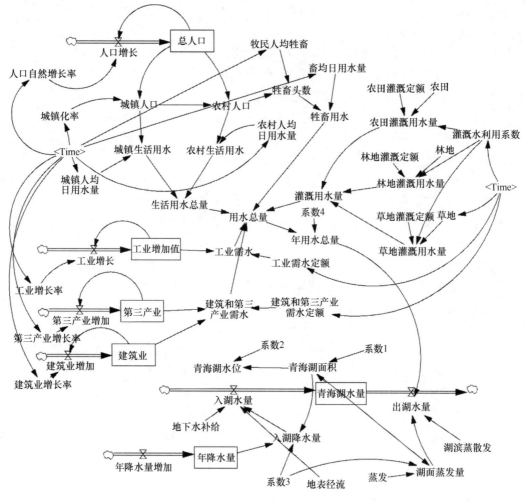

图 8.2 青海湖流域水资源系统动力学模型框架

Vensim 软件用原因树和结果树分析模型的结构，青海湖流域用水总量由工业需水量、建筑和第三产业需水量、灌溉用水量、生活用水总量、牲畜用水量构成（图 8.3）。其中，工业需水量由工业增加值和工业需水定额决定；建筑和第三产业需水量由建筑业增加值、第三产业增加值与二者需水定额决定；灌溉用水量主要考虑农田灌溉用水量、草地灌溉用水量和林地灌溉用水量，然后根据灌溉面积和灌溉水利用系数及灌溉定额计算；生活用水总量划分为农村生活用水和城镇生活用水，分别由农村和城镇相应的人口数量和人均用水定额决定；牲畜用水量根据牲畜头数和日均用水量计算。

2. 数据来源及参变量确定

系统动力学模型由变量和方程式构成，变量有水平变量、速率变量和辅助变量，方程式有水准方程、速率方程、辅助方程等。本章中主要采用的水平变量有总人口、农村人口、农田灌溉面积、工业总产值、牲畜头数等，对应于各水平变量的速率变量有人口自然增长率、城镇化率、工业增长率、第三产业增长率、建筑业增长率等，辅助变量有城镇人口需水定额、农业人口需水定额、农田灌溉定额、工业需水定额、牲畜用水定额等，常数有降水、蒸发、林地、农田、青海湖水量等。

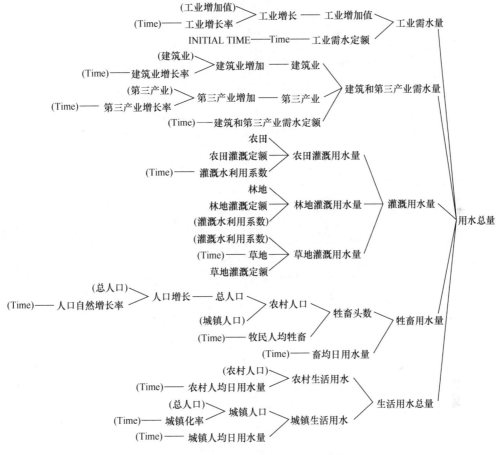

图 8.3 青海湖流域用水总量原因树

由于青海湖流域水资源系统动力学模型比较复杂，方程较多，这里只写出人口增长率、农村和城镇人均日用水量、城镇化率、工业增长率、工业万元产值用水量、建筑业增长率、建筑业万元产值用水量、渠系水利用系数、牲畜用水定额、牧民人均牲畜、第三产业增长率和灌溉草地面积等 13 个变量 2010 年、2020 年、2030 年和 2040 年的参数值。模型中使用的数据主要来源于青海省统计年鉴，变量初始值以 2010 年为基准年，基准年以前年份的数据为模型检验数据，基准年以后年份的变量值利用灰色模型预测、几何平均值、加权平均值、趋势外推等方法确定，部分变量值参考有关规划和研究成果确定（表 8.14）。

3. 模拟结果分析

根据青海湖流域目前的人口增长和经济发展速度、水资源开发利用现状及变化趋势，模拟得到不同水平年不同行业的水资源需求量（图 8.4）。总体而言，青海湖流域人类活动用水总量从 2010 年的 1.00 亿 m³ 下降到 2030 年的 0.97 亿 m³，此后逐步上升至 2040 年的

表 8.14 青海湖流域不同水平年社会经济发展指标

变量	单位	2010年	2020年	2030年	2040年
人口增长率	‰	13.2	9.5	8.5	8.5
城镇人均日用水量	L	59	75	85	85
农村人均日用水量	L	40	45	50	50
城镇化率	%	30.6	37.7	46	46
工业增长率	%	9.7	9.7	8.5	8.5
工业万元产值用水量	m^3	120	90	70	70
建筑业增长率	%	3	3	1.5	1.5
建筑业万元产值用水量	m^3	26	10	8	8
渠系水利用系数	%	31	55	65	65
牲畜用水定额	L	6.5	7.5	8.5	8.5
牧民人均牲畜	头	59	30	35	35
第三产业增长率	%	6	6	5	5
灌溉草地面积	万亩	7.4	26	31.3	31.3

1.00 亿 m^3。其中，灌溉用水量从 2010 年的 0.85 亿 m^3 下降到 2040 年的 0.83 亿 m^3；工业需水量从 2010 年的 33 万 m^3 上升到 2040 年的 249 万 m^3；农村生活用水量从 2010 年的 113 万 m^3 上升到 2040 年的 146 万 m^3；城镇生活用水量从 2010 年的 72 万 m^3 上升到 2040 年的 212 万 m^3；牲畜用水量从 2010 年的 1106 万 m^3 下降到 2020 年的 638 万 m^3，此后开始上升到 2040 年的 870 万 m^3。

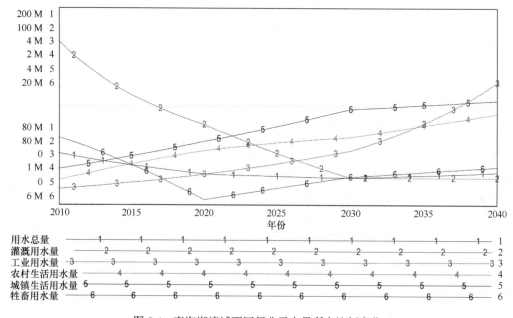

图 8.4 青海湖流域不同行业需水量所占比例变化

在现状条件下，随着生产生活用水需求不断增加，地表径流的开发利用程度逐渐增大，导致地表径流入湖保证率持续降低，即入湖地表径流量将越来越少，难以保证青海湖的生态需水。根据模型模拟结果，2040 年青海湖流域人口数量将达到 14.84 万，工业增加值达到 3.28 亿元,建筑和服务业产值分别达到 2.17 亿元和 25.80 亿元,均已达到水资源承载的最大人口数量和经济规模,如果经济规模继续扩大,则会占用生态需水。

8.5 流域水资源优化配置

8.5.1 水资源配置理论与目标

青海湖流域水资源优化配置主要围绕以下几个方面开展:①分析水资源配置的主要问题:基于人口、农业、工业、畜牧业的发展对水资源需求量的变化进行预测,探讨流域内各行政区不同行业的供需水矛盾,为水资源配置的总体效益最优化奠定基础;②确定合适的用水定额:根据青海省用水定额,结合当地社会经济发展情况,合理确定流域内各行业的用水定额和用水指标;③部门之间进行水资源配置:在对生活、生产用水进行系统性分析的同时,考虑流域生态用水需求,通过调节各用水部门的水资源量,保证青海湖的生态需水;④区域之间进行水资源配置:根据水资源承载力评价结果,考虑外调水资源,在空间上进行水资源的优化配置。借助于系统动力学模型模拟各种决策,可以清晰地反映水资源、农业、畜牧业、工业和人口数量等要素之间的变化关系。参照这种变化关系,调节各行政区、各部门、各行业的用水参数,使得规划水平年不仅可以保证生产生活用水,同时也能满足青海湖的生态需水,促使水资源在可承载范围内产生最佳的社会、经济和生态效益。

8.5.2 水资源配置方案

根据青海湖流域不同行业需水量预测结果,农业需水在流域总需水中一直占很大比重,所以在水资源优化配置过程中应尽量减少农业灌溉用水。另外,牲畜饮用水也占有较高比例,而且流域内过度放牧严重,减少牲畜数量既可以减少用水量,也可以维护草地生态平衡。2010 年青海湖流域牲畜存栏数为 464.2 万羊单位,牧民人均养畜量约为 59 个羊单位,根据青海湖流域总体规划,2020 年青海湖流域将减畜 228 万羊单位;到 2030 年,考虑草地复壮和灌溉饲草料地建设,青海湖流域总牲畜可以维持在 260 万羊单位,牧民人均养畜量为 35 个羊单位。同时,伴随经济发展和人口增长,流域内工业用水和生活用水将快速增长。综上,选择灌溉水利用系数、城镇化率、工业增长率、第三产业增长率、农田灌溉面积、林地灌溉面积、草地灌溉面积等指标,设置高发展目标、中发展目标和低发展目标 3 个水资源配置情景模式(表 8.15)。

1)低发展目标:保持现有耕地数量,调整工业增长率。在 2010 年基础上,适当提高灌溉水利用系数和城镇化率,工业和第三产业保持一定的增长速度,农田和林地灌溉面积保持 2010 年的水平,由于舍饲畜牧业的发展,草地灌溉面积大幅提高。

2)中发展目标:适度减少耕地数量,调整工业增长率。提高灌溉水利用系数和城镇化率,加快工业和第三产业的增长速度,减少耕地和林地灌溉面积,草地灌溉面积与低发展目标一致。

表 8.15 青海湖流域水资源配置情景模式

发展目标	灌溉水利用系数	城镇化率/%	工业增长率/%	第三产业增长率/%	农田灌溉面积/万亩	林地灌溉面积/万亩	草地灌溉面积/万亩
高发展目标	0.75	75	10.0	7.0	6.76	13.10	31.28
中发展目标	0.70	70	9.5	6.0	7.26	14.10	31.28
低发展目标	0.65	65	8.5	5.0	7.76	15.10	31.28
2010 年指标	0.31	31	7.7	4.0	7.76	15.10	7.42

3）高发展目标：减少灌溉面积，保持高工业增长率。在中发展目标基础上，进一步提高灌溉水利用系数和城镇化率，加快工业和第三产业的增长速度，减少耕地和林地灌溉面积，草地灌溉面积保持不变。

根据设定的不同发展目标，模拟青海湖流域不同部门的水资源配置情况，结果表明（表 8.16），2010 年青海湖流域总用水量为 1.00 亿 m^3，在高发展目标、中发展目标和低发展目标情景下，2020 年总用水量将分别达到 0.68 亿 m^3、0.75 亿 m^3 和 0.83 亿 m^3，2030 年总用水量将分别达到 0.78 亿 m^3、0.86 亿 m^3 和 0.94 亿 m^3，2040 年总用水量将分别达到 0.83 亿 m^3、0.89 亿 m^3 和 0.97 亿 m^3。

表 8.16 青海湖流域不同部门水资源配置结果　　（单位：百万 m^3）

年份		牲畜	生活	工业	建筑和第三产业	农田灌溉	林地灌溉	草地灌溉	灌溉	总用水量
2010	现状	11.05	1.85	0.33	1.72	32.45	30.96	21.75	85.16	100.14
2020	高发展目标	2.56	3.07	0.63	1.16	13.52	12.57	34.64	60.74	68.15
	中发展目标	3.07	3.00	0.61	1.12	15.55	14.50	37.11	67.17	74.98
	低发展目标	3.58	2.93	0.59	1.08	17.90	16.72	39.97	74.60	82.79
2030	高发展目标	3.70	3.79	1.26	1.73	13.52	12.57	41.70	67.80	78.29
	中发展目标	4.44	3.71	1.18	1.53	15.55	14.50	44.68	74.75	85.61
	低发展目标	5.18	3.62	1.04	1.35	17.90	16.72	48.12	82.76	93.95
2040	高发展目标	4.03	4.13	3.28	3.28	13.52	12.57	41.70	67.80	82.52
	中发展目标	4.83	4.04	2.93	2.64	15.55	14.50	44.68	74.75	89.19
	低发展目标	5.64	3.94	2.34	2.13	17.90	16.72	48.12	82.76	96.81

调节以上参数后青海湖流域不同发展目标下不同行业的用水量变化如图 8.5 所示。由于灌溉面积减少和灌溉水利用系数提高，在不同发展目标下，总用水量相差 680 万 m^3 左右。受牲畜饮用水、灌溉用水、建筑和第三产业用水减少的影响，2010~2020 年总用水量减少较多；2020 年以后，不同部门用水量均呈增加趋势，总用水量逐渐上升。在整个模拟时段内（2010~2040 年），受工业持续增长和城镇化持续发展的影响，生活用水和工业用水均持续增加，其他部门用水均先下降后上升。

8.5.3 水资源优化配置对策

青海湖流域的地表水资源在保证湖泊和河流生态需水后，只有 0.83 亿 m^3 可以被开发利用，难以维持目前的人口数量增长和社会经济发展。流域内工业和农业用水来源以地表水为主，地下水主要提供生活用水和服务业用水，所以必须采取多种措施调整农业和工业用水，才能减少地表径流使用量，保证入湖径流量（表 8.17）。

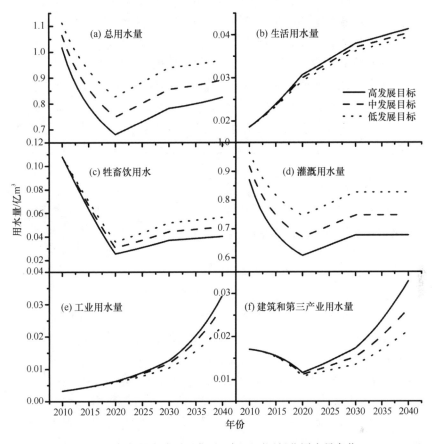

图 8.5 青海湖流域不同发展目标下不同行业用水量变化

表 8.17 青海湖流域水资源优化配置综合调整方案

变量	单位	天峻县	刚察县	海晏县	共和县
人均生活用水定额	m^3/(人·d)	0.06	0.06	0.06	0.06
灌溉定额	m^3/亩	0	180	180	180
渠系利用系数	%	0	0.55	0.50	0.55
减少牲畜数量	万只	17.21	21.52	34.98	29.02
工业增长率	%	9.0	11.61	8.47	6.56
减少灌溉面积	hm^2	0	1000	0	500

1) 改善灌溉设施,提高灌溉效率。农业用水占流域用水总量的 70%,改善农业水利设施可以大幅减少灌溉饮用水。首先可以通过节水灌溉技术减少灌溉定额至 180 m^3/亩以下,尤其是青海湖农场、青海省三角城种羊场等大型农牧场,可以在适宜地区推广喷灌、微灌等节水灌溉技术;其次可以通过改造引水渠等措施,提高渠系利用效率至 0.50以上,大型农场可以在水泥渠基础上积极推广管道输水技术,进一步加大节水力度。

2) 继续退耕还草,充分利用降水资源。由于农业耗水量大、效益不高,建议继续退耕还草,减少灌溉面积。刚察县和共和县在 2010 年灌溉面积基础上分别减少 1000 hm^2 和 500 hm^2,减少灌溉面积后可以通过产业结构调整,发展其他低耗水产业,弥补农业产值损失。结合流域各类草地的饲草量计算合理的理论载畜量,以草定畜,整个流域减少牲畜数量 100 万只以上。结合流域降水特征与耕地(林草地)需水规律,采用沙砾、薄膜覆盖等方法充分利用降水资源,加强雨养农业发展。结合流域各类草地的饲草量,计算合理的载畜量,以草定畜,减少牲畜数量,并提倡适度圈养。

3)加强河道整治,调节河道水量。在流域内主要河流的上中游和下游分别建造调蓄、防洪水库,根据降水和河道水量变化,调节中下游的径流过程,优化水资源的时间分配。疏通淤积河床,加固侵蚀河岸,可以减少渗漏,增加入湖径流量,并改善河岸生态系统功能。

4)实行流域管理,健全管理机制。建立流域水资源管理机构,统一管理流域水资源,督促节水设施推广,限制高耗水行业发展,并利用经济杠杆调节水资源的时空分配,明确农业用水的水费征收标准,保证生态环境需水量。

8.6 小　　结

本章分析了青海湖流域不同水资源分区和不同行政区的水资源供需状况,评价了流域内不同区域的水资源承载力,进一步采用系统动力学模型对流域水资源进行了优化配置,主要结论如下。

1)青海湖流域各水文单元中,倒淌河区、哈尔盖河区、沙柳河区水资源开发利用已达相当规模,进一步开发利用的潜力较小;其他地区的水资源开发利用仍有较大潜力。天峻县以牧业为主,没有农业灌溉用水,近年来经济增长主要依靠煤炭业和服务行业,万元产值用水量少,而且水资源开发利用程度相对较低,随着开发利用水平的提高,可以进一步增加水资源承载力;刚察县和共和县经济发展以农牧业为主,农场和牧场较多,耗水量大,承载力相对较弱。

2)青海湖流域农牧业和工业用水来源以地表水为主,地下水主要提供居民生活用水和服务业用水,而农牧业和工业用水占整个流域用水总量的 90%以上,因此,必须采取措施调整农牧业和工业用水,才能减少地表径流使用量,保证入湖径流量。综合采取提高渠系利用系数、减少灌溉定额、降低天峻县工业增长率、减少刚察县和共和县灌溉面积等措施调整后,预测时段内入湖径流量均能满足青海湖的生态需水量。

参 考 文 献

陈桂琛,陈孝全,苟新京. 2008. 青海湖流域生态环境保护与修复. 西宁:青海人民出版社.
王浩,陈敏建,秦大庸,等. 2003. 西北地区水资源合理配置和承载能力研究. 郑州:黄河水利出版社.
王学全,卢琦,李保国. 2005. 应用模糊综合评判方法对青海省水资源承载力评价研究. 中国沙漠, 25(6): 944-949.
燕华云,贾绍凤. 2003. 青海湖水量平衡分析与水资源优化配置研究. 湖泊科学, 15(1): 35-40.
赵麦换,武见,付永锋,等. 2014. 青海湖流域水资源利用与保护研究. 郑州:黄河水利出版社.
中国科学院兰州分院, 中国科学院西部资源环境研究中心. 1994. 青海湖近代环境的演化和预测. 北京: 科学出版社.

附 图

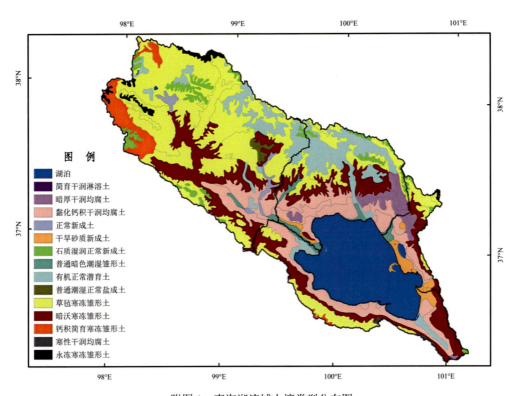

附图1　青海湖流域土壤类型分布图

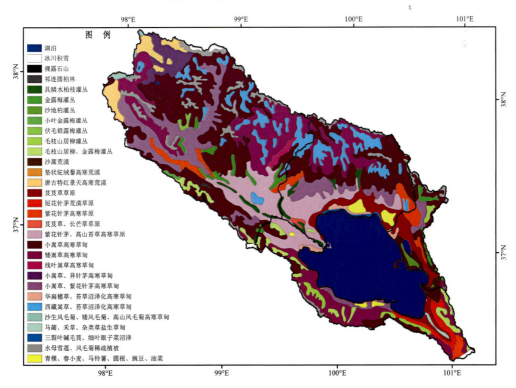

附图2　青海湖流域植被类型分布图

附图 3 青海湖流域不同陆地生态系统观测样地景观
（d）为河岸边的具鳞水柏枝灌丛；（e）为距离河岸约 100 m 处的具鳞水柏枝灌丛

附图 4 青海湖流域不同陆地生态系统观测仪器

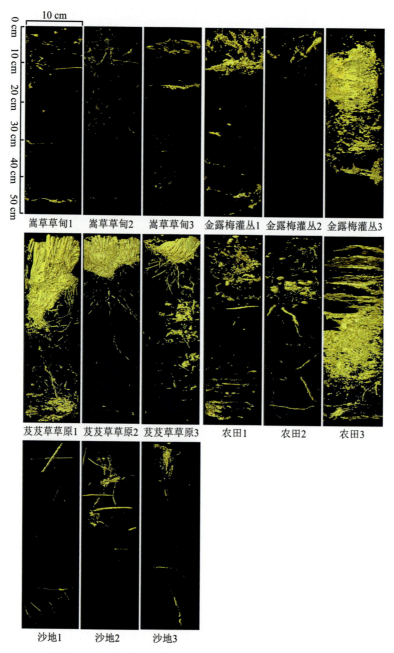

附图5 青海湖流域不同陆地生态系统土壤大孔隙三维结构

金黄色为土壤大孔隙

附图 6　青海湖湖面涡动相关和微气象观测系统

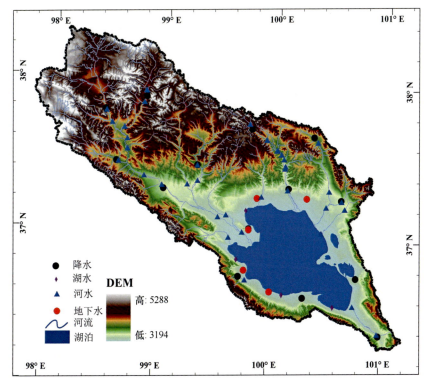

附图 7　青海湖流域不同水体样品采集点分布

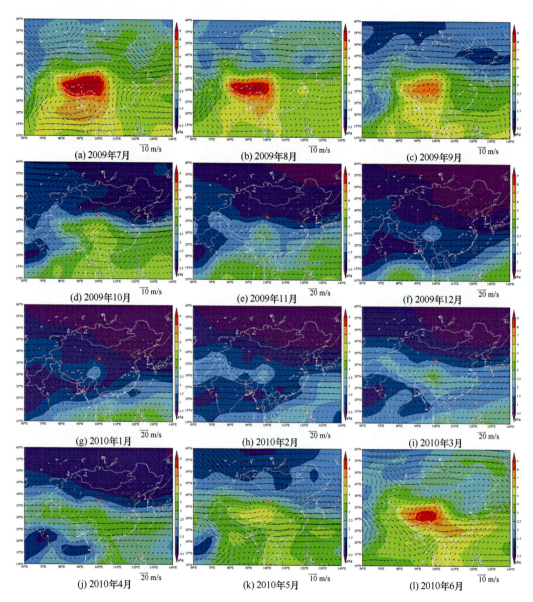

附图8 青海湖流域及周边地区 2009 年 7 月～2010 年 6 月 600 hPa 位势高度的风场和湿度场

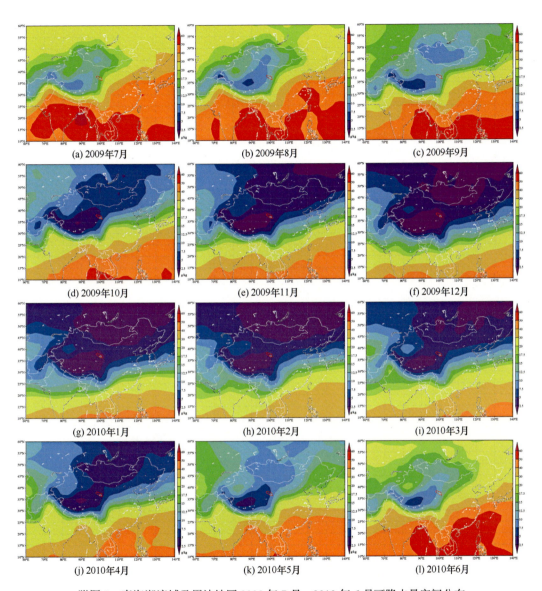

附图9 青海湖流域及周边地区2009年7月～2010年6月可降水量空间分布

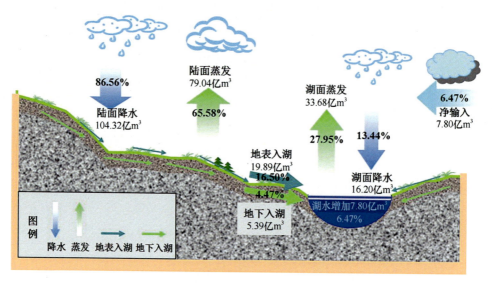

附图 10　基于同位素方法的青海湖流域 2009 年 7 月～2010 年 6 月水分收支

附图 11　基于遥感方法的青海湖流域 2014～2015 年水分收支
括号前的数字单位为亿 m³，括号内的百分比为相对于整个流域降水量的比例